黄土高原小流域坝系监测方法及评价系统研究

党维勤　王　晓　马三保　艾绍周　王秦湘　编著

黄 河 水 利 出 版 社
·郑州·

内 容 提 要

本书全面系统地阐述了小流域坝系监测的原理、方法、关键技术和小流域坝系的评价系统，详细地应用该方法和系统对王茂沟小流域坝系监测和评价系统进行了分析。主要内容包括小流域坝系监测方法概论、常规监测方法概述、地理信息系统在小流域坝系监测中的应用、遥感技术在小流域坝系监测中的应用、GPS 在小流域坝系监测中的应用、与小流域坝系评价相关的理论及方法、小流域坝系评价指标体系及和谐度构建、小流域坝系评价实例分析等。可供小流域坝系监测、水土保持监测、生态环境监测的科技人员及高等院校相关专业师生阅读参考。

图书在版编目(CIP)数据

黄土高原小流域坝系监测方法及评价系统研究/党维勤等编著.—郑州:黄河水利出版社,2008.12
ISBN 978-7-80734-385-1

Ⅰ.黄… Ⅱ.党… Ⅲ.①黄土高原-小流域-坝地-监测-方法②黄土高原-小流域-坝地-综合评价 Ⅳ.S157.3

中国版本图书馆 CIP 数据核字(2008)第 209732 号

出 版 社:黄河水利出版社
地址:河南省郑州市金水路 11 号　　邮政编码:450003
发行单位:黄河水利出版社
发行部电话:0371-66026940、66020550、66028024、66022620(传真)
E-mail:hhslcbs@126.com
承印单位:河南省第二新华印刷厂
开本:787 mm×1 092 mm　1/16
印张:13.75
字数:338 千字　　印数:1—1 000
版次:2008 年 12 月第 1 版　　印次:2008 年 12 月第 1 次印刷

定价:38.00 元

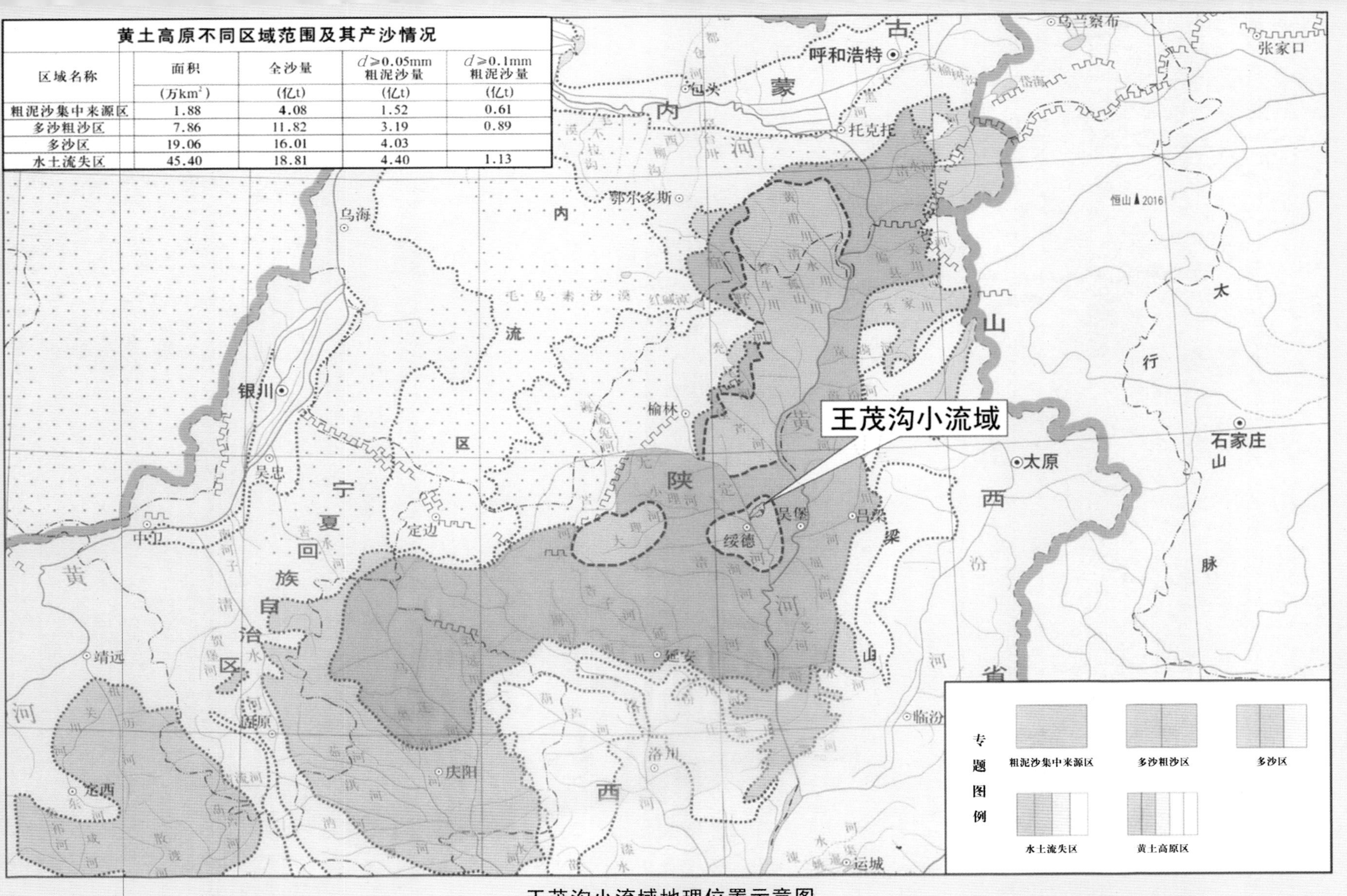

黄土高原不同区域范围及其产沙情况

区域名称	面积	全沙量	$d \geq 0.05$mm 粗泥沙量	$d \geq 0.1$mm 粗泥沙量
	(万km^2)	(亿t)	(亿t)	(亿t)
粗泥沙集中来源区	1.88	4.08	1.52	0.61
多沙粗沙区	7.86	11.82	3.19	0.89
多沙区	19.06	16.01	4.03	
水土流失区	45.40	18.81	4.40	1.13

王茂沟小流域地理位置示意图

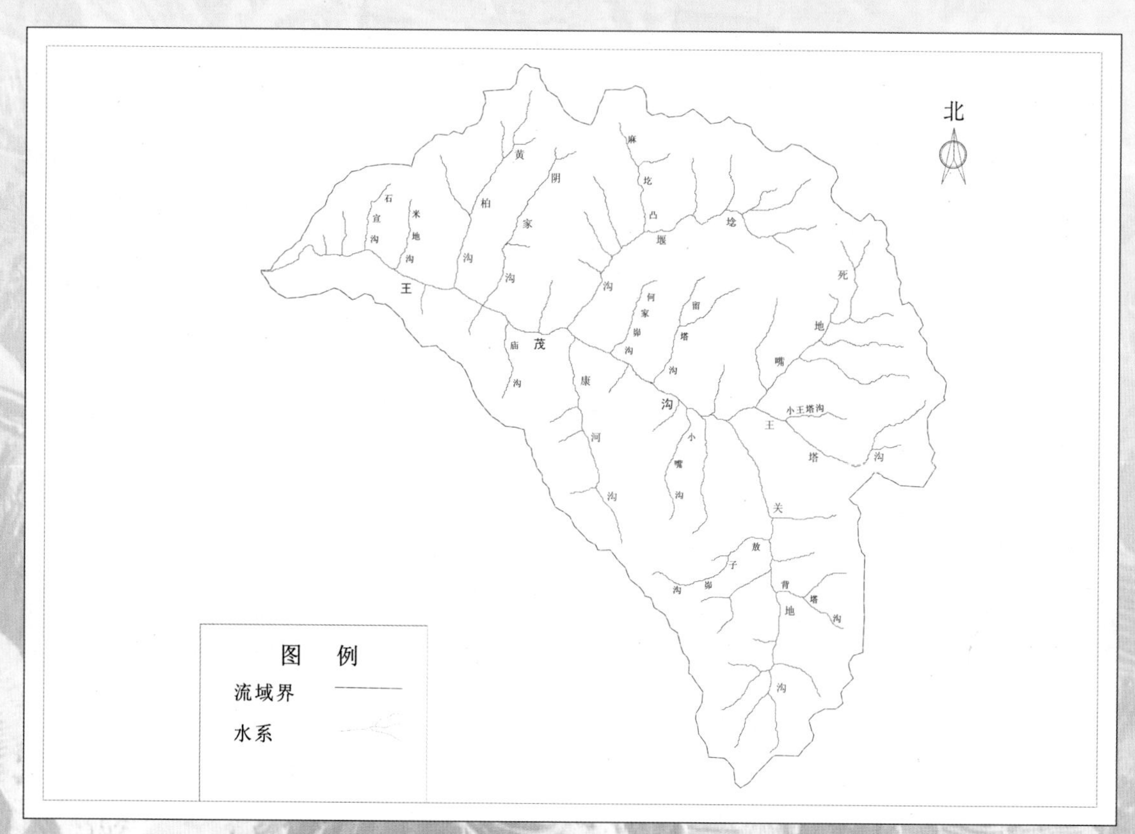

王茂沟小流域水系图

王茂沟小流域坝系总体布局图

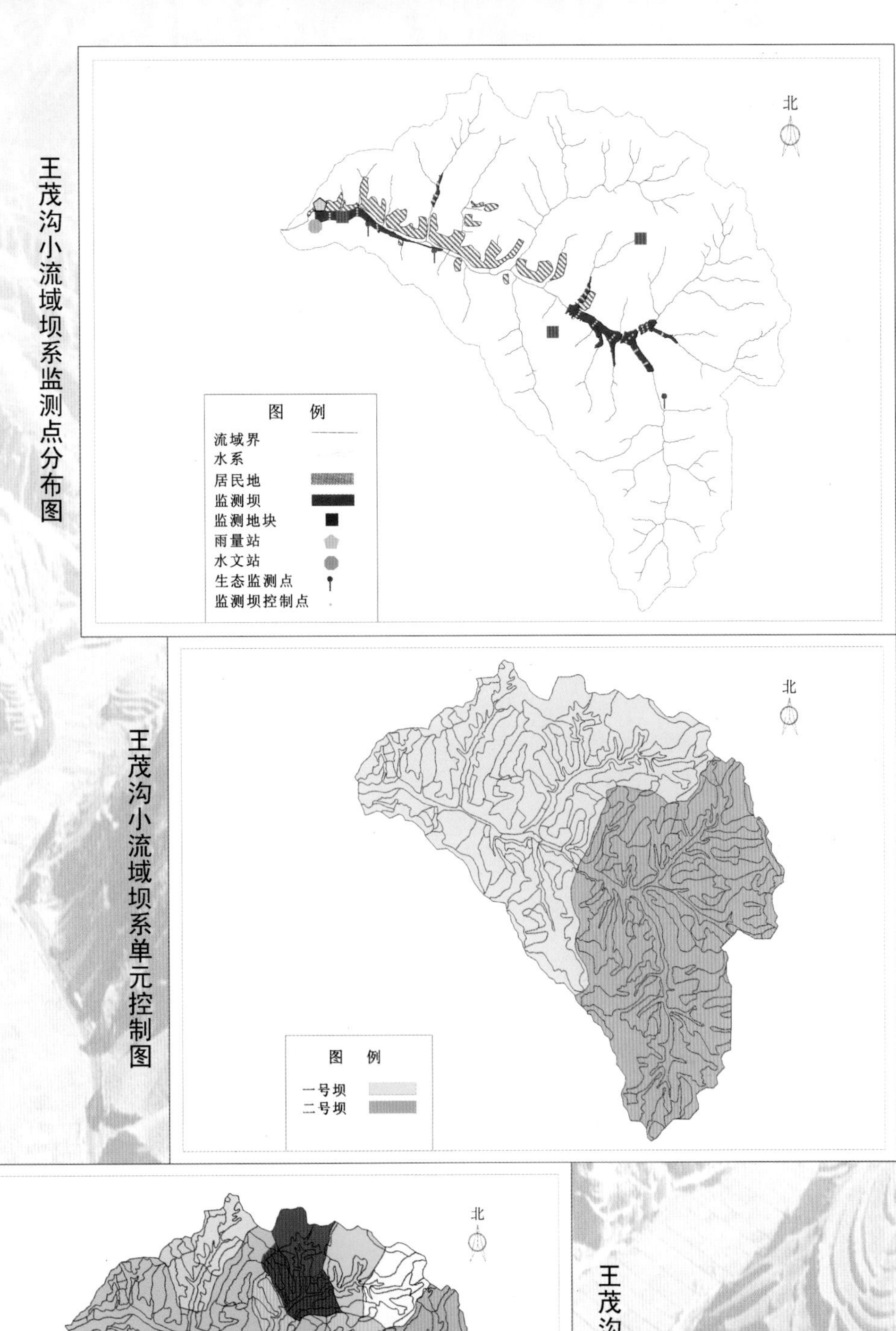

王茂沟小流域坝系监测点分布图

王茂沟小流域坝系单元控制图

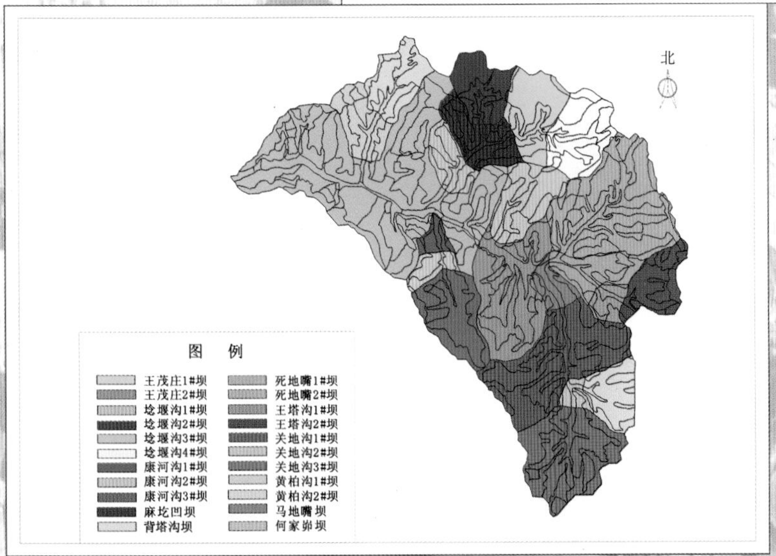

王茂沟小流域坝系淤地坝控制图

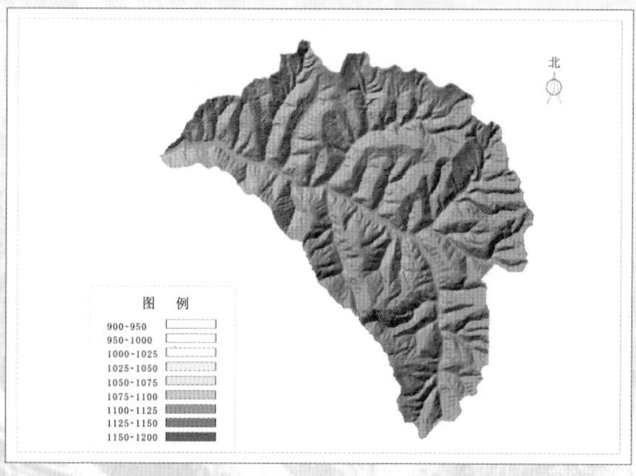

王茂沟小流域数字高程模型（DEM）图

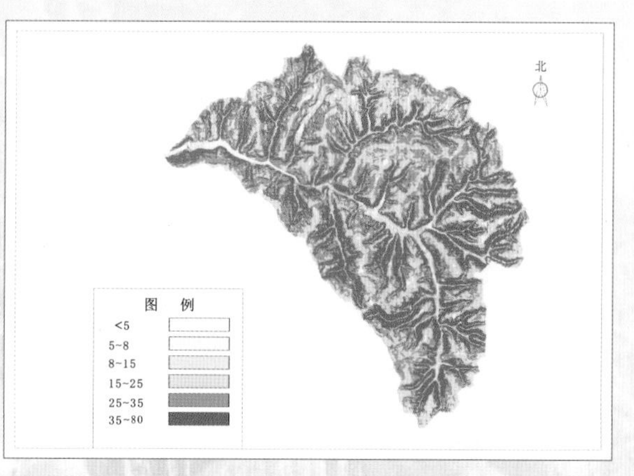

王茂沟小流域 DEM 提取坡度图

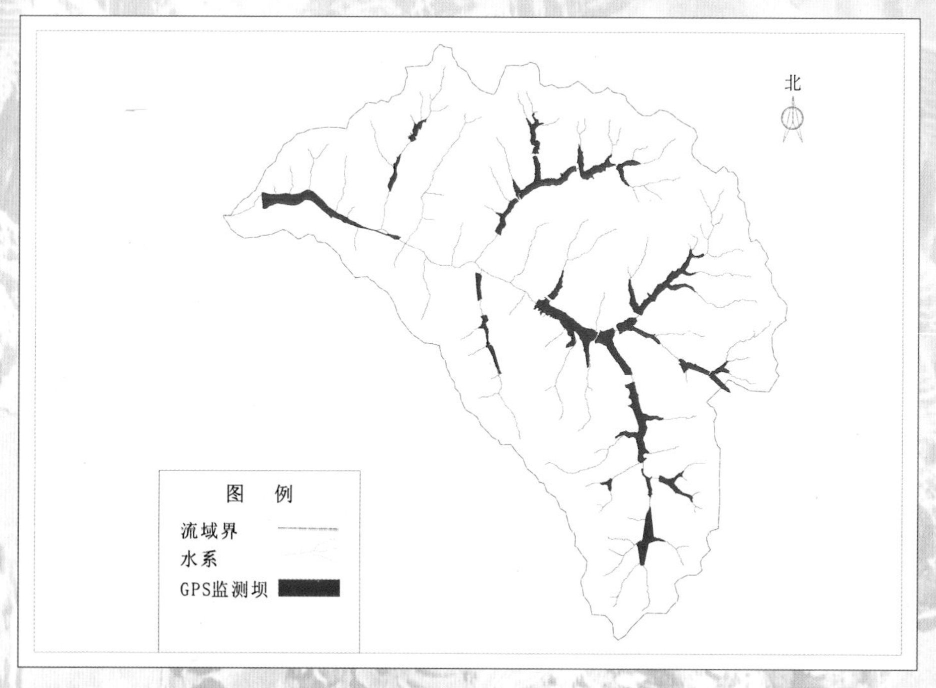

王茂沟小流域坝系 GPS 监测图

1985 年 5 月 8 日王茂沟 2 号骨干坝全色航空照片 2004 年 9 月 9 日王茂沟 2 号骨干坝 QuickBird 影像

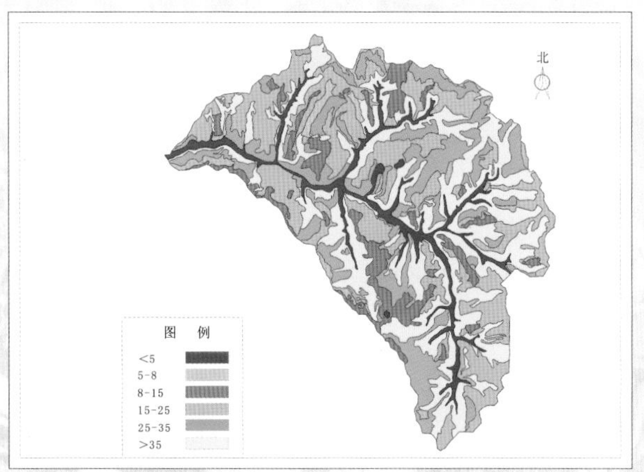

王茂沟小流域坡度分级图

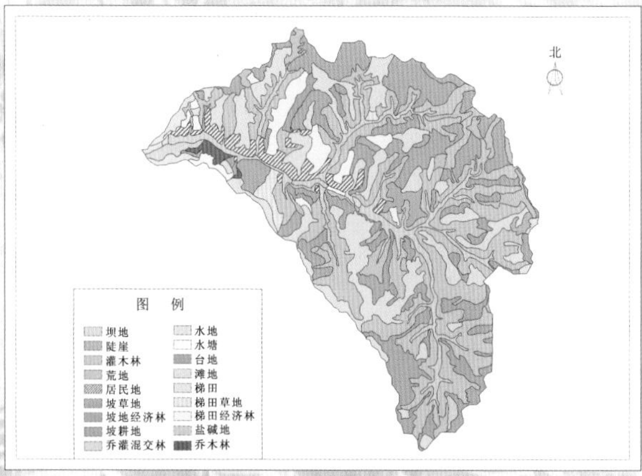

王茂沟小流域土地利用图

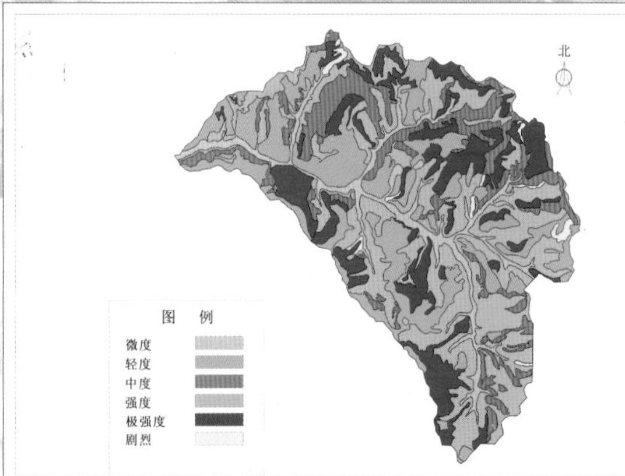

王茂沟小流域土壤侵蚀强度图

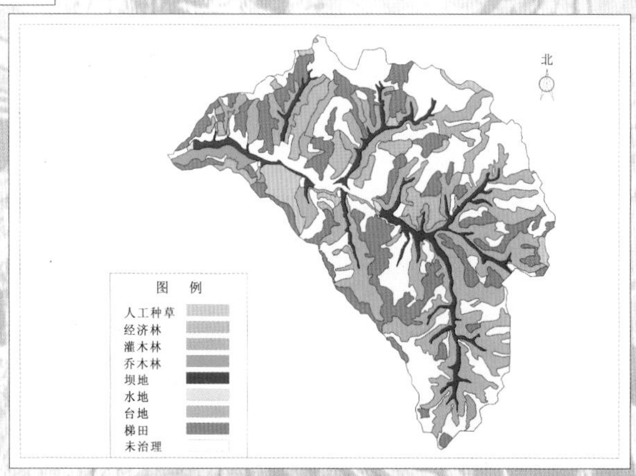

王茂沟小流域治理措施布局图

王茂沟小流域三维空间图

序

黄土高原是我国乃至世界上水土流失最为严重的地区之一。严重的水土流失长期制约着当地人民群众脱贫致富和区域社会经济发展,也威胁着黄河安全和黄河下游人民群众的生存。淤地坝是黄河流域黄土高原地区人民群众在长期水土流失治理实践中创造的一种行之有效的水土保持工程措施。淤地坝既能拦截泥沙、调蓄径流、保持水土,又能淤地造田、增产粮食,在治理水土流失、减少入黄泥沙、发展区域经济、实现黄河长治久安等方面具有不可替代的作用。

黄土高原小流域坝系是以小流域为单元,通过科学规划、合理配置,形成以骨干坝为骨架,大、中、小型淤地坝工程相结合,拦、蓄、排功能相配套的沟道治理综合工程体系。小流域坝系监测是水土保持监测工作的重要内容,是水土流失规律研究和淤地坝工程管理的基础,也是"三条黄河"建设的基础工作之一。监测系统的建设和运行,对改进小流域坝系管理,提高坝系运行效益,保持坝系安全稳定和可持续发展,具有重要意义。

黄河水利委员会绥德水土保持科学试验站于1952年建立,1955~1957年期间我曾在该站试验场做过草粮轮作方面的试验。该站地处粗泥沙集中来源区,在黄土高原水土流失研究工作中具有独特地位,是该地区最早从事水土流失规律和小流域淤地坝研究的机构之一。经过长期现场试验与示范,该站已取得多项重要成果。2003~2006年,绥德水土保持科学试验站党维勤等科技工作者承担完成了黄土高原水土保持二期世界银行贷款项目中央子项目科研课题——小流域坝系监测方法及评价系统研究。该项研究以小流域坝系为对象,将小流域水土流失规律、小流域坝系理论与现代空间信息技术方法结合,引入和谐理论等先进理论方法,对小流域坝系监测评价指标体系、监测评价方法、现代空间信息技术在小流域坝系监测中的应用等进行了比较系统的研究,初步形成了小流域坝系监测和评价系统。课题承担者根据研究成果撰写出《黄土高原小流域坝系监测方法及评价系统研究》一书。

读过本书后,感觉新意颇多。全书对小流域坝系监测方法及评价系统进行了全面、深入的研究,是作者多年来在黄土高原小流域坝系研究领域辛勤耕耘的结果。相信该书的出版不仅有助于深化黄土高原小流域坝系监测方法的研究,而且会在一定程度上推动我国水土保持监测事业的发展。相信经过一代又一代水土保持人的长期探索和艰苦努力,黄土高原水土流失问题一定会得到根本的解决,我国的水土保持科学研究也必将走在世界的前列。

中国工程院院士 山仑

2008年11月

前 言

严重的水土流失不仅是制约黄土高原地区农业生产发展的主要因素之一，而且是造成黄河下游河床泥沙淤积的直接原因所在。淤地坝坝系工程是流域水土流失综合治理体系中的沟道工程措施中最为关键的一道防线。它通过“拦”、“蓄”、“淤”等功能，既能将洪水泥沙就地拦蓄，有效防治水土流失，减少入黄泥沙，又能形成坝地，充分利用水土资源，使荒沟变成高产稳产的基本农田，从而有效缓解黄土高原地区水土流失严重、洪水灾害和干旱缺水这三大难题，同时使生态环境得以改善，经济得到发展。也正因为如此，淤地坝被当地群众形象地比做流域下游的“保护神”，解决温饱的“粮食囤”，开发荒沟、重建生态、改善环境的“奠基石”，在黄土高原地区具有极其重要的战略地位和不可替代的作用。

2003 年，水利部将黄土高原淤地坝建设列为全国水利建设的三大“亮点工程”之一，提出了到 2010 年在黄土高原地区建设 6 万座淤地坝的宏伟目标。该项工程目前正在黄土高原水土流失区实施，并由小流域坝系工程向支流坝系工程方向发展，即淤地坝坝系的建设也由原来的以治沟骨干工程控制小流域转向以大型淤泥库控制支流坝系。

目前黄土高原地区已建成淤地坝 12 万座，经过几十年的建设，淤地坝工程自身的拦沙蓄水、安全运行、效益发挥等情况，从整个黄土高原来看，无法准确评价，尤其在目前大规模建设的情况下，如何才能给建设决策提供及时、全面、可信的科学依据，是摆在我们水土保持科研工作中的难点之一。因此，必须建立淤地坝监测体系。目前，虽然黄河上中游管理局以及有关各省（区）在淤地坝监测工作中做了大量细致的工作，但缺少成熟的淤地坝坝系工程监测方法以及对应的监测评价体系，有关淤地坝规划、设计和运行现状等信息无法系统地收集起来，致使正确评价淤地坝坝系建设缺乏充分的依据。如何对淤地坝信息进行动态监测和有效管理，实现淤地坝监测信息的显示、查询、表现、分析和共享，是提高淤地坝建设科技含量的需要，也是提高淤地坝建设决策与管理水平以及“数字黄河”工程建设的需要。

因此，2003 年“小流域坝系监测方法及评价系统研究”被列为黄土高原水土保持二期世界银行贷款项目中央子项目科研推广项目是非常必要的。通过对小流域坝系监测方法及评价系统的研究，借鉴小流域水土保持传统监测方法，探索新技术方法在坝系中的应用，总结出小流域坝系监测的方法，同时研究小流域坝系评价体系，对坝系做出科学的评价，并提出坝系预警预报模型，最终建立了基于现代技术的小流域坝系监测评价系统，为今后实现淤地坝工程动态监测提供了技术方法和科学依据，同时也为淤地坝管理与决策提供了科技支撑。2007 年该研究项目已获得中国水土保持学会首届科学技术三等奖。

全书共分为 9 章，第一章至第五章为小流域坝系监测方法研究，第六章至第八章为评价系统研究，最后一章为研究结论。第一章由王晓编写；第二章由马三保编写；第三章由党维勤、王秦湘编写；第四章由党维勤编写；第五章由马三保和艾绍周编写；第六章第一、二节由王晓编写，第三、四节由党维勤编写；第七章至第九章由党维勤编写。全书由党维勤、王晓、马三保统稿。

承蒙中国工程院院士山仑先生为本书审稿并作序。全书编写过程中得到了黄河水利委员会原副主任黄自强教授级高级工程师，黄河上中游管理局副局长郑新民教授级高级工程师、何兴照副局长、田杏芳处长、王还珠处长、刘泽荣副处长、贾泽祥调研员、柏跃勤高级工程师、祁永新高级工程师、赵帮元高级工程师的指导和帮助。在应用先进监测技术的过程中，得到了南京师范大学汤国安教授、北京林业大学史明昌教授的指导和帮助。为本书的出版自始至终付出大量精力和时间的黄河水土保持绥德治理监督局郑宝明局长、王福林总工程师给予了很多的支持和帮助。课题组其他成员：赵牡丹、高银富、任怀泽、李平、郝凤毕、罗西超、樊华、王宏兴、孙秋来、郑妍、马胜平、钱卫东、马秋霞、马竹娥、黄晓琴、刘立峰、史绥平、冯光成、周艳等，在项目实施的3年时间内完成了许多外业工作及室内数据分析工作。在此一并表示最衷心的感谢！

任何科学研究方法及评价系统都是在解决实际问题中提出，然后在应用中不断修正、完善起来的。小流域坝系监测方法及评价系统也是这样，目前从体系到内容都还不很成熟，我们的研究仅仅是一些探索和实践，期望能够起到抛砖引玉的作用。

面对坝系监测方法及评价系统这样一个情况复杂、研究难度很大的课题，特别是一些新情况、新问题等还在不断发生和发展，尚有许多问题有待深入研究，再加之编者水平有限，不足之处在所难免，敬请读者批评指正。作者 E-mail：dangwq@163.com。

作　者

2008 年 10 月

目　录

第一章　小流域坝系监测方法概论

在我国全面建设小康社会的关键时期，要实现构建社会主义和谐社会、建设社会主义新农村、保持经济平稳较快发展和提高人民生活水平等奋斗目标，必须加快建设资源节约型、环境友好型社会，促进经济发展与人口、资源、环境相协调。水土流失影响我国生态安全，已对经济社会发展构成严重制约，尤其是我国水土流失最严重也是世界水土流失最严重的黄土高原。对这里的主要工程——黄土高原水土保持小流域坝系工程开展监测方法及评价系统研究，旨在为规范黄河流域水土保持小流域坝系监测工作，全面、系统地监控和及时掌握坝系工程建设与运行的基本情况，积累基础资料，保证监测成果的科学性和系统性，为小流域坝系工程建设综合效益评价提供技术支撑，为宏观决策提供科学依据。本章主要内容包括黄土高原小流域坝系监测的指导思想、原则，监测内容、方法及监测资料的分析与评价。

第一节　小流域坝系监测概论

一、小流域坝系监测的指导思想及原则

通过小流域坝系监测，认识和掌握沟道淤地坝建设对流域水沙的拦截、调节和蓄存机理，分析坡面侵蚀与沟道侵蚀的相互联系和作用，跟踪淤地坝建设的数量和质量，准确评价坝系建设的生态、经济效益和社会效益，为坝系安全运行提供强有力的技术支撑，同时提高坝系及淤地坝设计、施工、管理和生产的水平，保证坝系工程整体质量与效益的全面稳定发挥。

坝系监测应坚持监测与生产运用相结合、近期与远期相结合、不同空间尺度相结合，还应遵循系统性、实用性、标准化、先进性原则。

(1)系统性原则。监测点布设应科学合理，统筹考虑，突出重点。对单个淤地坝的安全运行指标，蓄水拦沙，生态、经济、社会效益，以及坝系流域沟道、坡面的治理动态、建后效益等进行系统性监测。

(2)实用性原则。监测站点布设和监测方法选择要充分考虑必要性、可行性、实用性和可操作性。同时，考虑现有的技术、设备、资料和其他各种资源。

(3)标准化原则。示范坝系体系建设，应将标准化、规范化贯穿于全过程中，严格遵循国家有关标准、技术规范、行业规定和相关要求，仪器设备尽可能标准化、系列化、自动化。

(4)先进性原则。尽量采用自动测报、遥感、GPS等新技术，实现监测信息的快速获取、传输与分析处理，为分析研究淤地坝建设的效益提供科学依据。

二、小流域坝系监测的内容

坝系监测的主要内容包括工程建设动态监测、拦沙蓄水监测、坝地利用及增产效益监测、坝系工程安全监测(见图1-1)。

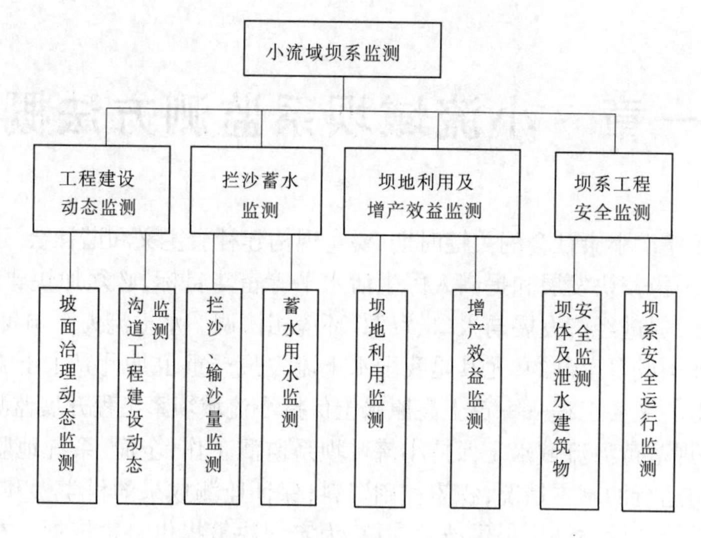

图 1-1 小流域坝系监测的内容

(一)工程建设动态监测

工程建设动态监测分为坡面治理动态监测和沟道工程建设动态监测两部分。

坡面治理动态监测的内容主要是坡面治理工程的数量及其变化。坡面治理工程包括梯田(包括种植农作物的人工与机修梯田、各种用于造林的水平台与水平阶等)、造林、种草、封禁及其他坡面措施,主要指标是逐年核实后的新增治理面积和累计治理面积。

沟道工程建设动态监测的内容主要是沟道坝系工程的数量及其变化。沟道工程包括骨干坝及中、小型淤地坝等,主要指标是已建成工程数量和在建工程数量及结构比例。

(二)拦沙蓄水监测

拦沙蓄水监测包括拦沙量监测、输沙量监测、蓄水用水监测三部分。拦沙量监测主要是量测淤地坝的拦沙情况,实时监测淤地坝的拦沙量;输沙量监测主要是监测经过流域出口的输沙量及径流量;蓄水用水监测主要是监测淤地坝内蓄水情况和生产、生活用水情况,包括淤地坝年末蓄水量、水面面积以及灌溉用水量、人畜用水量。

(三)坝地利用及增产效益监测

坝地利用及增产效益监测是对已达到淤积库容的淤地坝内的坝地面积、坝地利用面积、坝地内农作物面积、坝地农作物单产及其年增产情况进行监测。

(四)坝系工程安全监测

坝系工程安全监测包括坝体及泄水建筑物安全监测和坝系安全运行监测两部分。

坝体及泄水建筑物安全监测主要是监测淤地坝坝体及其泄水建筑物在运行期间有无滑坡、冲刷、渗流、沉陷、裂缝等问题。

坝系安全运行监测主要是对病、险坝数量,毁坏坝情况(包括水毁坝和人为毁坏坝的数量、毁坏情况、毁坏原因等)进行监测。

三、小流域坝系监测的方法

根据水土保持监测技术规程的规定,小流域坝系监测主要采取地面观测、遥感监测、调查统计等方法进行。淤地坝监测涉及水土保持监测的多个方面,包括了淤地坝所在区域或流域的水土流失监测，因此在淤地坝监测方面，可选择一种或多种监测方法和手段，具体采用哪一种，视监测的内容和目的而定。

（一）工程建设动态监测

1. 坡面治理动态监测方法

采用现场调绘和实地丈量相结合的方法，有条件的地方也可以采用遥感调查的方法，对坡面治理工程的数量及其变化进行监测。大面积连片的措施可在万分之一地形图上现场勾绘措施范围，用求积仪直接量算或将相关信息经扫描、矢量化后，在计算机上量算。对于比较零散、面积小于0.2 hm^2 的坡面措施可用皮尺或测绳等量测工具实地逐项逐块丈量其面积；梯田、造林、种草、封禁及其他坡面治理工程措施，要逐年核实其新增治理面积和累计治理面积。遥感监测是指借助不同时期的遥感信息源，通过一定的数据处理手段，监测流域坡面治理动态。

监测频次要求：第一次全面普查，核实项目区内现有的各种坡面治理措施面积。以后逐年将治理成果和措施变化勾绘到万分之一地形图上，根据泥沙监测结果分析坡面措施的变化对径流泥沙的影响。

2. 沟道工程建设动态监测方法

采取统计调查和跟踪监测的方法。流域内骨干坝和中、小型淤地坝单独建立监测台账，对淤地坝分类编号，并在万分之一地形图上点绘坝系工程总体平面位置图，详细记载全流域已建成的和在建的骨干工程、中型淤地坝和小型淤地坝的坝名、地理位置、坝型、控制面积、坝高、库容（总库容、拦泥库容、滞洪库容）、开工时间、竣工时间等相关信息。监测已建工程和在建工程数量及结构变化对水土流失和径流的影响。

监测频次要求：第一年全面普查，建立监测台账，以后每年进行一次补充调查。

（二）拦沙蓄水监测

1. 拦沙量监测方法

淤地坝泥沙淤积量的测算可采用简化方法进行，一般有平均淤积高程法、校正因数法、概化公式法、部分表面面积法等。对有原始库容曲线的骨干坝及淤地坝淤积量的测算，可选用平均淤积高程法（适用于淤积面比降小于5‰的淤积体）和校正因数法。对无库容曲线的淤地坝淤积量的测算，可采用概化公式法和部分表面面积法。

对于测出的湿泥沙淤积体体积，要根据泥沙容重换算成重量，在测量时还应调查测算人工回填的土方量，并在淤积量中予以扣除。已经确定的监测工程，在工程施工前要重新校核原始的设计库容曲线，在施工过程中，应监测由于施工而扰动的土方在库内的淤积量。

监测频次要求：每年汛后进行一次。

2. 输沙量监测方法

在典型区域布设雨量站，数量根据流域大小确定，观测降水，推求流域内降水量。在流域出口建设把口站，如小流域出口建有淤地坝，应选择该淤地坝作为监测坝，利用泄流建筑物进行监测。小流域出口没有监测坝的，应在出口附近选择适宜的位置，布设测验断面进行观测。输沙量监测应在暴雨洪水期间按次洪水进行。

含沙量采用横式取样器法、普通器皿法或比重瓶法测量。流量应根据不同断面采用流速仪法、浮标法、量水建筑物法等方法测量。根据测得的流量、含沙量资料，计算把口站的输沙量。

3. 蓄水用水监测方法

水面面积的测量应在蓄水量监测的同时进行,采用普通测量的方法结合库容曲线推算。通过坝前水尺上的水位值,根据水位—库容—淤积量关系曲线,推算淤地坝蓄水量。在进行蓄水量监测的同时,采取普通测量和库容曲线图相结合的方法,测量计算水面面积。

灌溉用水量可根据涵管泄水流量的监测计算。人畜用水量采取调查受益区用水人、畜数量及年平均用水定额进行概算。

蓄水量监测每年汛后进行一次,灌溉用水量在每次泄水时监测,人畜用水量应在每年汛后进行一次量测和调查。

(三)坝地利用及增产效益监测

1. 坝地利用监测方法

淤地面积采用实地丈量结合水位—库容—淤地面积关系推算,对各淤地坝的淤地面积进行统计。坝地利用面积采取实地调查测量的方式进行。坝地利用情况调查在对小流域土地总面积、耕地面积统计的基础上,对已利用的坝地面积进行统计。

2. 增产效益监测方法

采取调查统计的方式,可布设典型地块和典型农户等辅助调查点。典型地块选择在小流域有代表性的坝地上,主要种植作物每块面积不小于 0.5 hm^2。其具体计算方法:一是坝地典型地块上各类农作物应单打单收,分别求得其单位面积的产量;二是根据典型地块各类农作物产量,考虑复种指数,按面积求得加权平均单产。

坝地农作物种植面积监测,应按种植作物种类,考虑作物复种情况,进行调查统计。然后根据典型地块单产监测结果和坝地各类农作物面积,对小流域坝地总产量进行推算。在进行坝地各项指标监测的同时,调查统计小流域粮田总面积、平均粮食单产及粮食总产量。监测频次为每年监测一次。

(四)坝系工程安全监测

1. 坝体及泄水建筑物安全监测方法

坝体及其泄水建筑物安全监测主要采取巡视检查的方法,定期对坝系内淤地坝坝体及泄水建筑物进行现场勘测、调查统计、摄影录像。对发生问题的地方及时进行记录,同时采取补救措施。特别是在汛期前后,按规定的检查项目各进行一次。对发现异常的坝体及其建筑物,应进行特别巡视检查,组织专人对可能出现险情的部位进行连续监测。

每年汛前汛后对所有坝体进行比较全面或专门的巡视检查。

2. 坝系安全运行监测方法

以巡视检查为主,抽样调查为辅。一般在汛前、汛后、用水期前后、冰冻期和融冰期进行,每年至少监测两次,在坝系遇到严重破坏、影响安全运行和稳定的情况下,要加大巡查的次数。

四、监测资料分析与评价

(一)监测资料整理

1. 监测原始资料

监测原始资料包括基础资料、原始记录、影像、实地照片等技术文档。

基础资料主要包括淤地坝工程的规划设计报告(图件、文字、表格)和有关协议文件以及项目区自然情况、社会经济情况、水土流失情况、水土保持情况等监测本底资料；原始记录主要包括水文泥沙监测资料、坝系安全稳定监测资料、沟道侵蚀监测资料、社会经济状况及生态环境监测资料以及其他调查资料的最初记录；影像、实地照片主要包括对项目进行监测时所涉及的摄像资料及图片资料等。

2. 监测资料整编

按照监测资料整编说明（包括监测资料整编的组织、时间和方法等）对监测到的原始资料进行整理，包括监测整编说明、监测整编成果表、成果图件等。

（二）分析及评价指标

监测资料整编以小流域坝系为单元进行，并建立小流域坝系监测数据库，监测资料整编全部工作应于当年年底前完成。坝系监测资料分析评价指标见表1-1。

表1-1　坝系监测资料分析评价指标

监测内容	分析评价指标
工程建设动态	坡面治理度、淤地坝数量及结构比例
坝系拦沙蓄水	坝系拦沙量、拦沙率、泥沙分布、年末蓄水量、新增水面面积、用水量变化率
坝地利用及增产效益	淤地面积、坝地利用率、坝地增产效益
坝系工程安全	坝系安全比

（三）小流域坝系建设效果综合评价

（1）坡面治理程度对入库（坝）洪水泥沙的影响分析。选择不同坡面治理程度的小流域，对小流域坝系监测资料进行综合分析；对同一条小流域在不同治理阶段的监测资料进行分析。

（2）沟道工程对小流域径流泥沙的影响及小流域坝系水土保持减沙作用的综合分析。根据历年的拦沙量、拦沙率计算结果进行分析；分析历年小流域把口站的输沙量的变化趋势、汛期输出洪水径流量的变化趋势和非汛期沟道常流水的变化趋势。

五、小流域坝系监测的实践

小流域坝系监测的内容与方法是在不断的实践中逐步完善的。黄河水利委员会（以下简称黄委）绥德水土保持科学试验站在小流域坝系监测方面进行了积极的探索。早在20世纪50年代就采取地面观测与调查统计相结合的方法进行了小流域淤地坝单坝及坝系工程建设动态监测、拦沙蓄水监测、坝地利用及增产效益监测、坝系工程安全监测等方面的监测，取得了大量的第一手资料，积累了丰富的经验。20世纪80年代开展的“三沟一场（韭园沟、辛店沟、裴家峁沟与试验场）土地资源调查与利用现状研究”项目采用遥感技术（黑白航片监测）与调查统计相结合的方法进行了项目区土地资源与利用现状的调查，通过遥感技术监测（黑白航片）与常规方法监测（调查统计）的资料对比与相互印证，摸清了土地资源现状，提出了土地资源合理开发利用的方向。20世纪90年代参加的黄河流域水土保持遥感普查项目，是黄委1998年论证立项的重大科技性生产任务，项目通过引进和利用先进的“3S”技术设备，对涉及青海、四川、甘肃、宁夏、内蒙古、陕西、山西、河南、山东9个省（区）的65个地（市）356个县（市、旗）79万多km^2的区域内不同地貌类型，进行了不同尺度的水土流失和治理措施现状普查与监测。项目普查目的在于掌握黄河流域土壤侵蚀与治理现状。主要是借助于"黄土高原严重水土流失区生态农业动态监测系统技术引进项目"的"3S"设备和技术,利用1998年夏态TM卫星影像,在外业调查的基础上,通过建立图像解译标志,采用人机交互判读的形式进行图像解译建库,并取得了一批科技含量很高的应用性技术成果,较真实地反映了土壤侵蚀及生态环境状况。2003~2006年黄委绥德水土保持科学试验站进行了小流域坝系监测方法及评价系统研究,主要包括以下五方面的内容:一是采用了GPS小流域淤地坝坝系监测方法;二是在小流域坝系监测中应用了目前分辨率最高的QuickBird卫星影像;三是利用DEM和GIS进行小流域坝系空间数据的提取、分析、计算及"3S"技术集成;四是对各类常规监测方法的技术要素、分类监测指标和监测方法进行分析总结,归纳分类和建立了小流域坝系监测方法的技术体系;五是以和谐理论为前提,应用层次分析评价法,将小流域坝系各类方法监测的数据经筛选确定为39个评价指标,分解为4个层次、2大系统、6个子系统,对小流域淤地坝坝系进行分析评价。经在王茂沟小流域坝系中评价,其精度与可信度较高,为对小流域坝系建设进行系统监测和评价提供了系统可操作和先进实用的技术方法和评价理论体系。

六、关于坝系工程监测的几点认识

以多沙粗沙区为重点区域开展的坝系工程建设,是黄河水土保持生态建设的一项关键性措施。按照《黄土高原地区水土保持淤地坝建设规划》,到2020年,黄土高原将新发展淤地坝16.3万座,其中骨干坝3万座。这些淤地坝工程建成后,将在黄土高原地区众多小流域内形成以水土保持骨干坝为骨架,中、小淤地坝相配套,拦、排、蓄相结合的完整的沟道坝系。

大规模的淤地坝建设特别是小流域坝系建设,是一项复杂的系统工程。坝系工程抵御暴雨洪水、拦减泥沙效果如何,以及如何在保收频率洪水下实现坝地农作物高产稳产、水沙资源利用是否合理科学、坝系工程运行的安全性程度怎样、坝系运用后在支流及区域上的综合效应如何、能否达到淤地坝建设规划的各项预期目标等,这既关系到工程投资的安全性,也影响到群众打坝淤地的积极性,更重要的是关系到黄河水土保持生态建设的总体成效。

因此,应加强坝系工程的监测研究,全面、系统、动态地监控库坝工程运行的基本情况,建立淤地坝监测与管理信息系统,为科学评价淤地坝建设的作用与效果积累基础资料。同时,应全面提高淤地坝建设的规划、设计、施工和运行管理的科技含量,提高其投资效益,为黄土高原大规模淤地坝建设管理提供技术支撑和科学决策的依据。

(一)扎实做好坝系工程监测的前期工作

1.搞好坝系工程监测的总体规划

坝系工程的监测,是水土保持监测的重要内容,应该统一纳入水土保持监测规划中,统筹安排,综合实施。在项目启动实施前,要调查了解小流域—支流—区域3个层面上的坝系工程的现状和监测工作状况,包括已有坝系工程的宏观布局和配置、已有的监测工作基础、以往淤地坝监测存在的问题、尚需解决的监测关键技术问题等。根据《黄土高原地区水土保持淤地坝建设规划》,制订坝系监测总体规划和实施方案,明确各个层面上坝系工程监测的目标、布局、内容和方法技术要求,进行站网规划与站点建设。

2. 加强坝系工程监测技术规范体系建设

应该说，黄土高原淤地坝建设已经积累了较丰富的经验，但按小流域坝系进行建设，并对小流域—支流—区域3个层面上的坝系工程实施监测与评价，还是一个新课题，有许多关键技术需要克服和总结完善。因此，亟须制定相关规范性技术文件，规范黄河流域坝系工程监测工作。在小流域层面上，通过广泛深入的调查研究，近期黄委将出台《黄河流域水土保持小流域坝系监测导则》，以有效地指导黄河流域水土保持小流域坝系的监测及管理。对支流和区域层面上坝系工程监测评价，是一个系统性、综合性的重大课题，今后将结合黄河水土保持生态建设监测，继续加强研究，通过科技攻关，力争取得突破性进展。通过这两项创新工作，可以总结出一整套坝系监测的经验，逐步解决坝系监测评价的关键技术问题，填补水土保持监测评价技术工作的空白，丰富我国的水土保持技术规范体系。

（二）循序渐进，分步实施坝系工程的监测

对于小流域—支流—区域3个层面上坝系工程的监测，侧重点应有所不同。小流域层面上的监测是长期积累资料的过程，支流层面上重点是解决代表性问题，区域层面上则强调系统性和综合性。如何进行小流域—支流—区域3个层面上坝系工程的监测评价？应循序渐进，分步实施。

1. 切实搞好以小流域坝系为单元的基础监测工作

小流域坝系是监测的基本单元，在小流域层面上，《黄河流域水土保持小流域坝系监测导则》明确了监测的基本原则、基本内容和基本方法。

小流域坝系监测的基本原则是系统性原则、科学性原则、实用性原则和先进性原则。系统性原则注重沟道和坡面、流域上下游的相互联系，注重监测与评价环节的有机结合；科学性原则强调在监测项目、监测内容设置、监测手段和方法应用上的科学性，并强调监测和科学试验研究相结合；实用性原则要求监测方法注重可操作性，监测成果具有应用价值；先进性原则体现在监测的软硬件环境的配置上应用较为先进的设备和技术。

水土保持小流域坝系的监测内容包括工程建设动态监测、拦沙蓄水监测、坝地利用及增产效益监测、坝系工程安全监测等4个方面。

工程建设动态监测包括治理动态监测和沟道工程建设动态监测两部分，主要是坡面工程和沟道坝系工程的数量结构及其变化。拦沙蓄水监测包括拦沙、输沙情况监测和蓄水用水情况监测三个方面：拦沙监测主要是查明各时段库坝的拦沙（淤积）情况；输沙监测的重点是在暴雨洪水期间，实时观测把口站输沙情况；蓄水用水监测包括蓄水量监测、水面面积监测和用水量监测。坝地利用情况监测的内容是淤地面积及其利用状况，坝地增产效益监测的内容是坝地农作物面积及其年增产情况。坝系工程安全监测包括坝体及泄水建筑物安全监测和坝系安全运行监测两部分：坝体及泄水建筑物安全监测的重点是骨干坝和淤地坝坝体及泄水建筑物在施工、运用期间有无坝体滑坡、冲刷、渗流、沉陷、裂缝等问题；坝系安全运行监测的重点是病、险坝及毁坏坝情况。

针对以上4个部分的监测内容，《黄河流域水土保持小流域坝系监测导则》详尽地制定了监测的基本方法和资料分析评价的方法。根据目前的监测基础，地面观测和调查统计等常规手段仍是小流域层面上实施监测的重要方法，有条件的地方，要和遥感监测等现代化监测技术相结合。

2. 在支流的框架下，做好坝系监测总体布局并进行科学的分析评价

根据黄河流域淤地坝建设区域进一步集中连片和规模化发展的趋势，以支流为单元的淤地坝系统建设已全面铺开。因此，做好以支流为单元坝系工程的监测评价工作，是实现从小流域坝系监测到区域监测评价的中间环节和重要纽带，有重要的现实意义。

在支流的框架下，坝系工程监测的重点是做好坝系监测总体布局，并综合小流域监测资料，进行科学的分析评价。做好支流框架下的坝系监测总体布局，就是说科学合理地选择适当数量的典型小流域坝系作为示范监测坝系，解决监测站点的代表性问题。科学地进行支流框架下的分析评价，就是说以小流域坝系监测评价指标体系为基础，建立支流坝系监测评价指标体系，将小流域坝系的监测成果合理地拓延到大面积上，解决监测成果的代表性问题。

3. 区域坝系工程的监测评价应注重系统性和综合性

从小流域坝系到支流坝系，再到区域坝系，随着监测空间的拓展，监测信息量越来越大，综合性也越来越强。因此，区域坝系工程的监测评价必须和整个水土保持生态建设监测评价紧密结合起来，除此以外，还要和水土保持试验研究、流域水文监测系统及地方水保监测机构等相结合，及时监测评价区域坝系建设引起的区域水文泥沙、生态环境等变化，并预测其发展趋势。

（三）加强坝系监测的组织与运行管理

1. 实行项目监测与工程建设同步实施

要将监测经费纳入项目建设费中，在项目建设启动实施的同时，搞好监测站点的布设与管理，开展项目的监测工作，做到监测实施与工程建设同步进行。

2. 加强监测队伍的建设

要在建设黄河水土保持监测网络技术队伍的同时，充分发挥流域水文队伍的技术优势和地方各级水保监测队伍的作用，以及借助其他社会力量。特别要重视充实和稳定基层监测队伍的力量，加强技术培训，提高业务素质。

3. 建立监测资料管理信息系统与上报制度

各级监测机构各负其职，认真负责，确保监测资料的真实性和完整性。监测资料应由专人负责，搞好年度监测建档工作，加强监测资料管理信息系统的建设，并建立完善的监测资料上报制度。

（四）几点建议

（1）鉴于目前技术力量和经费情况，淤地坝监测不可能广而全，应根据监测的目的确定监测重点。

（2）黄土高原淤地坝分布于不同的类型区，在监测设计时应根据本类型区的特点确定监测方法。

（3）根据当地的技术力量，尽量采用先进的技术手段，不断提高水土保持监测的自动化水平。

（4）监测成果经主管部门审查后纳入全国水土保持监测系统中，并予以公告。

第二节　小流域坝系监测方法概论

小流域坝系监测方法可分为常规监测方法（野外观测与调查统计）和“3S”技术监测方法。

一、常规监测方法（野外观测与调查统计）

不同侵蚀类型和不同侵蚀方式的土壤侵蚀量不同，除设置径流场、径流站实测外，各地还通过统计分析得出了一些有用的经验公式。应用经验式需要必要的参数，由于目前观测手段的限制和人们认识的差异，因此计算上存在困难。为了解决在广大地区求取土壤流失量的问题，这里介绍土壤流失量野外调查的常用方法。

在我国广大的水蚀区域，劳动人民同水土流失进行了不懈的斗争，修建了大大小小的蓄水拦泥工程，这就为调查水量提供了可能。以下分别介绍有库坝设计资料和无库坝设计资料等几类工程的淤积调查方法。

（一）有实测设计资料的库（坝）淤积调查

一般大、小、中型库（坝）均有设计资料，包括库区坝址大比例尺地形图、库坝断面设计图、库容特征曲线（水位—水面面积、水位—库容曲线），以及建库、运行管理和水文、泥沙计算等设计资料。有了这些基本资料，淤积调查容易且精度高。

通常库（坝）淤积调查方法有水沙量平衡法、精测地形法和断面测量法。前两种方法需要在库区上、下游设置径流泥沙观测站或详细测量库区淤积地形图，费时较多，只有在必要时才采用，最常用的是断面测量法。

1. 断面布设

在确定有调查意义、代表性强的库（坝）后，先踏察了解库区周围及边岸环境、蓄水及应用（放水）等情况，并初步拟定断面位置和数量。

布设断面应能控制整个观测区，通视良好，并尽可能与水域长轴方向成正交。一般断面间距以水深的 2 ~5 倍为宜，水土保持部门多控制在 10 m 内。在河沟弯曲水域分支处，应加设支断面，如图 1-2 所示。

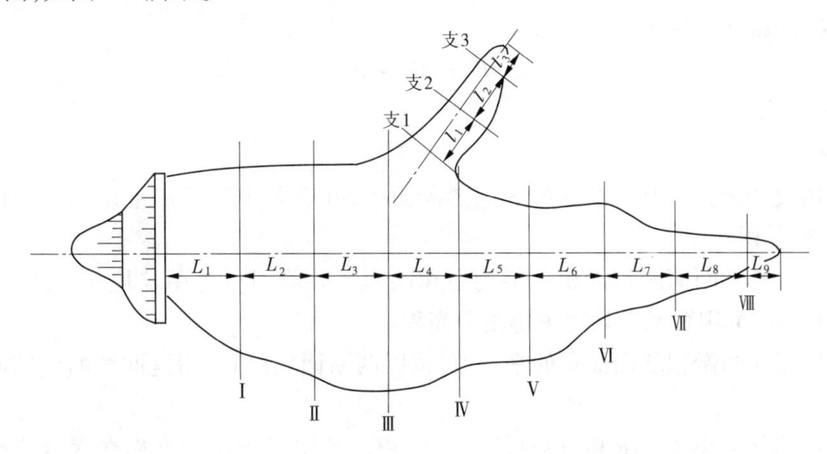

图 1-2　断面布设图

断面选好后，要在库区两岸的适当位置埋设固定测桩，以作长期测量应用。

2. 断面测量

断面测量用经纬仪、水准仪、回声探测仪（或测深绳、杆）、测船及步话机和其他测量用表、记录本等。

1）断面控制测量

断面设置就绪后，需对布设断面作控制测量，包括两岸基桩的位置、高程和两断面间的距离，并绘制平面控制图，作为施测的基础图件。施测方法同一般地形测量和高程测量。

2）断面测量

断面施测时，将经纬仪架设在控制断面任一端的基桩上，对准另一端基桩定出观测方位，调整好仪器。施测开始后，测船沿着观测方位行进，每行进一定距离（约 10 m）观测一次。分别测出视距、中丝截距、垂直角和水平角；同时，测船上测量人员测出相应水深、水准尺与水面高差（通常一次施测为常数），并用步话机通报给记录人员（见图 1-3）。依次按顺序测完所有断面。

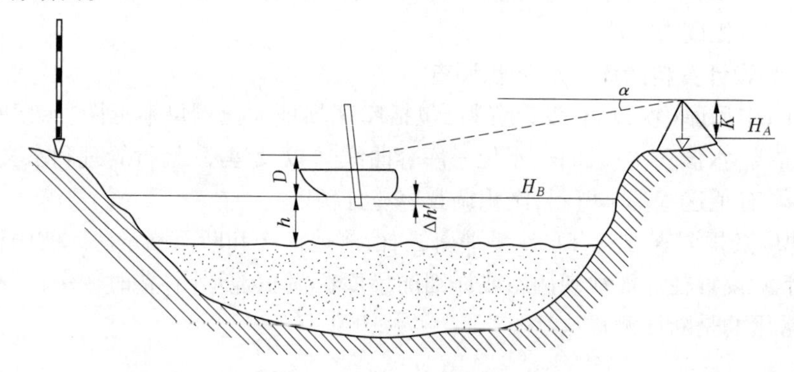

图 1-3　断面淤积测量示意图

用水准仪测出水面高程 H_B，或由下式算出水面高程：

$$H_B = H_A + K - D - \Delta h + \Delta h' \tag{1-1}$$

式中：H_A 为架设仪器基桩高程，m；K 为仪高，m；D 为中丝读数，m；Δh 为从视距表中查得的俯角高差，$\Delta h = S\sin\alpha$（式中：S 为水平距离）；$\Delta h'$ 为测船上水准尺底与水面的高差，m。

该测点淤积高程用式（1-2）计算：

$$H_S = H_B - h \tag{1-2}$$

式中：h 为施测水深，m。

3. 淤积计算

（1）利用设计资料绘制各断面库区地形断面图，并在各个断面图上用同一比例尺依据测量结果点绘淤积断面。

（2）分别计算各断面淤积面积或平均淤积高程。计算面积时用求积仪法或方格法；当测点较为均匀时，可用算术平均法求得淤积高程。

（3）利用相邻两淤积断面面积的平均值，乘以两断面之间距，得这两个断面间的部分淤积体积。

（4）对各部分淤积体积求和，得总的淤积体积。若用平均淤积高程在库容特征曲线上查淤积体积，应注意区分坝前的基本高程和向库尾移动的变化高程，这是库区淤积的翘尾现象所致。先查淤积基本高程的淤积体积,再分别计算向库尾方向淤积的增量,最后加总。

(5)查建库蓄水期至施测年的时限(年)和流域面积,以及淤积泥沙的天然容重(缺少该资料时可实测),就可算出该流域建库以来的平均土壤侵蚀模数[$t/(km^2 \cdot a)$]。

用断面测量法可对库(坝)淤积实施连续观测(每年定期测量),再配以流域降水观测或流域治理调查,也可以取得有意义的结果。

(二)无实测设计资料库(坝)淤积调查

一些小型库(坝)工程(含水土保持工程)缺乏或未保存实测的设计资料,这些工程数量大,分布广,拦蓄了不同地形、不同地类等情况下的侵蚀泥沙。因此,调查这些工程淤积量,不仅能回答水土保持拦泥效益问题,而且能解决该集水区的侵蚀强度问题。

由于缺乏必要的基本资料,一般先要调查集水面积、蓄水年限、原地形状况、工程的规格、基本标高等资料,并了解有无泄洪情况,确定有无调查意义。在此基础上确定调查方法,开展调查。

常用的调查方法有断面法、测针法或探坑法、地形类比法。

1. 断面法

对于较大的中小型库(坝),由于其库内尚存一定容积库容,蓄水较多,仍在发挥蓄水拦泥功能,可采用断面法,同上述有资料库(坝)淤积调查方法一样。不同的是,需把第一次施测的断面作为调查的基础资料,然后再施测各断面,其淤积断面的变化就是前后两次施测期的侵蚀淤积量。计算方法同前。

2. 测针法或探坑法

测针法或探坑法常用于那些无水蓄积的干库坝,如淤地坝,也可用于蓄水很浅的池塘、涝池、水窖等小型蓄水工程。

若对淤地面积较大的干坝调查,可设置若干测深断面(一般等距布设),沿断面每隔一定距离插进钢制测针(钎)测量淤积深;若淤积较浅、挖掘方便,也可采用挖掘坑的方法测量淤积深。探测完全部断面后,绘制各淤积断面图并量算面积;然后,求相邻两断面淤积面积平均值,乘以断面间距,得该段淤积体积;最后,对各段淤积体积求和,除以淤积年限与集水面积之积,得出每年每平方公里的侵蚀泥沙体积,用泥沙容重校正得侵蚀模数。

若是小面积的淤积,如水凼、涝池、窖等,可用测量多点淤积深的方法,求平均淤积深,乘以面积得出淤积体积。在黄土地区,由于侵蚀强烈,水窖、涝池淤积严重,群众已有挖泥掏池的习惯,可以通过了解每次(或每年)掏挖污泥的数量,得到等效的调查结果。

3. 地形类比法

地形类比法是利用初级沟谷形态由小到大的逐渐演变,导致沟谷断面地形相似的原理,由已知断面形态推求淤积断面形态的方法。该法在黄土高原应用获得成功,解决了不同坡度或不同地类情况下的侵蚀强度问题。在黄土地区,坡面径流汇集下切产生小切沟,并随汇流面积的增大向中切沟、大切沟和冲沟演进,其沟谷横断面特征十分相似,形成了一系列对应的坡度转折点,分别连接其对应点,十分明显地显现出沟谷发育的形态变化规律。地形类比法正是利用这种变化规律实现调查目的的。通常切沟、小冲沟上建有各种小坝,缺乏任何资料,可用此法调查。调查步骤如下:

(1)在被调查的淤积库(坝)上游和下游分别选择一个标准断面,使其形态变化、坡面转折点明显,呈一一对应关系,然后用仪器测定各点位置和高程。

(2)按一定比例尺将上游、下游两个观测断面形状绘制在同一坐标纸上,使两断面中心线(即沟底线)重合(见图1-4(a))。为观测计算方便,依据同一比例尺绘制沟谷库(坝)纵断面图(见图1-4(b))。

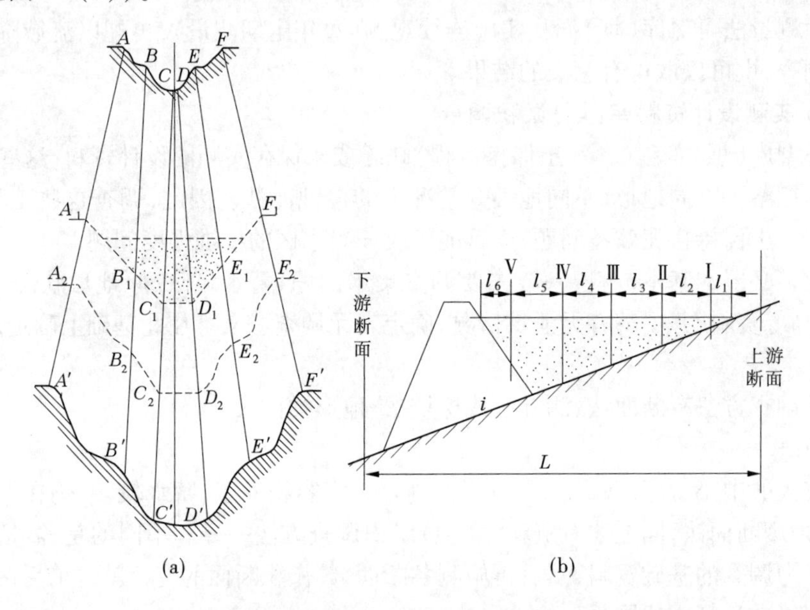

图1-4　地形类比法测算淤积断面示意图

(3)连接横断面图上两沟坡转折对应点,呈分向两侧倾斜并向下游扩散的两组斜直线。如图1-4(a)中AA'、BB'、CC'等。

(4)调查和测量坝体形状、位置,并确定施测淤积断面和间距,将其绘制在纵断面图上。如图1-4(b)中Ⅰ、Ⅱ、Ⅲ等。

(5)根据所选量测断面位置(即与上(下)断面的水平距离),按比例在横断面所得两组斜线上求出结点, 如图1-4(a)中A_1、B_1、C_1、D_1、E_1和F_1,连接各结点,可得到该断面的泥沙淤积断面。同理,可求得全部施测断面的淤积断面。

(6)用纵断面图沟底坡降和淤积面高程,校核绘制的横断面。若无误即可量算每一个淤积断面面积(求积仪法或方格法)。

(7)总淤积量用式(1-3)计算:

$$\omega = 1/2 \sum (s_i + s_{i+1}) l_i \tag{1-3}$$

式中:ω为该库淤积总体积,m^3;s_i、s_{i+1}分别为i、$i+1$淤积断面面积,m^2;l_i为i、$i+1$相邻两淤积断面间距,m。

有了总淤积体积,再调查淤积年限和集水区面积及其特征,不难算出这一地区某种坡度(或利用)下的土壤侵蚀模数。需要注意的是,这类小工程在坝址附近常因取土筑坝地形改变较大(多为增大库容),故计算值略小。此外,切沟乃至冲沟侵蚀活跃,常伴有重力侵蚀,使沟谷断面形态变化异常,此时需慎重对待,尽量避免使用。

二、"3S"技术监测方法

由于"数字黄河"、"数字水保"的提出,作为"数字"基础的"3S"技术日益火爆起来,在水土保持领域中得到较广泛的应用,其应用涉及水土流失评价和监测、水土保持效益分析、水土保持方案编制、荒漠化监测预警、水土保持地理信息系统的建立和数据更新等方面。"3S"技术在水土保持工作中的应用发展较快,但作为水土保持重点措施的淤地坝建设方面却落后于其他工作。

空间定位系统可以高效精确地提供点状地物的空间位置信息;遥感技术可以迅速及时大面积地提供地表的属性并在一定程度上提供地物的大面积的空间位置信息;地理信息系统为地物的几何数据和属性数据的存储、管理和应用提供了软件平台。它们三者互相配合,有效地解决了很多实际问题。

遥感(Remote Sensing)、地理信息系统(Geographic Information System)与全球定位系统(Global Positioning System)的英文名称中最后一个单词均含有"S",人们习惯将这三种技术合称为"3S"技术。

(一)"3S"技术概况

全球定位系统(GPS)、遥感(RS)和地理信息系统(GIS),即"3S"技术,由于其具有快速、实时地采集、存储管理、更新、分析、应用与地球空间分布有关数据的能力,在水土保持各分支的研究中发挥着越来越重要的作用。淤地坝建设作为水土保持综合治理的重要措施之一,在西部大开发的生态环境建设中起着举足轻重的作用。通过"3S"技术在淤地坝建设中的合理利用,有利于提高淤地坝建设工程技术水平,减少建设对环境的负面影响,如淤地坝"零存整取"、"翘尾巴"等问题,有助于淤地坝可持续的相对稳定的实现,促进黄土高原水土流失区的可持续发展。

1."3S"技术的发展

1)GPS 技术

GPS 是 Navigation Satellite Times and Ranging Global Positioning System 的简称。全球定位系统是以人造卫星组网为基础的无线电导航系统。它通过 GPS 接收机接收来自 6 条轨道上的 24 颗 GPS 卫星组成的卫星网发射的载波,来实现全球实时定位。1993 年美国在军事领域首先建立起来,随后它所拥有的快速、实时或准实时、高精度、全球性和全天候的优点,连续的精密三维导航与定位能力也受到广大民用部门的普遍关注。尤其是它可以获取当前位置的经纬度和当前的时间,在实际工作中主要应用其测量高程、计算面积和为 RS 图像校正坐标,同时是精确定位的保障。

2)RS 技术

RS 是 Remote Sensing 的简称。遥感主要指从远距离、高空,以至外层空间的平台上,利用可见光、红光、微波等探测仪器,通过摄影或扫描、信息感应、传输或处理,从而识别地面物质的性质和运动状态的现代化技术系统。RS 技术由于其具有观测范围广、多波段成像和周期性重复等特点,自 20 世纪 60 年代投入使用以来,发展迅速,现已广泛应用于大范围以至全球范围的资源调查与开发、环境变化监测。随着传感器技术、航空和航天平台技术、数据通信技术的发展,现代遥感进入一个能够动态、快速、准确、多手段对地观测的新阶段。目前应用较多的是卫星遥感数据和航片,其中卫星遥感数据应用最多。由于目前卫星遥感数据是一种在计算机中存储的数字图像,在生产中直接使用其进行面积量算、分析、统计等工作有一定的难度,必须借助于地理信息系统(GIS)来进行。

由于卫星遥感数据一般来说分辨率较低,无法满足淤地坝建设的需要,但随着近年来卫星遥感数据分辨率的提高,尤其是民用1 m分辨率卫星影像的出现,为我们控制淤地坝坝址及控制面积内治理度的实现提供了必要的物质基础。其应用也正由定性向定量、静态向动态方向发展,应用前景极为广阔。所以说,RS的精度提高是控制淤地坝的物质基础。

3)GIS技术

GIS是Geographic Information System的简称。地理信息系统属于空间信息技术,是以地理空间数据库为基础,在计算机软、硬件的支持下,对有关空间数据按地理坐标或空间位置进行预处理、输入、存储、检索、运算、分析、显示、更新和提供应用研究,并以处理各种空间实体及空间关系为主的技术系统。该系统具有采集、管理、分析和输出多种空间信息的能力;具有空间分析、多要素综合分析和预算预报的能力,可为宏观决策管理服务;能实现快速、准确的空间分析和动态监测研究。1966年Roger Tomlinson开发成功第一套真正的地理信息系统——CGIS,标志着GIS的诞生,从而Roger Tomlinson被誉为地理信息系统之父。Jack Dangermond开发了第一个商业化的地理信息系统——ArcInfo,至今它仍是使用最广泛的地理信息系统软件之一。由于GIS技术处理和分析地理空间及非空间信息的强大功能,它已被广泛应用于水土保持的各个领域。GIS是淤地坝建设工作中信息管理的基础,是"3S"技术的基础。

2."3S"技术与"3S"集成

1)"3S"技术

"3S"是一个综合的概念,RS、GIS和GPS都是作为单独的技术被提出来的,经过研究成熟后被应用到水土保持工作当中。

从遥感(RS)的应用产品来讲,由于遥感图像中"同物异谱"、"同谱异物"的情况时常发生,影响了土地覆盖/分类的精度。在地理信息系统的支持下,可以补充一些非遥感信息参与遥感分类。实践证明,在地理信息系统的支持下,增加遥感以外的其他信息参与分类决策,可明显提高土地分类的精度。此外,目前应用较多的是卫星遥感数据和航片,其中卫星遥感数据应用最多。卫星遥感数据是一种在计算机中存储的"数字图像",其最小单元是"像素"。在生产中直接用数字图像进行面积量算、分析、统计等工作有一定的难度,同时也不符合人们管理的思维方式,大多数情况是把遥感数据按水土保持工作需要进行分类,再按照类型边界进行矢量化(勾绘图斑边界),最终直接应用矢量图形。在矢量图形上进行面积量算、统计、分析、制图等正是地理信息系统(GIS)的功能,因此RS与GIS集合才能够充分发挥起技术优势;对于地理信息系统而言,遥感是重要的信息源。与传统的信息采集方法相比较,它为地理信息系统提供高效、廉价、及时、客观、准确、丰富的地面信息。

由于地球是椭球状而且表面高山低谷起伏很大,同时大气层的活动影响电磁波辐射,因此卫星地面站接收到的遥感图像与地球表面的实际状况存在着误差,在应用之前必须进行图像校正。通常的做法是利用地形图上同名地物点的已知坐标进行校正,GPS问世以后为遥感图像的校正提供了新的坐标获取手段,同时也为遥感定点定位研究提供了新的途径。遥感影像的几何校正需要一些地面控制点(GCP),地面控制点的选取应选用图像上易分辨且较精细的特征,很容易用目视方法辨别,如道路交叉点、河流弯曲或分叉处、弯曲海岸线、湖泊边缘、飞机场、城廓边缘等。这些地面控制点的坐标一般借助地形图来确定。但由于地形图的时效性,有时需要实地测量,空间定位系统可以准确、快速地测出地面控制点的坐标,这是传统测绘方法无法相比的。在航空遥感中,飞机的姿态、飞行路线的控制对遥感任务而言是非常重要的。尤其是在多航线的面状遥感任务中,航线与航线之间的影像拼合主要取决于飞行路线的控制。空间定位系统可提供精确导航,使得航线之间平行,为遥感影像的高精度拼接和几何校正提供保证。在遥感影像的第一次判断后的实地验证过程中,需要知道所处的地点对应于遥感影像上的位置。传统方法主要是依靠明显地物来作参照物的,效率低,准确度低,而应用空间定位系统可有效地解决这个问题。

地理信息系统是对地理空间数据的获取、编辑、查询、统计、管理、专题制图的先进工具,完整意义的地理信息系统包括了计算机系统、地理或专题数据(图形库和属性数据库)、GIS软件工具,其中"数据(GIS中把所有的图形、图像、数字等统称为数据)"是生产实践中最重要的内容。GIS中的数据包括地理数据、专题数据(如土壤侵蚀图)数据以及对它们叠加分析产生的各类数据。通过地形图输入可以获取地理数据,也可以利用GPS测量直接得到地理数据;对于专题数据,可以通过现场调查勾绘图斑得到专题图,也可以利用遥感图像分类得到专题图,对于面积较大的区域,利用RS为GIS提供专题图是当前最快捷的手段。

GPS的实质是通过卫星和地面接收机获取当前位置的"地理坐标"和当前的"时间",在实际工作中直接应用GPS的地理坐标是不方便的,它借助GIS和RS才能应用得更广泛和深入。

从上述GIS、GPS、RS的相互关系可以看出,三者之间相互依赖、相互补充,只有把三者作为一个统一的整体来研究和应用,才能充分发挥各自的作用,才能运用自如,这就是我们所说的"3S"技术。随着"3S"研究和应用的不断深入,人们逐渐地认识到单独运用其中的一种技术往往不能满足水土保持工作的需要。事实上,许多应用工程或应用项目需要综合地利用这三大技术的特长,方可形成和提供所需的对地观测、信息处理、分析模拟的能力。

2)"3S"集成技术

"3S"技术和"3S"集成技术不是等同的概念。集成是英语Integration的中译文,它指的是一种有机的结合、在线的连接、实时的处理和系统的整体性。目前,由于对"集成"的含义理解不清,往往把"3S"技术和"3S"集成技术混为一谈。譬如说,对于已得到的遥感图像,到实地用GPS接收机测定其空间位置(X、Y、Z),然后通过遥感图像处理,将结果以数字化送入地理信息系统中,这同样使用了"3S"技术,但它不是一种集成,它不符合上述的集成概念。一个较好的"3S"集成技术系统的例子是美国俄亥俄州立大学进行的集CCD摄像机、GPS、GIS和惯性导航系统(INS)于一体的移动式测绘系统(Mobile Mapping System)。该系统将GPS/INS、CCD实时摄像系统和GIS在线地装在汽车上。随着汽车的行驶,所有系统均在同一个时间脉冲控制下进行实时工作。由空间定位、导航系统自动测定CCD摄像瞬间的像片外方位元素。据此和已摄得的数字影像,可实时地求出线路上目标的空间坐标,并随时送入GIS中,而GIS中已经存储的道路网及数字地图信息,则可用于修正GPS和CCD成像中的系统偏差,以及作为参照系统,以实时地发现公路上各种设施是否处于正常状态。显然,这样的集成还应当有现代通信技术和专家系统技术相配合。另外,目前所说的"数字地球"实际上就是"3S"与计算机网络系统的集成应用。

3)"3S"集成技术的发展

"3S"集成技术是当今地球空间信息科学的最前沿领域。在"3S"技术集成系统中,GPS用于实时、快速地提供目标的定向定位信息;RS用于实时或准实时地提供目标及其环境的语义或非语义信息,发现地球表面的各种变化,及时地对GIS进行数据更新;GIS作为集成系统的基础平台,可对多源时空数据进行综合处理、集成管理、动态存取、即时分析决策,形成一个完整的闭环控制系统。“3S”技术集成的模式可以是相对简单的两两集成,也可以是复杂的整体集成。两两集成模式 GPS + RS、GPS + GIS、GIS + RS,技术难度相对较低。整体集成模式即 GPS + RS + GIS,难度大、费用高,但意义重大。

为了实现真正的“3S”集成技术,需要研究和解决“3S”集成系统设计、实现和应用过程中出现的一些共性的基本问题,如“3S”集成系统的实时空间定位、一体化数据管理、语义和非语义信息的自动提取、数据自动更新、数据实时通信、集成化系统设计方法以及图形和影像的空间可视化等,为进一步设计和研制实用“3S”集成系统提供理论、方法和工具。

(二)“3S”技术在坝系监测中的应用

全球定位系统的优势是精确定位,地理信息系统的优势是管理与分析,遥感的优势是快速提供各种小流域坝系在地表的分布信息,它们可以做到优势互补,促进水土保持事业的发展。GPS 和 GIS 结合提供了小流域坝系监测需要的定位和定量进行淤地坝数量、淤积面积、淤积库容的技术手段。RS 和 GIS 结合提供了多种数据源,这为建立小流域坝系基础数据库奠定了基础。

在淤地坝系建设完成后,应将淤地坝的所有技术经济指标作为非空间属性数据分层次地建立在坝系地理信息系统(GIS)中,便于下一步的管理及监测。管理方面包括设计的各种数据图纸、竣工时的各类数据图纸、同时逐个坝兴建年度(每年一层)正常运行及管理图层。监测方面主要针对工程存在的问题:如每年的淤积厚度、库区降雨量、库水位、泄水流量、含沙量等;有无裂缝、塌坑、滑坡及隆起现象,有无冲刷、渗漏、管涌、沉陷、断裂、堵塞。数据的来源宏观上采用高分辨率 RS 技术来确定,在高分辨率影像上找明显地物点,基于已建立的控制网进行外业观测,求出一系列地物点坐标,作为高分辨率影像几何纠正的依据,用于宏观区域水土流失动态监测;根据航测成图的要求,选一部分地物进行区域水土流失动态监测;根据航测成图的要求,选一部分地物特征点,经 GPS 外业观测,求出点的三维坐标,作为像控制点坐标,建立立体模型,采集有关数据,用于进行重点区域的监测。微观上采用 GPS 的 RTK 实时动态技术,把 GPS 的基站放在已建控制网的某已知点上,流动站沿沟缘线、峁边线、沟底线、沟头连续采集点的坐标,绘制出三维曲线,作为动态监测的基础,定期用同样方法观测,可以比较精确地采集到淤积层厚度、坝库区内的重力侵蚀情况等。

第二章　小流域坝系常规监测方法概述

小流域坝系建设作为黄土丘陵沟壑区水土保持综合治理中重要的措施，它有效地防止了沟岸扩张、沟底下切和沟头延伸，对整个流域水沙运行起到了拦蓄和调洪的作用，同时在有效地增加基本农田的基础上，可以促进坡地的退耕还林还草，进而实现流域生态环境建设的可持续发展。所以，坝系监测作为小流域水土保持或坝系建设综合效益评价的指标体系，不仅要监测其坝系自身建设安全稳定、蓄水拦沙效益和坝地增产效益等，还要包括坝系所处的小流域整体生态建设过程中的土壤性质、植被建设、小气候环境变化和沟道水文泥沙变化等生态指标及其所引起的小流域社会、经济环境的动态效益。以上各类效益指标的实时反映主要靠常规监测方法来实现。一般来讲，常规监测方法主要包括水文泥沙监测、坝系安全稳定监测和小流域生态社会效益监测。通过以上坝系流域各类指标监测，实时反映坝系建设动态变化，从而将坝系建设作为整个小流域生态建设的切入点和突破口进行系统监测和效益评价，全面、系统地监控和准确、及时掌握坝系建设的运行情况与小流域整体生态建设效果。

第一节　水文泥沙监测方法

小流域坝系水文泥沙监测反映坝系建设过程中和建设完成后沟道水文泥沙动态变化的规律，所以其监测内容包括影响沟道水文泥沙变化的小流域降雨量监测、沟道洪水泥沙监测和沟道拦沙蓄水监测。

一、小流域降雨量监测

（一）小流域坝系雨量站布设与场地选择

流域基本雨量站的布设数量及密度，以能控制坝系流域内平面和垂直方向雨量变化为原则。雨量的分布，除受地形影响外，在微面上呈波状起伏，梯度变化也较大。雨量点的布设，在面积小、地形复杂的流域密度应大一些；在面积大、地形变化不大的流域，密度可小一些；流域面积在 5 km^2 以下时，可按照表 2-1 布设。

表 2-1　坝系流域基本雨量站布设数量

流域面积(km^2)	小于0.2	0.2~0.5	0.5~2.0	2.0~5.0
雨量站数量(个)	2~5	3~6	4~7	5~8

流域面积在 50 km^2 以下，每 1.0~2.0 km^2 布设一个雨量站；超过 50 km^2 每 3.0~6.0 km^2 布设一个雨量站。观测初期，雨量站可布设得多一些；积累一定的资料以后，通过抽样分析，可以精简。精简前后计算的流域平均雨量，误差不能超过5%。精简后的雨量站个数，不受上述规定限制。

若流域内设一个雨量站，则应设在流域中心或重心附近；设两个雨量站，则一个设在流域出口洪水泥沙观测断面处，另一个设在流域上游；设多个雨量站，则应考虑流域形状、地形等因素进行布设。

雨量站布设场地应设置在四周空旷、平坦、无高大地形地物的地方。当有障碍物时，雨量站距障碍物的距离应超过雨量计和障碍物高差的2倍。

（二）雨量站仪器的安装与监测

雨量站降雨量观测一般分为人工观测和自动监测。人工观测常用的有自记虹吸式雨量计和标准桶；自动监测雨量站现行一般为翻斗数字式雨量计。雨量计安装时，应设置在有人驻守的地方。首先要使用钢筋三角架把雨量计固定，三角架底脚部要埋设在地面以下30～50 cm，用铁丝拉紧固定三角架，防止大风吹倒或摇晃雨量计。雨量计一般固定在三角架上，安装高度为雨量计地面器口至地面高0.7 m左右，且保持进水器口水平。自记雨量计常用虹吸式，它可记录降水过程及雨量变化，实施监测时，监测人员每天在08:00进行换纸、加墨水、检查和维护工作；标准桶的安装方法与自记雨量计相同，其只能监测一次降雨总量，所以实施监测时平时只进行清理、维护，雨前进行检查，雨后进行1次量测即可。自动翻斗数字式雨量计的安装，一般在选择场地后，为保持稳定、牢靠，应在仪器底部埋设固定基桩或混凝土，将自身底部携带的三个固定螺丝水平固定于基桩或混凝土上，注意保证器口水平，实施监测时，一般每两个月回传一次数据。

（三）小流域降雨量监测数据处理

小流域雨量监测的原始数据首先要进行摘录和整理，摘录、整理出次雨量、日雨量和月雨量，然后进行资料校准。校准后的数据资料可以用于数据处理，流域降雨量数据处理主要是求流域的平均次雨量，流域平均次雨量计算方法一般有两种：算术平均值法、面积加权法。

算术平均值法：在小流域布置雨量站密度足够，且地形单一、分布均匀时，用算术平均值法推求小流域平均次雨量。公式为：

$$\overline{P} = \frac{1}{n}\sum_{i=1}^{n} p_i \tag{2-1}$$

式中：$\overline{P}$为流域平均次雨量，mm；p_i为流域所设雨量站的校正次雨量，mm；n为流域布设的雨量站数。

面积加权法：若流域雨量站较稀、分布不均，或地形起伏大，则用面积加权法计算平均雨量。各雨量站面积确定，一般用泰森多边形法。此法是将布设的雨量站依据紧邻关系连成多个三角形，从周边雨量站起，作三角形每个边的中垂线，再延长连接流域中部雨量站周围各线的中垂线，形成围绕雨量站的多边形（含流域边界线），这些多边形所包围的面积即为被包围雨量站的面积。求出各雨量站的面积占总面积的份数，即面积权数f_i，用下式计算流域平均次雨量：

$$\overline{P} = \sum (p_i f_i) \tag{2-2}$$

式中：$\overline{P}$为流域平均次雨量，mm；p_i为各站雨量，mm；f_i为各站雨量的面积权数，$f_i = F_i / F$（F_i为该雨量站覆盖面积，F为流域总面积）。

二、小流域坝系沟道洪水泥沙监测

(一)小流域坝系来水来沙监测

小流域坝系次暴雨洪水的来水来沙速度快、变化大,其流量、含沙量监测一般采用量水建筑物和断面量测。在水土保持水文泥沙的常规监测中,经常使用的量水建筑物有巴塞尔量水槽、薄壁量水堰(按出口形状分为三角形、矩形、梯形等)、三角形量水槽等。

1.站址选择及量水建筑物

小流域测站选择时,首先要选择确定测流断面,测流断面的流量与水位是测站监测的两个主要指标,水位与流量必须通过实测来确定。水位与流量关系是否稳定,对监测有很大的影响。

测站的水位与流量关系往往受一个断面或一个河段的水力因素所控制,前者称为断面控制,后者称为河槽控制。这个断面或河段就称为控制断面或控制河槽。如果控制断面或控制河槽的水力因素稳定不变,则测站的水位与流量关系是稳定的,称之为测站控制良好或控制稳定;反之,称为控制不好或控制不稳定。所以,选择测站控制较好的地点,是监测工作和监测数据质量的保证。

(1)选择查勘测站站址时,选择监测河段的原则是首先应满足设站的目的和要求;其次是能保证成果精度,便于监测和整编。

(2)一般小流域水沙测站应尽量选择河流顺直、稳定,水流集中,便于布设测验设施的河段,顺直长度一般应不小于洪水时主槽河宽的3~5倍。在山区河流,在保证测验工作安全的前提下尽可能选择在急滩、石梁、卡口等控制断面的上游。测验河段应尽量避开变动回水、急剧冲淤变化、分流、斜流、严重漫滩等不利影响,避开妨碍测验工作的地貌、地物。

(3)小流域水沙测站的监测河段,一般在建筑物的下游避开水流紊动影响的地方。

(4)小流域水沙监测站址,应选在岸坡稳定,水位有代表性,便于设立监测设备和便于观测的地方。同时,要尽可能靠近居民点,并考虑监测工作人员生活、交通、通信方便等因素。

项目研究的王茂沟小流域坝系水沙监测布设的量水建筑物为三角形量水堰+矩形宽顶堰复合式量水建筑物,测流断面设在王茂沟小流域坝系出口处1号骨干坝的溢洪道上。当洪水流量小于0.43 m^3/s时,在三角形量水堰量水建筑物上进行观测;当洪水大于0.43 m^3/s时,在矩形宽顶堰量水建筑物上进行观测,量水堰底宽3 m。

2.水位、泥沙、流量的观测与处理方法

1)水位监测

项目研究的王茂沟小流域坝系水沙监测过程中水位观测的频次,根据当时次暴雨洪水水位变化的急缓情况,以能测出完整的水位变化过程、满足流量计算为原则。一般采用的标准是“快一分、慢一厘”,即洪水水位涨或落变化快时采用1 min记一次水位,洪水水位涨或落变化慢时采用水位变化1 cm记一次水位。

2)单次含沙量监测与处理

次暴雨洪水的含沙量水样提取频次以能控制住含沙量的变化为原则,在洪水起涨、峰腰、峰顶、落平和水位转折变化点均提取水样,每次较大洪峰过程一般应不少于7~10次,采样一般用小桶或者其他器皿。

水样的处理经常采用的方法是置换法。主要工作内容有:量沙样容积;测定比重瓶盛满浑水的总重量(指质量,下同);测定浑水的温度;计算泥沙重量。比重瓶一般采用容积为100 cm^3 的,注入水样时不能太急,应使浑水沿壁徐徐流下,当浑水注入后,可用手指轻击比重瓶的四周,以助气泡外逸;然后再注入少量清水,使水面到达一定的刻度时,加上瓶塞,用干毛巾擦干瓶外水分。称瓶加浑水重,并用水温度计迅速测定其温度。泥沙的重量用下式计算:

$$W_s = W_{ws} - W_w \tag{2-3}$$

式中:W_s 为泥沙重量,g;W_{ws} 为瓶加浑水重,g;W_w 为同温度下瓶加清水重,g。

3)次暴雨洪水总量及泥沙总量计算处理

(1)次暴雨洪水总量计算。首先根据观测到的水位及水位与流量的关系式求出瞬时流量。研究流域王茂沟小流域坝系的水沙监测选用的量水建筑物有两种:三角堰和矩形宽顶堰。该测站根据水位率定的流量的固定公式分别为:

三角堰流量公式:

$$Q = \frac{8}{15}U\sqrt{2g}\tan\frac{\theta}{2}H^{\frac{5}{2}} \tag{2-4}$$

式中:Q 为瞬时流量,m^3/s;H 为水位,m; U 为常数,取值为0.6;θ 为三角堰顶角,取值为120°;g 为常数,取值为9.8 m/s^2。

矩形宽顶堰流量公式:

$$Q = mb\sqrt{2g}H^{\frac{3}{2}} \tag{2-5}$$

式中:Q 为瞬时流量,m^3/s;H 为水位,m;m 为常数,取值为0.785;b 为底宽,m;g 为常数,取值为9.8 m/s^2。

根据上式求出的瞬时流量,用面积包围法计算出次暴雨洪水总量。即用相邻两个瞬时流量相加,除以2得出时段平均流量,再乘以相邻两瞬时流量间的历时,得出该时段的洪水流量。以此类推,求出整个次暴雨洪水过程相邻两个瞬时流量在某一时段内的洪水流量,然后将这些求得的时段洪水流量全部累加起来,所得的结果就是此次暴雨洪水的总量。

(2)泥沙总量计算处理。首先根据以上观测计算出的泥沙重量,求出单位含沙量;一次洪水过程一般处理水样7~10个,也就是说能求出7~10个单位含沙量,然后用直线插补法,计算出每一个水位流量对应的单位含沙量。将整个次暴雨洪水过程所有时段内的洪水流量乘以单位含沙量得出每个时段内的产沙量,然后将这些求得的时段产沙量全部累加起来,所得的结果就是此次暴雨洪水的泥沙总量。

(二)小流域坝系拦沙蓄水监测

通过小流域坝系拦沙蓄水监测方法的研究,认识和掌握淤地坝对流域水沙的拦截、调节和蓄存机理,以及流域水沙在坝系中的演进过程,揭示坝系相对稳定的规律;量化小流域坝系水沙来源指标,为淤地坝工程规划、设计、施工、运行管理、河道水资源的优化配置与合理利用,以及坝地防洪保收技术提供科学的依据。

小流域坝系拦沙蓄水监测主要包括淤地坝拦沙和蓄水监测两个方面。拦沙蓄水监测主要是监测次暴雨后淤地坝的拦沙和蓄水情况。监测指标是淤地坝拦沙量、蓄水量。根据淤地坝是否设有排洪设施,监测分为两种类型:不布设排洪设施淤地坝的拦沙量、蓄水量监测和布设排洪设施淤地坝的拦沙量、蓄水量监测。

1. 不布设排洪设施淤地坝的拦沙量、蓄水量监测

1）监测点的布设

根据洪水泥沙在淤地坝内的淤积规律（坝前淤积较坝尾淤积薄，坝前蓄水较坝尾蓄水深），从坝前到淤积末端，以控制淤积体平面变化为原则，按相邻间距小于淤积总长度 1/6 ~ 1/10 布设若干个断面，测量断面间的间距。在每一断面布设若干个测点（能控制淤积断面起伏），并在各高程监测站点布设带有水位标尺的水泥桩，测量各监测站点的高程和测点间的水平距离。汛前将带有水位标尺的水泥桩布设在监测站点上，记录下各个监测站点的原始高程数据。

2）监测数据的获取与处理

次暴雨后，监测技术人员到选定的监测淤地坝所在地进行实地监测，利用各监测站点水泥桩上的水尺读数，读取次暴雨后所监测淤地坝的各个监测站点上的水面或泥沙淤积高程，然后采用平均淤积高程法计算出所监测淤地坝的总库容。

各断面的水面平均高程和淤积面的平均高程用下式计算：

$$Z_i = 1/2B_i \sum (Z_j + Z_{j+1}) \Delta B_j \tag{2-6}$$

$$Z = 1/2L \sum (Z_i + Z_{i+1}) \Delta L_i \tag{2-7}$$

式中：Z_i 为第 i 断面的水面平均高程，m；Z 为坝区淤积面的平均高程，m；Z_j 为第 i 断面第 j 测点的水面高程，m；ΔL_i 为相邻断面的间距，m；L 为坝前到淤积末端的长度，m，$L = \sum \Delta L_i$；ΔB_j 为同断面相邻测点间的水平距离；B_i 为第 i 断面水面的宽度，m，$B_i = \sum \Delta B_j$。

由原始库容曲线查得与高程 Z 相应的库容，即为次暴雨后所监测淤地坝的总库容 $W_{总}$。

若干天后，监测淤地坝内的蓄水排干，利用各监测站点水泥桩上的水尺读数，读取次暴雨后所监测淤地坝的各个监测站点上的淤积高程，然后采用平均淤积高程法计算出所监测淤地坝的淤积库容。

各断面的水面平均高程和淤积面的平均高程计算公式同式(2-6)、式(2-7)。

由原始库容曲线查得与高程 Z 相应的库容，即为次暴雨后所监测淤地坝的淤积库容 $W_{淤}$，即淤积体积，再将淤积体积根据泥沙容重换算成重量，即为所监测淤地坝的拦沙量。

然后，由监测淤地坝的总库容减去淤积库容，剩余部分就是所监测淤地坝的蓄水库容 $W_{蓄}$，即 $W_{总} - W_{淤} = W_{蓄}$，计算出的蓄水库容就是所监测淤地坝的蓄水量。

2. 布设排洪设施淤地坝的拦沙量、蓄水量监测

在淤地坝淤满前，布设排洪设施淤地坝的拦沙量、蓄水量监测与不设排洪设施淤地坝的拦沙量、蓄水量监测的方法相同。淤地坝淤满后，在监测淤地坝的溢洪道上布设一个测流断面，当淤地坝溢洪道排水时进行流量、含沙量监测，具体按照以下方法实施。

1）测流断面的布设

溢洪道纵断面多为矩形，布设测流断面时，在溢洪道便于观测的一侧将直立式水尺垂直安装在地基面上；也可用红漆标示出观测位置，并在设置水尺的上下游有长约 10 m 以上的平直段，且不受下游回水的影响，床质均一，无影响水流的杂草、淤泥和碎石等杂物。

2）水位观测及沙样提取

在小流域坝系水文泥沙监测中，实时观测洪水期水位的涨落变化过程显得尤为重要。将观测的水位与流量建立关系，在率定关系曲线时一般率定次数不少于 20 次，通过率定关

系曲线可以推求洪水流量。次暴雨洪水观测水位时，根据洪水涨落情况增加测次，以能测得完整的水位变化过程为原则，一般发生洪水监测水位时，每变化 1.0 cm 监测 1 次。次暴雨洪水的沙样提取次数以能控制住含沙量的变化为原则，在洪水起涨、峰腰、峰顶、落平和水位转折变化点均提取沙样，每次较大洪峰过程一般应不少于 7～10 次。沙样的处理经常采用置换法。

3）次暴雨洪水总量及泥沙总量的计算

利用观测到的水位及试验方法率定的水位与流量之间的关系式，计算出瞬时流量。同样将取回的沙样经过处理，求出单位含沙量。然后利用加权平均流量法计算出次暴雨洪水总量和泥沙总量。

第二节　淤地坝坝系安全稳定监测方法

淤地坝坝系安全稳定监测，根据其工程组成和生产运行主要包括两个部分，即坝体及泄水建筑物监测和坝系安全运行监测。

一、坝体及泄水建筑物监测

（一）监测指标

研究的王茂沟坝系流域沟道工程建设较为完善，而且都是 20 世纪 90 年代以前建设的坝体及泄水建筑物，所以坝体及泄水建筑物监测的主要内容包括坝体滑坡、位移、冲刷情况、渗流、沉陷和裂缝等涉及坝体及泄水建筑物安全的主要内容。

（二）监测方法及数据资料获取

坝体及泄水建筑物安全监测主要采用巡视检查法；对流域把口站骨干坝要布设监测点进行定位监测。巡视检查直接在现场进行勘测、调查统计和现场拍摄影像进行监测，巡视频次应在每年汛前、汛后按照规定的巡查项目进行一次；定位监测要在坝体左、中、右岸埋设监测桩，进行 GPS 定位，在汛期或年度根据标尺数据记载，巡查其位移、沉陷和滑坡情况。在流域出现特大洪水、感应性地震或持续高水位等比较严重的破坏性自然灾害因素和其他危情时，应对规定巡视的项目内容进行逐项连续监测，详细记载时间、部位、险情，并绘制出草图等适时现场情况。

（三）监测资料成果分析

对常规无安全性的监测资料进行整理、归档，建立流域坝系监测资料数据库，对数据性资料进行整理、输入和图形、表述性处理。对病危性坝体和泄水建筑物要及时把危害情况上报有关上级部门，为其提供快速决策的依据。

二、坝系安全运行监测

（一）监测指标

主要是对整个流域坝系内正在运行的生产或拦洪工程，逐个核实病坝和险坝的具体坝名、数量、位置，毁坏情况包括水毁和人为毁坏程度、位置、尺寸以及毁坏原因（设计标准、工程质量等）。

(二)监测方法

在监测流域按计划每年在汛后和汛期较大暴雨洪水发生后,对全流域分别采取现场勘察测量、调查统计核实坝系安全,确定病坝和险坝的具体坝名、数量、位置,毁坏情况包括水毁和人为毁坏程度、位置、尺寸等,对毁坏性工程现场判断确认毁坏的主要原因(设计标准、工程质量等)。

(三)监测资料成果分析

在建立小流域坝系监测资料库的基础上,每年对次暴雨或年度监测资料进行一次整理分析,对工程毁坏数量和具体尺寸程度等定量指标,要进行数理统计和处理,编制成果图、表等,计算其小流域坝系的安全比。对毁坏性工程位置、名称、人为或水毁等定性指标,要进行质量评定,确定流域坝系安全程度。通过多年坝系动态监测,可以掌握和了解流域坝系动态运行情况,确保流域坝系监测成果的科学性和系统性,为流域坝系工程建设提供技术支持和科学决策依据。

第三节　小流域坝系生态社会效益监测方法

一、小流域坝系生态效益监测

生态效益监测是对坝系建设所引起的小流域生态环境土壤、植被状况和小气候变化的动态监测。土壤环境的监测主要是对不同地类影响土壤性质的水分含量、空隙度、干容重等物理指标和不同地类土壤有机质(%)、碱解氮(mg/kg)、速效磷(mg/kg)、速效钾(mg/kg)、pH 值等化学指标的监测;植被状况监测是对流域内主要分布,并能反映小流域林草植被建设的动态变化和建设效果的人工乔木林、经济林、灌木林、牧草和草灌混交的5种地类测定其郁闭度和盖度;小气候监测是对坝系建设流域的主要气象要素如降水、气温、空气湿度、蒸发和风力进行动态监测,降水主要监测其汛期(植物有效生育期)逐日降水量和发生暴雨时的时段降水量,气温和空气湿度主要监测其汛期(植物有效生育期)逐日温度、湿度,以及监测时段最高、最低气温和湿度等,蒸发主要监测其汛期(植物有效生育期)逐日蒸发量,风力主要是对风速和风向进行定时监测。

(一)生态效益监测指标及监测方法确定

1. 土壤物理性质监测方法

首先对小流域坝系进行土壤监测类型划分,如农牧草类型和林业类型,然后确定各类型样区。一般农牧草类型包括坡地农地、坡地草地、梯田农地、坝地农地、退耕地坡地;林业类型包括乔木林坡地、灌木林坡地、经济林梯田、经济林撂荒地。

在选定各类土壤监测样区的基础上,开展监测操作。操作时在各测点将地表上部2~3 cm带有植物残体的表层土刮去,采用环刀法向下取10~20 cm的土样,在实验室测定其土壤空隙度、干容重等,土壤含水率采用时域反射电子水分仪,在汛期(植物有效生育期)内每月15日、30日进行测定,根据林草根系分布确定水分监测深度,即农牧地类型监测20、30、50、100 cm四层水分含量,林地类型监测20、30、50、100、150、200 cm六层水分含量。

2. 土壤化学性质监测方法

在选定的每个监测样区监测点,将表层2~3 cm的土壤及其植物残体刮去,取0~25 cm

深的土壤,在样地采集点用梅花分布采集法取各点土样混合约 1 kg,在室内风干后再测定。有机质采用重铬酸钾容重法测定,碱解氮采用扩散法测定, 速效磷采用 Olsen 法测定,速效钾采用原子吸收法测定,pH 值采用比色法测定。

3. 植被状况监测方法

选择流域内分布较广、代表性较强的人工草地、灌木林、乔木林、草灌混交林和经济林五大类型,各种类型选择 3 个标准样地,考虑到植物生长的开始和结束,于每年的 6 月和 9 月各监测 1 次。林木郁闭度采用树冠投影法测定,灌木盖度采用线段法测定,草地盖度采用针刺法测定。

4. 小气候环境变化监测方法

考虑到监测流域的建设条件,在相同类型区建立小气候地面自动监测站,监测站为一周监测 1 次,定时回传降水、温度、空气湿度和风力等实时动态变化数据,然后对回传的数据进行所需成果数据的编报。软件支持系统包括实时监测系统和地面气象编报两个系统。

(二)生态效益监测样区布设

根据所确定的监测项目,如土壤性质、植被状况等,监测的样地类型有坡地、梯田和坝地,土地利用方式有乔木林、灌木林和农地等 10 种(见表 2-2)。在小流域中选择有代表性的人工乔木林地、灌木林地、草地、果园,分别布设监测小区,监测其土壤理化性质、郁闭度和盖度。其中林木、牧草样方的位置应在坡面的上、中、下部位分别选定,乔木林样方面积 20 m×20 m,灌木林 5 m×5 m,草地 2 m×2 m。

表 2-2　土壤理化性质监测小区基本情况

小区号	土地类型	坡度(°)	措施配置	监测面积(×3)
1	坡地农地	15~30	坡地优势农作物	30 m×30 m
2	坡地草地	15~25	人工草地	1 m×1 m
3	梯田农地	1~3	梯田优势农作物	30 m×30 m
4	坝地农地	1~4	坝地优势农作物	30 m×30 m
5	退耕地	15~35	荒地	30 m×30 m
6	坡地乔木林	20~45	坡地优势乔木林	30 m×30 m
7	坡地灌木林	20~45	坡地优势灌木林	30 m×30 m
8	坡地经济林	15~35	坡地优势林种	30 m×30 m
9	梯田经济林	2~5	梯田优势林种	30 m×30 m
10	撂荒地	15~45	荒草地	30 m×30 m

(三)生态效益监测数据成果分析

1. 土壤性质监测成果分析

土壤物理性质评价,主要根据监测数据进行相同类型地类和不同地类数据的动态比较分析,如对于农牧草类型,即同一个地类在不同监测时间内相同指标的比较分析,不同地类在同一个监测时间内各指标的分析; 林业类型与上一致,即同一个地类在不同监测时间内相同指标的比较分析,不同地类在同一个监测时间内各指标的分析。

化学养分分析评价，主要根据监测要素中的各个参评项目将土壤养分评价划分为5个等级，每个等级所对应的得分按等比数列划分指数。把参评的各个数据按照参评项目划分的级别分别列出，然后用参评因素中各个参评项目的得分与各参评因素权重的乘积之和，除以参评项目的最高得分与各参评因素权重的乘积之和，得到该土壤某参评因素的得分值，其值越大土壤肥力就越高，反之则越低。土壤化学养分评价项目与评价指数见表2-3。

表2-3　土壤化学养分评价项目与评价指数

评价项目	各等级的评价指数				
	Ⅰ	Ⅱ	Ⅲ	Ⅳ	Ⅴ
有机质(%)	>20	15~20	10~15	6~10	≤6
指数	10	8	6	4	2
碱解氮(mg/kg)	>120	90~120	60~90	30~60	≤30
指数	10	8	6	4	2
速效磷(mg/kg)	>91.6	45.8~91.6	22.9~45.8	11.5~22.9	≤11.5
指数	10	8	6	4	2
速效钾(mg/kg)	>240	180~240	120~180	60~120	≤60
指数	10	8	6	4	2

2.林草植被监测数据分析

林草植被覆盖情况变化，按照覆盖度等级划分的方法，即Braun－Blanguet的覆盖度等级划分方法，将植被覆盖度划分为5级，详见表2-4。其中同一类型植被覆盖度变化评价，通过对同一类型植被覆盖度在6月、9月两次监测，计算植物年内、年际增加幅度的大小次序，作为林草植被建设好坏指标评价次序；不同类型植被覆盖度变化评价，分析其在年内、年际增加幅度等级次序，作为指标评价依据。

表2-4　植被覆盖度等级

等级	覆盖度(%)	平均数(%)	评价
5	100~75	87.5	最好
4	75~50	62.5	好
3	50~25	37.5	较好
2	25~5	15.0	一般
1	5以下	2.5	差

3.小气候环境变化监测数据分析

小气候环境中的温度、蒸发监测数据分析：采用气象要素数据分析技术规范中的差值法分析，按照监测流域各年气候要素月、季的平均值，计算分析监测流域小气候环境的变化；监测区小气候变化的原因采用气候学理论分析，进而评价坝系和相关联的生态建设对小气候的影响程度。另外，也可应用对比法分析小气候的变化，即将绥德气象站大样本资料与监测流域的监测数据进行各要素的变化比较。由于监测流域气候资料系列短，故需将短系列的资料延长，处理方法为膨化处理，经膨化处理的数据资料均需进行距平处理，其计算公式为：

$$X_j = X_j(K) - \overline{X}_K \tag{2-8}$$

标准化处理公式：

$$X_j = \frac{X_j(K) - \overline{X}_K}{S_{n-i}(K)} \tag{2-9}$$

以上两个公式中：X_j 为处理后的新序列；K 为汛期（6～9月）4个月；$X_j(K)$ 为逐年各月气候要素值组成的原序列；$\overline{X}_K$ 为多年各月气候要素的平均值；$S_{n-i}(K)$ 为月气候要素的标准差。

对比分析时，采用回归分析法对各参照点（自变量）与基本点（应变量，即监测年以前绥德县气象站数据）进行回归计算，求出新序列的最佳方程。然后将本次监测数据参照点的新序列值代入式（2-8）或式（2-9），求出监测流域的气候要素值，将基本点气候要素天然值减去实测值，其差值即为坝系建设流域对当地小气候影响所引起的变化部分，最终评价其变化原因。

降水量、湿度、风速等监测数据分析：该类监测数据采用比值法分析，假定大范围气候变化所引起的气候要素在项目区建设前后的比值不变，就可以利用参照点前后气候要素的平均比值，推算出监测年份相应流域对气候要素影响的增、减量，然后分析评价其变化原因。

二、经济社会效益监测方法

黄土丘陵沟壑区坝系建设是水土保持生态环境建设的基础。生态环境是该区人们生存的基本条件，该区大范围建设的沟道坝系已决定了其具有广泛的社会属性，而坝系建设监测流域的经济社会效益则是这种属性的反映。沟道坝系建设社会效益的含义即坝系建设后，对社会环境系统和所在流域经济系统的影响及产生的宏观经济变化和社会效应，也就是坝系建设离不开为实现社会发展目标和全面实现国民经济发展目标所做的贡献与影响程度。所以，一个完整坝系建设小流域，其对流域不同社会群体和个体经济利益的影响、社会进步要素提高的总和即为经济效益和社会效益。同时效益监测与评价密不可分，后者必须以前者为基础。小流域坝系建设区域主要是广大农村，农村应是实施监测的主体，而广大农户是项目建设的直接参与者，同时又是受益人——基本主体单元。因此，项目社会效益监测应以农户监测为基础，并辅助以宏观的社会经济调查，其主要反映农民经济收入的增加和项目实施后流域水土保持生态建设的投入产出两个方面。而流域社会效益监测和经济效益监测的侧重点有所不同，社会效益监测的内容更为广泛一些，在经济效益监测的基础上，即在农业增产、农民增收的基础上，用促进小流域农村教育、卫生、交通和文化科技水平的进步程度高低来反映。

（一）经济效益监测

1. 监测布设

监测布设要以坝系建设的监测流域为单元，以选择典型农户进行定点调查为主，并辅助布设典型地块监测。典型农户应在监测流域内按农户经济水平分好、中、差3个档次选取、布设典型农户6户，各个层次按2户进行经济效益监测。好、中、差的标准按年人均经济纯收入、人均占有粮食、恩格尔系数等3个指标确定，各指标选取标准见表2-5。为了获取典型农户在项目实施后获得的增产效益，在典型农户经营坝地、梯田等各类土地的基础上，选择典型地块进行监测。典型地块为坝地、梯田、农坡地,监测中将3种农地进行对比,同时对乔、灌、草、经济林及养殖户的羊、猪、兔等进行专项监测,共布设监测点6处。

表2-5　典型农户选取指标标准

指标	单位	典型农户经济情况		
		差	中	好
人均收入	元/(人·年)	<350	350~800	>800
人均产粮	kg/(人·年)	<200	200~450	>450
恩格尔系数		>0.85	0.60~0.85	<0.60

注:恩格尔系数是指食品支出占生活消费总支出的比例。

2.监测方法

典型农户监测,即对典型农户和监测人员都要事先进行技术培训,使之熟练地掌握调查内容与调查方法,根据年内家庭经营、收支等情况进行连续监测;典型地块监测,即对坝地、梯田、农坡地以及果园、林、草地典型地块的粮食和果、林、草产品(果品、枝柴、草料)产量均应单打单收,求得其单位面积产量,并了解其增产的具体原因。

3.监测指标

典型农户监测指标主要分为八大类,即Ⅰ:典型农户基本情况监测,包括家庭人口、劳力、文化程度,承包经营的农地(梯田、坝地、水地、河滩地、坡地)、林草地,农业、非农业用劳(含妇女用劳,农业、非农业剩余劳动力),粮食、林、牧、果和运输、加工、编制、劳务输出等收入,人均经济纯收入、上缴国家税收、集体提留,家庭生活消费、生产性资产、生活性资产。Ⅱ:粮食作物、经济作物种植面积及其产量。Ⅲ:农作物生产投入及产出情况。Ⅳ:果业生产情况。Ⅴ:畜牧业生产及投入产出情况。Ⅵ:农业机械、役畜及产品情况。Ⅶ:住房、电视、电冰箱、摩托车、自行车等情况。Ⅷ:生活、教育、医疗卫生等消费。

典型地块监测指标包括五大类,即Ⅰ:典型地块农作物生产情况。Ⅱ:典型地块农作物投入产出情况。Ⅲ:典型地块人工乔木林、灌木林监测,如地类、面积、造林时间、树种、整地方式、造林方式、成活率、地径、树高、树冠、枯落物厚度、郁闭度。Ⅳ:典型地块人工种草监测,如地类、面积、种植时间、草种、播种量、密度、收割次数、投入、总产量、总产值。Ⅴ:典型地块果园和经济林监测,如地类、面积、品种、种植时间、投入、成活率、密度、总产量、总产值。

4.监测数据成果分析

在各类监测数据归类整理总结的基础上,着重分析和反映监测流域在监测年内投入、产出动态净现值和内部收益率。监测的投入成本主要考虑措施成本和运行成本,措施成本主要是监测流域各类措施的投资数值,运行成本由对典型农户和典型地块的监测数据与市场调查结果综合分析确定。产出主要包括农业效益(粮食与经济作物、瓜果蔬菜等主副产品产量和产值)、林果业效益(木材、枝条、果品和种籽等)、种草效益(饲草和草籽价值)。最后根据以上动态数据和利率计算分析净现值(NPV)和内部收益率。

(二)社会效益监测

1.监测布设

社会效益监测可分为农户监测和监测流域宏观社会经济状况监测。农户监测布设又分为典型农户监测和样本农户监测。

(1)典型农户监测。典型农户监测的目的是选取典型农户,以便深入、细致地了解监测点上的生产经营运行情况。在监测流域按经济水平分好、中、差3个档次选取、布设要监测的农户。好、中、差的标准可按年人均经济纯收入、年人均占有粮食、恩格尔系数等3个指标确定。为了解典型农户在实施各项水土保持措施后所获得的增产效益,在典型农户经营的土地上布设典型地块进行监测。在典型地块中对水地、坝地、梯田、坡地进行对比监测,对乔、灌、草、经济林及养殖户中羊、猪、兔等进行专项或典型地块监测。

(2)样本农户监测。为了解监测流域面上生产经营运行情况,保证监测成果具有一定的代表性,在监测流域内按随机抽样的方法,抽3家农户进行样本监测。

(3)监测流域宏观社会经济状况监测。根据监测流域的实际情况以村(乡)为单位进行,监测的内容有土地、人口、劳力,土地利用结构,耕地面积变化,农村产业结构变化,社会进步情况。

2. 监测方法

首先进行典型农户定点监测,对被选取的典型农户随着监测年度的开展进行长期、连续、定点监测。监测布设完毕后,对所选的典型农户进行监测要求培训并定期指导,按设计的固定格式连续进行记录,定期汇总记录成果。

然后进行一次性调查。将监测流域样本农户调查与社会经济调查结合起来,在项目实施中每年调查一次,调查的内容需事先设计好,并采取问卷笔录式逐户调查。

3. 监测数据成果分析

在典型农户、样本农户和监测流域宏观社会经济状况监测布设及数据监测的基础上,主要分析监测流域农民生活水平的提高程度,即人均粮食增加幅度、人均现金收入增加程度;土地利用结构的变化,即基本农田、压缩坡耕地和林草地的增加程度;农村生产结构变化,即在总产值中农、林、牧、副和劳力输出等各业产值变化情况及因素分析;劳动生产率的提高程度以及促进农村社会进步的文化、教育、卫生、科技和交通等事业的投入程度等。

第三章　地理信息系统在小流域坝系监测中的应用

第一节　地理信息系统基本概念

一、地理信息系统基础

（一）GIS 的基本概念

1. 数据和信息

数据（data）是人类在认识世界和改造世界的过程中，定性或定量对事物和环境描述的直接或间接原始记录，是一种未经加工的原始资料，是客观事物的符号表示。在计算机科学中是指所有能输入到计算机中并被计算机程序处理的符号的总称。它可以是字母、数字或其他符号，如数字、文字、图形、图像、声音。数据项可以按目的组织成数据结构。数据只有对实体行为产生影响时才能成为信息。例如，同样的数据"1"、"0"，在通过灰度表达空间实体存在的模型中，它就提供了有（一般用 1 表示）或无（一般用 0 表示）的信息；当用来控制笔式绘图仪绘图笔的状态时，它就提供了抬笔或落笔的信息。

信息（information）是用数字、文字、符号、图形、图像、语言等介质来表示事件、事物、现象等的内容、数量或特征，是经过加工后的数据，它对接受者有用，对决策或行为有现实或潜在的价值（见图 3-1）。信息是人们或机器提供的关于现实世界新的知识，是数据、消息中所包含的意义，它不随载体的物理形式的改变而改变。例如，某一棵树的高度数据为 15 m（十进制），如果以十六进制的形式存储则为 F。但是，不管它的存储形式如何改变，它向人们传达的信息是唯一的：这棵树不是幼树。信息具有客观性、适用性、可传输性和共享性等特征。

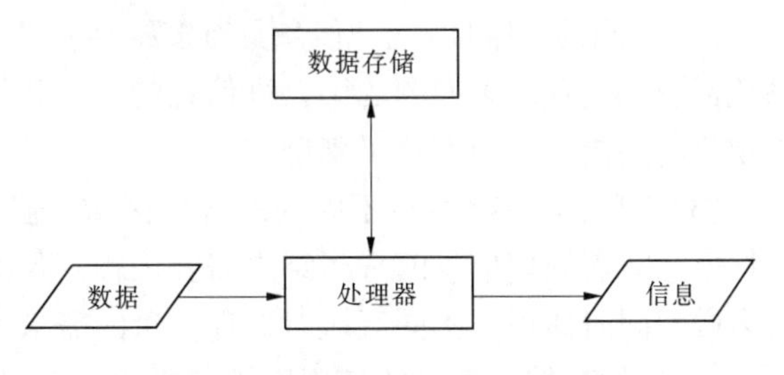

图 3-1　数据到信息的转换示意图

2. 地理信息

地理信息是有关地理实体和地理现象的性质、特征与运动状态的表征及一切有用的知识，它是对表达地理特征与地理现象之间关系的地理数据的解释，而地理数据则是各种地理特征和现象之间关系的数字化表示。地理特征和现象的数据描述包括空间位置、属性特征（简称属性）及时域特征三部分。

空间位置数据描述地理对象所在的位置，这种位置既可以根据大地参照系定义，如大地经纬度坐标，也可以定义为地物间的相对位置关系，如空间上的相邻、包含等。由于绝大部分地理数据具有明显的几何特点,因而有时又称之为几何数据。

属性数据有时又称非空间数据,是属于一定地物、描述其特征的定性或定量指标,如农田的面积、周长、有机质含量、适用种植的作物等。

时域特征是指地理数据采集或地理现象发生的时刻/时段。时域数据对环境模拟分析非常重要,正受到地理信息系统学界越来越多的重视。

空间位置、属性及时间是地理空间分析的三大基本要素。

地理数据具有空间上的分布性、数据量上的海量性、载体的多样性和位置与属性的对应性等特征。空间上的分布性是指地理信息具有空间定位的特点,先定位后定性,并在区域上表现出分布性特点,其属性表现为多层次,因此地理数据库的分布或更新也应是分布式的。数据量上的海量性反映地理数据的巨大性,地理数据既有空间特征,又有属性特征。另外,地理信息还随着时间的变化而变化,具有时间特征,因此其数据量很大。尤其是随着全球对地观测计划不断发展,每天都可以获得上万亿兆的关于地球资源、环境特征的数据。这必然给数据处理与分析带来很大压力。载体的多样性指地理信息的第一载体是地理实体和地理现象的物质和能量本身,除此之外,还有描述地理实体和地理现象的文字、数字、地图和影像等符号信息载体以及纸质、磁带、光盘等物理介质载体。

地理信息具备信息的基本特征,即信息的客观性、信息的适用性、信息的可传输性和信息的共享性,但就其本身而言,地理信息还具有一些独特的特性,包括:

(1)空间的相关性:地理信息属于空间信息,其位置的识别是与数据联系在一起的,这是地理信息区别于其他信息的一个显著标志。一般情况下,地理信息的空间位置是通过地理坐标加以表达的。因此,地理事物在空间上相距越近则相关性越大,空间距离越远则相关性越小。

(2)空间的多维性:地理信息具有多维结构的特征。一般情况下,可以利用图形实体的系统标识码实现对多专题的第三维信息的分析和处理。这为多元信息的复合研究和探索地理现象间的内在规律奠定了基础。

(3)空间的多样性:在不同的地方或区域,地理数据的变化趋势是不同的,地理信息的多样性意味着地理信息的分析结果需要依赖其位置,才能得出合乎逻辑的解释。地理信息的多样性同时体现在不同区域对地理信息的需求不一样,特别是对于地理信息服务,信息的生产、信息的存储和信息的使用安排需要考虑不同地方对信息的需求。

(4)空间的动态性:地理信息具有时序和动态变化的特征。根据研究对象的不同,结合时间的尺度,可以把地理信息分为超短期的(如台风、地震)、短期的(如江河洪水)、中期的(如土地利用、作物估产)、长期的(如城市化、水土流失)、超长期的(如地理环境的变化、地壳变形)。

(5)空间的层次性:地理信息的层次性首先体现在同一区域上的地理对象具有多重属性,例如在土壤侵蚀的研究中,相关因素包括降雨、植被覆盖、地形地貌等;其次是空间尺度上的层次性,不同空间尺度的数据具有不同的空间信息特征。

3. 数据模型、数据结构及树

数据模型是对客观事物及其联系的描述,这种描述包括数据内容和各类实体数据之间联系的描述,它是数据库设计的基础。对数据库而言,数据模型反映了数据的整体逻辑结构,或用户所看到的数据之间的逻辑结构反映了实体之间的逻辑关系。例如,在 GIS 的矢量模型中,结点或中间点用空间坐标对表示,而弧段由一系列的结点和中间点组成,面则是由弧段组成的封闭多边形。这些关系的描述,清晰地反映了矢量结构图形实体的逻辑关系。图3-2(b)描述了图3-2(a)的一个简单数据模型。

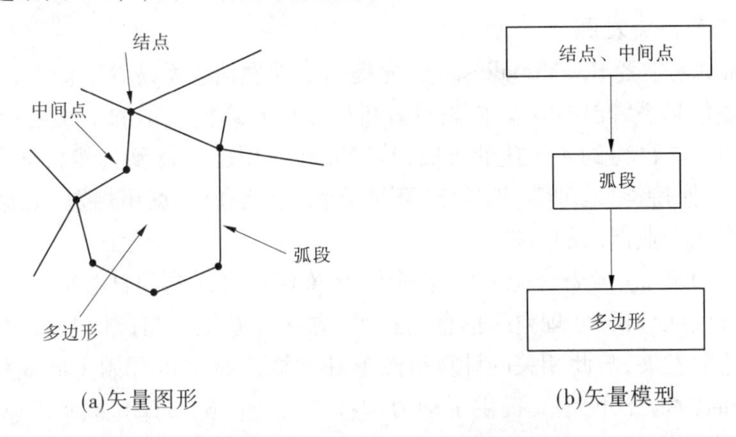

图3-2　矢量图形及简化模型

数据结构研究的是数据的逻辑关系及数据表示,或研究信息在计算机中的组织和表示方法。如果说数据模型较为抽象,那么数据结构就是些具体的东西。在图3-3的数据结构中,弧段的首尾结点标识码StartNodeID和EndNodeID位于用户标识码(UserID)之后,也就是说,三个标识码的位置是固定的。当然,UserID也可以位于EndNodeID之后,但当某一图形实体的数据结构确定后,各参数或字段的相对位置也就固定了。

ARCID	UserID	StartNodeID	EndNodeID	LeftPolyID	RightPolyID	(x_1,y_1),… (内点坐标)

图3-3　弧段图形实体的矢量结构

树是$n(n>0)$个结点的有限集合T。在一棵树中,满足如下两个条件:

(1)有且仅有一个特定的被称为根的结点。

(2)其余的结点可分为$m(m>0)$个互不相交的有限集合$T_1,T_2,\cdots,T_m$,其中每个集合又是一棵树,并称其为根的子树。

在图3-4中,结点数为13。其中,A为根,其余结点分为三个互不相交的子集$T_1=\{B,E,F,K,L\}$,$T_2=\{C,G\}$,$T_3=\{D,H,I,J,M\}$。T_1、T_2、T_3都是根A的子树,其本身也是一棵

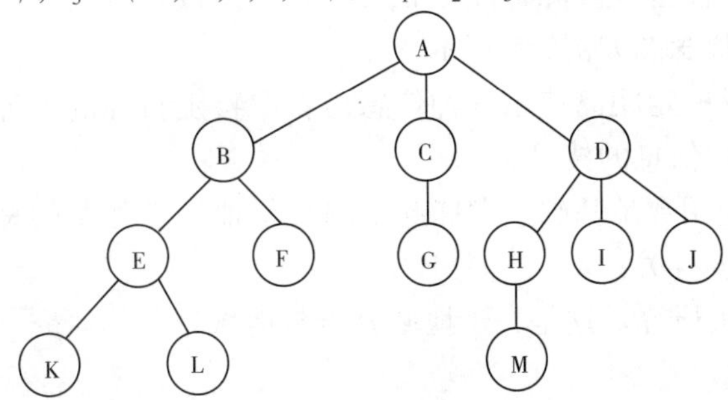

图3-4　树的示意图

树。例如 T_1,其根为 B,其余结点分为两个互不相交的子集:$T_4 = \{E,K,L\}$,$T_5 = \{F\}$。T_4、T_5 都是 B 的子树,T_4 中 E 为根,{K}、{L}是 E 的两棵互不相交的子树,其本身又是只有一个根结点的树。

(二)地理信息系统发展

1963 年,加拿大学者 R. F. Tomlinson 首先提出了地理信息系统这一概念,并开发出了世界上第一个地理信息系统(CGIS)。随着计算机软硬件和通信技术的不断进步,地理信息系统的理论和技术方法已得到了飞速的发展,其研究和应用已渗透到自然科学及应用技术的很多领域,如水土保持学、地理学、地质学、环境监测、土地利用、城市规划、交通安全等,并日益受到各国政府和产业部门的重视。

20 世纪 60、70 年代,随着资源开发与利用、环境保护等问题的日益突出,人类社会迫切需要一种能够有效地分析、处理空间信息的技术、方法和系统。与此同时,计算机软硬件技术也得到了飞速的发展,与此相关的计算机图形和数据库技术也开始走向成熟。这为地理信息系统理论和技术方法的创立提供了动力和技术支持。虽然计算机制图(Computer Cartography)、数据库管理(Database Management)、计算机辅助设计(Computer Aided Design)、管理信息系统(Management Information System,简称 MIS)、遥感、应用数学和计量地理学等技术能够满足处理空间信息的部分需求(如绘图),但无法全面地完成对地理空间信息的有效处理。究其原因,主要有如下几点:

(1)计算机制图着重于数据分类和自动符号表达。归根到底是利用计算机技术代替传统的手工制图,实现工程图形的计算机处理。

(2)数据库管理系统主要实现对非图形数据的管理。

(3)计算机辅助设计偏重于设计并对所设计的物体用图形符号进行表达。确切地说,计算机辅助设计是在人的参与下,以计算机为中心的一整套系统对设计对象的最佳设计,即辅助设计人员完成包括资料检索、计算、确定图形形状、自动绘图和打印等一系列设计过程。

(4)管理信息系统是一个由人 、计算机等组成的能对信息进行收集、传递、存储、加工、维护和使用的系统。归纳起来,管理信息系统的主要功能有如下几条:

第一,尽可能及时全面地提供信息和数据,以支持达到系统目标的决策;

第二,准备和提供统一格式的信息,使各种统计工作简化;

第三,利用指定的数学方法分析数据,可以根据过去的数据预测将来的情况;

第四,对不同的管理层次给出不同的要求和不同细度的报告,以期最快、及时做出决策;

第五,有效地利用管理信息系统的人和设备,使信息成本最低。

管理信息系统的概念图如图 3-5 所示。

(5)遥感是关于从一定距离使用各种传感器获取特定目标的各种图像,并对这类图像进行处理和分析以提取信息的技术。

(6)虽然在各种应用数学基础上发展起来的计量地理学强调的是空间研究,但它的研究对象主要与下列内容有关:

一是空间与过程的研究。这是关于地域分布与地域过程的研究,主要查明地表事物的分布位置、成因及变化。

二是生态研究。主要是对人地关系的研究。

三是区域研究。主要是地理区域的相似形和差异性研究。

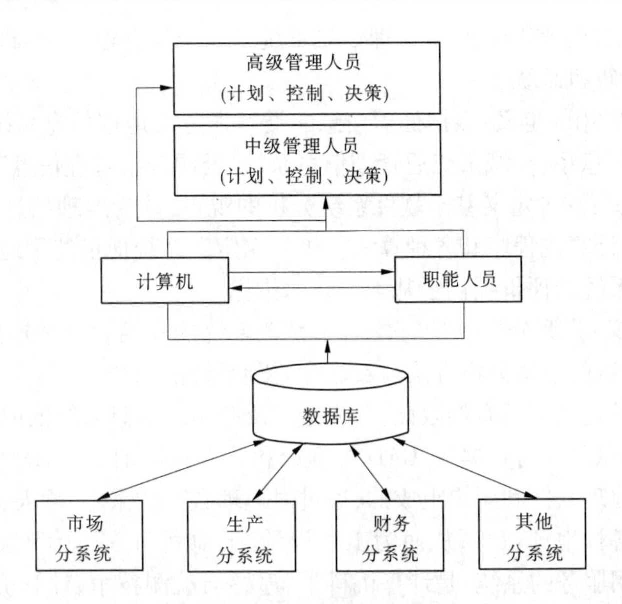

图 3-5　管理信息系统概念图

综上所述,CAD 等系统功能相对较为单一,无法同时处理图形、图像、数据库管理、空间分析等问题。在此情况下,地理信息系统理论和技术方法的出现就是历史的必然。事实上,地理信息系统理论和技术也可以看做是计算机制图、CAD、MIS、数据库管理、遥感、应用数学与计量地理学等学科综合发展的产物(见图 3-6)。

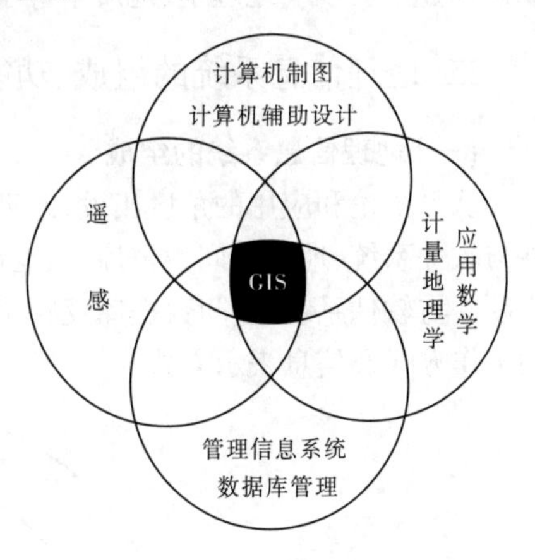

图 3-6　GIS 与相关学科的关系

(三)地理信息系统的定义

地理信息系统(Geographic Information System,简称 GIS)又称空间信息系统(Spatial Information System),它所处理的对象是我们人类社会赖以生存的地球三维空间中的物体。由于研究和应用领域的不同,人们对地理信息系统的定义仍然存在着分歧。从学术观点来看,人们对 GIS 有如下三种观点:地图观、数据库观、空间分析观。

(1)地图观:持地图观的人主要来自景观学派和制图学派,他们认为 GIS 是一个地图处理和显示系统。在该系统中,每个数据集被看成是一张地图,或一个图层(layer),或一个专题(theme),或覆盖(coverage)。利用 GIS 的相关功能对数据集进行操作和运算,就可以得到新的地图。

(2)数据库观:持数据库观点的人主要来自于计算机学派,他们强调数据库理论和技术方法对 GIS 设计、操作的重要性。

(3)空间分析观:持此种观点的人主要来自于地理学派。他们强调空间分析和模拟的重要性。实际上,GIS 的空间分析功能是它与 CAD、MIS 等系统的主要区别之一,也是 GIS 理论和技术方法发展的动力。

根据地理信息系统的功能和应用, GIS 的定义主要有如下四种:

(1)面向数据处理过程的定义:地理信息系统是一个具有输入、存储、查询、分析和输出地理数据功能的计算机系统。

(2)面向专题应用的定义:根据处理信息的类型来定义地理信息系统,如房地产管理信息系统、土地管理信息系统、城市交通管理信息系统、资源开采管理信息系统等。

(3)工具箱定义:这种定义基于软件系统分析的观点,认为地理信息系统包括各种复杂的处理空间数据的计算机程序和各种算法。工具箱定义系统地描述了地理信息系统应具备的功能,这为软件系统的评价提供了基本的技术指标。

(4)数据库定义:强调分析工具与数据库管理系统的联结。一个通用的地理信息系统可以看成是许多特殊的空间分析方法与数据库管理系统的结合。

显然,上述四种定义都具有局限性,并未全面反映地理信息系统的内涵。

考虑到地理信息系统与数据库、CAD 等理论和技术的区别,我们认为,地理信息系统是由计算机软硬件、地理数据和用户组成的,通过对地理数据的采集、输入、存储、检索、操作和分析,生成并输出各种地理信息,从而为工程设计、土地利用、资源管理、城市管理、环境监测、管理决策等应用服务的系统,是计算机科学、遥感与航测技术、计算机图形学、计算机辅助设计、应用数学、地理学、地质学等学科综合发展的产物。

二、地理信息系统的组成、功能

(一)地理信息系统的组成

从系统论和应用的角度出发,地理信息系统被分为四个子系统(见图 3-7),即计算机硬件与软件系统、地理空间数据库、数据库管理系统和系统管理操作人员,其核心部分是计算机硬件与软件系统,空间数据库反映了 GIS 的地理内容,而系统管理人员和用户则决定系统的工作方式及信息表示方式。

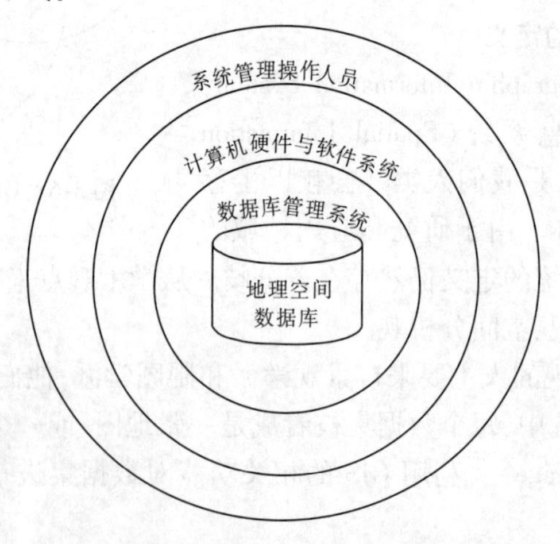

图 3-7　地理信息系统的组成

1. 计算机硬件系统

计算机硬件是计算机系统中的实际物理装置的总称,可以是电子的、电的、磁的、机械的、光的元件或装置,是 GIS 的物理外壳,系统的规模、精度、速度、功能、形式、使用方法甚至软件都与硬件有极大的关系,受硬件指标的支持或制约。GIS 由于其任务的复杂性和特殊

性,必须由计算机设备支持。GIS 硬件配置一般包括四个部分(见图 3-8):

(1)计算机主机。

(2)数据输入设备:数字化仪、图像扫描仪、手写笔、光笔、键盘、通信端口等。

(3)数据存储设备:光盘刻录机、磁带机、光盘塔、活动硬盘、磁盘阵列等。

(4)数据输出设备:笔式绘图仪、喷墨绘图仪(打印机)、激光打印机等。

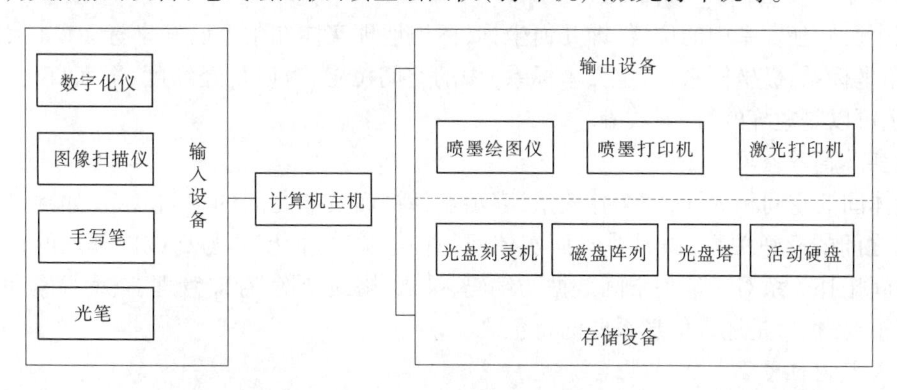

图 3-8　地理信息系统硬件系统的组成

2. 计算机软件系统

计算机软件系统是指 GIS 运行所必需的各种程序,通常包括计算机系统软件、地理信息系统软件和其他支撑软件、应用分析程序。

1)计算机系统软件

计算机系统软件是指由计算机厂家提供的、为用户开发和使用计算机提供方便的程序系统,通常包括操作系统、汇编程序、编译程序、诊断程序、库程序以及各种维护使用手册、程序说明等,是 GIS 日常工作所必需的。

2)地理信息系统软件和其他支撑软件

可以是通用的 GIS 软件,也可包括数据库管理软件、计算机图形软件包、CAD、图像处理软件等。

3)应用分析程序

应用分析程序是系统开发人员或用户根据地理专题或区域分析模型编制的用于某种特定应用任务的程序,是系统功能的扩充与延伸。在优秀的 GIS 工具支持下,应用程序的开发应是透明的和动态的,与系统的物理存储结构无关,而随着系统应用水平的提高不断优化和扩充。应用程序作用于地理专题数据或区域数据,构成 GIS 的具体内容,这是用户最为关心的真正用于地理分析的部分,也是从空间数据中提取地理信息的关键。用户进行系统开发的大部分工作是开发应用程序,而应用程序的水平在很大程度上决定系统的实用性、优劣和成败。

计算机软件系统的层次见图 3-9。

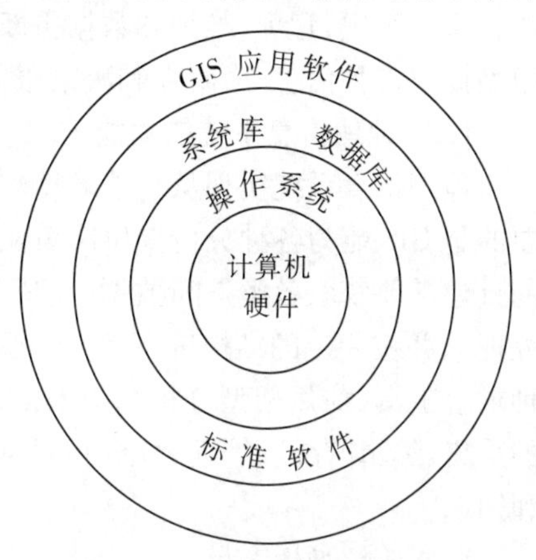

图 3-9　计算机软件系统的层次

3. 地理空间数据

地理空间数据是指以地球表面空间位置为参照

的自然、社会和人文景观数据,可以是图形、图像、文字、表格和数字等,由系统的建立者通过数字化仪、扫描仪、键盘、磁带机或其他通信系统输入 GIS,是系统程序作用的对象,是 GIS 所表达的现实世界经过模型抽象的实质性内容。不同用途的 GIS 其地理空间数据的种类、精度都是不同的,但基本上都包括三种互相联系的数据类型。

1)某个已知坐标系中的位置

某个已知坐标系中的位置,即几何坐标,标识地理实体在某个已知坐标系(如大地坐标系、直角坐标系、极坐标系、自定义坐标系)中的空间位置,可以是经纬度、平面直角坐标、极坐标,也可以是矩阵的行、列数等。

2)实体间的空间相关性

实体间的空间相关性,即拓扑关系,表示点、线、面实体之间的空间联系,如网络结点与网络线之间的枢纽关系、边界线与面实体间的构成关系、面实体与岛或内部点的包含关系等。空间拓扑关系对于地理空间数据的编码、录入、格式转换、存储管理、查询检索和模型分析都有重要意义,是地理信息系统的特色之一。

3)与几何位置无关的属性

与几何位置无关的属性,即常说的非几何属性或简称属性(Attribute),是与地理实体相联系的地理变量或地理意义。属性分为定性和定量两种,前者包括名称、类型、特性等,后者包括数量和等级。定性的属性如岩石类型、土壤种类、土地利用类型、行政区划等,定量的属性如面积、长度、土地等级、人口数量、降雨量、河流长度、水土流失量等。非几何属性一般是经过抽象的概念,通过分类、命名、量算、统计得到。任何地理实体至少有一个属性,而地理信息系统的分析、检索和表示主要是通过属性的操作运算实现的,因此属性的分类系统、量算指标对系统的功能有较大的影响。

地理信息系统特殊的空间数据模型决定了地理信息系统特殊的空间数据结构和特殊的数据编码,也决定了地理信息系统具有特色的空间数据管理方法和系统空间数据分析功能,成为地理学研究和资源管理的重要工具。

4. 系统开发、管理和使用人员

人是 GIS 中的重要构成因素。地理信息系统从其设计、建立、运行到维护的整个生命周期,处处都离不开人的作用。仅有软硬件系统和数据还构不成完整的地理信息系统,需要人进行系统组织、管理、维护和数据更新、系统扩充完善、应用程序开发,并灵活采用地理分析模型提取多种信息,为研究和决策服务。

(二)地理信息系统的功能

地理信息系统实现从自然环境转移到计算机环境,其作用不仅是真实环境的再现,更主要的是 GIS 能为各种分析提供决策支持。也就是说,GIS 要重建真实地理环境,而地理环境的重建需要获取各类空间数据(空间数据的输入管理),这些数据必须准确可靠(空间数据处理),并按一定的结构进行组织和管理(空间数据库管理),在此基础上,GIS 还必须提供各种求解工具(应用模型分析),以及对分析结果的表达(空间数据输出管理)。即对空间数据的采集、编辑、存储、管理、分析和表达等加工处理,其目的是从中获得更加有用的地理信息和知识。

1. 空间数据输入模块

数据是 GIS 的血液,贯穿于 GIS 的各个过程。对多种形式、多种来源的信息,通过有关的量化工具按照地理坐标转化为计算机能够接收的形式，同时进行编辑、检查并存储，即包含输入、编辑、编码和存储等过程。如将各种已存在的地图、遥感图像数字化，或者通过通信或读磁盘、磁带的方式录入遥感数据和其他系统已存在的数据，还包括以适当的方式录入各种统计数据、野外调查数据和仪器记录的数据。

数据输入方式与使用的设备密切相关，常有三种形式：①手扶跟踪数字化仪的矢量跟踪数字化。它是通过人工选点或跟踪线段进行数字化，主要输入有关图形点、线、面的位置坐标。②扫描数字化仪的光栅扫描数字化，主要输入有关图像的网格数据。③键盘输入，主要输入有关图像、图形的属性数据（即代码、符号），在属性数据输入之前，须对其进行编码。

2. 空间数据库管理

计算机中的数据必须按照一定的结构进行组织和管理，才能高效地再现真实环境和进行各种分析。由于空间数据本身的特点，数据存储和数据库管理涉及地理元素（表示地表物体的点、线、面）的位置、连接关系及属性数据如何构造和组织等。用于组织数据库的计算机系统称为数据库管理系统（DBMS）。空间数据库的操作包括数据格式的选择和转换，以及数据的连接、查询、提取等。目前常用的 GIS 数据包含位置数据、拓扑数据、属性数据和其他数据，数据结构主要有矢量数据结构和栅格数据结构两种，而数据的组织和管理则有文件—关系数据库混合管理模拟模式、全关系型数据管理模式、面向对象数据管理模式等。

3. 空间数据处理和分析

空间数据处理和分析包含对数据的基本操作、基本运算、查询检索和空间分析。主要操作包括拼接、裁剪、漫游、放大、缩小等，主要运算包括算术运算、关系运算、逻辑运算、函数运算等，查询检索包括多条件双向查询等，空间分析包括叠加分析、网络分析、几何量算、缓冲区分析等。基本操作、基本运算空间查询是地理信息系统以及许多其他自动化地理数据处理系统应具备的最基本的分析功能；而空间分析是地理信息系统的核心功能，也是地理信息系统与其他计算机系统的根本区别。

4. 应用模型分析

应用模型分析是在地理信息系统的支持下，分析和解决现实世界中与空间相关的问题，它是地理信息系统应用深化的重要标志。GIS 空间分析为建立和解决复杂的应用模型提供了基本工具，因此 GIS 空间分析和应用模型分析是“零件”和“机器”的关系，用户应用 GIS 解决实际问题的关键，就是如何将这些“零件”搭配成能够用来解决问题的“机器”。

5. 空间数据输出

地理信息系统为用户提供了许多用于地理数据表现的工具，其形式既可以是计算机屏幕显示，也可以是诸如报告、表格、地图等硬拷贝图件，可以通过人机交互方式来选择显示对象的形式。尤其要强调的是地理信息系统的地图输出功能，GIS 不仅可以输出全要素地图，也可根据用户需要，输出各种专题图、统计图等。

第二节　小流域数字高程模型的建立及应用

从数学的角度，高程模型是高程 Z 关于平面坐标 X、Y 两个自变量的连续函数，数字高程模型（DEM）只是它的一个有限的离散表示。用函数的形式描述为：

$$V_i = (X_i, Y_i, Z_i) \qquad (i = 1,2,3,\cdots,n) \tag{3-1}$$

式中:X_i,Y_i 为平面坐标值;Z_i 为(X_i,Y_i)所对应的高程。

高程模型最常见的表达是相对于海平面的高度,或某个参考平面的相对高度,所以高程模型又叫地形模型。实际上地形模型不仅包含高程属性,还包含其他的地表形态属性,如坡度、坡向等。

数字地形模型是地形表面形态属性信息的数字表达,是带有空间位置特征和地形属性特征的数字描述。数字地形模型中地形属性为高程时称为数字高程模型(Digital Elevation Model,简称 DEM)。高程是地理空间中的第三维坐标。由于传统的地理信息系统的数据结构都是二维的,数字高程模型的建立是一个必要的补充。DEM 通常用地表规则网格单元构成的高程矩阵表示,广义的 DEM 还包括等高线、三角网等所有表达地面高程的数字表示。在地理信息系统中,DEM 是建立 DTM 的基础数据,其他的地形要素可由 DEM 直接或间接导出,称为“派生数据”,如坡度、坡向、粗糙度等,然后可进行通视分析、流域结构生成等应用分析。因此,DEM 将会在水土保持领域中得到广泛使用。

一、小流域数字高程模型的建立

(一)DEM 的制作原理

不同比例的 DEM 都是以相应比例尺地形图为基本信息源经数字化处理后获得的,由于地形图制图受综合因素以及数据内插方法等方面的影响,不同比例尺与不同栅格空间分辨率的 DEM 在地形信息容量与精度上存在着明显的差异,特别是黄土丘陵沟壑区,地面支离破碎、地形变化异常复杂,为了更好地完成水土流失监测与水土保持规划工作,我们选择制作高精度 DEM(1 m)为后期项目研究提供基础数据。

DEM 的表面建模主要有两种方法:基于格网的建模方法和基于三角形的建模方法。基于格网的建模方法以一系列相互邻接的正方形格网表示地形表面,简称栅格 DEM(Grid DEM)。Grid DEM 结构简单、数据存储量小、分析与计算非常方便,是应用最广泛的 DEM 建模方法。基于三角形的建模方法则通过不规则分布的数据点生成连续的不规则三角网(Triamgulated Irregular Network,简称 TIN),它更逼近地形表面,所以本项目采用的是这种方法。

(二)DEM 的制作

DEM 的数据采集方法通常有以下几种:现有地图数字化、地面测量、空间传感器、数字摄影测量方法。本项目研究采用的是现有地图数字化,其工作流程如图 3-10 所示。

1. 数据资料准备

(1)数字化底图:1∶1万地形图,等高距为 10 m。

(2)图幅控制点坐标:图幅控制点坐标是用来进行图幅定向的,它能够确定地图的地理位置和比例大小。

(3)确定地图的分层与分幅:GIS 是以图层的方式管理地图的,将点、线、面等地理实体按其性质的不同分别归入不同的图层进行分层管理,是 GIS 管理空间数据的基本形式,本研究主要分为等高线层(terlk)、线状水系层(wtlpt)、面状水系层(wtlnt)。

(4)设计代码:代码的设计非常重要,它是计算机存储、检索、识别的基础,目的是能够满足各种应用分析需求。

(5)在计算机上建立自己的工作目录,将地图影像放入,文件格式为 TIF。

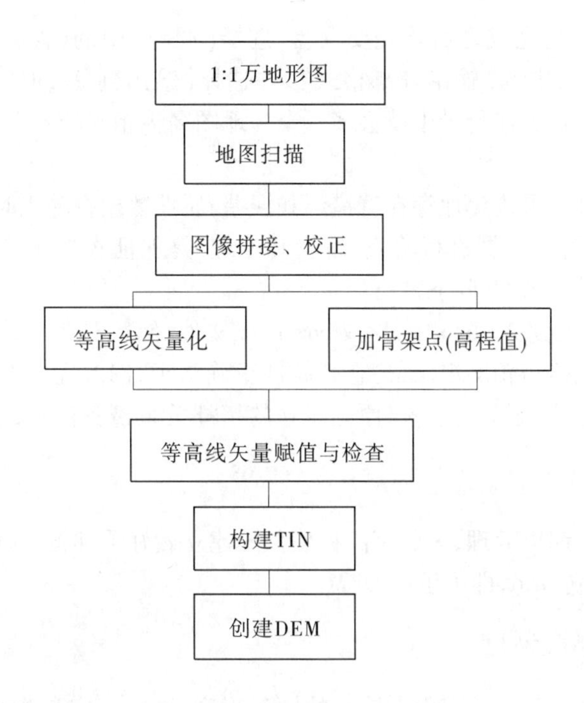

图3-10 DEM建立的工作流程

2. DEM制作步骤与方法

1)地图预处理

(1)变形纠正:扫描过程中由于图形倾斜,扫描后的地图产生变形,因此在数字化前,需对地图进行纠正。如果存在几何变形,可利用ERDAS的几何校正模块进行纠正;如果是扫描过程造成的图像倾斜,则可在PHOTOSHOP下进行纠正。首先,利用[标尺]沿着图幅边缘画一条横线,然后选择[图像]菜单中[旋转画布]下的[任意角度],在弹出的对话框中会自动计算出旋转角度,点击[好]即可。

(2)二值化:不少数字化软件接受的数据为二值化的数据,因为二值化后的数据量小,很大程度上提高了数字化的速度。二值化也是在PHOTOSHOP下处理。选择[图像]菜单中[调整]下的[阈值],移动小三角直到对图像满意为止。处理完将图像保存为TIF格式。

2)数字化采集

数字化采集应用GEOSCAN软件。

(1)调入底图:打开GEOSCAN,在[调图]中选择[调入栅格图像],在弹出的对话框的[文件类型]中选择TIF,找到存放地图的位置,将图打开。

(2)地图定向:在[地图]中选择[图形定向],在弹出的对话框中选择[齐次方程定向(至少四点)],点击[OK]。将鼠标移到左上方点在角点上,在弹出的放大图上精确定位,并输入坐标,点击[接受量测],其他控制点按顺时针方向依次类推,并回到第一个点,把第一个点再做一遍,选择[结束量测]。

(3)创建图层:在[设置]中选择[图层控制],在这里分别创建所需图层,并以不同颜色区分开来,先设置等高线层terlk为当前图层。

(4)数字化跟踪:用GEOSCAN的数字化工具,可以选择自动跟踪和手动跟踪。

(5)属性赋值:点击要赋值的对象,在弹出对话框中输入高程值及代码。

(6)成果输出:数字化完成之后首先要存盘,选择[调图]中的[保存矢量图形]。然后将成果输出,选择[调图]中的[输出外部格式],并选择[输出到 AutoCAD],在弹出的对话框中选择默认值,此时,在工作目录中就会多一个与地图名称相同的 dxf 文件。

3)数据后处理

数字化后的数据都不可避免地存在着错误和误差,属性数据在输入时,也难免会存在错误,因此对图形数据和属性数据进行检查、编辑和处理,是保证数据正确可用的必要条件。本次研究的数据处理是在 ArcInfo 下进行的。

首先将 dxf 文件转入到 ArcInfo 中,形成 coverage 文件,然后对各层数据创建拓扑关系,进而消除其图层内的悬挂与相交现象,检查其属性正确与否,修改完所有错误之后,即可存盘。由于对点线作过移动、删减与增添,原先建立的拓朴关系遭到破坏,必须重新建立拓扑关系。

4)DEM 的建立

经过数字化采集与编辑处理,为数字高程模型的建立做好了准备,即可创建不规则三角网 TIN,再将 TIN 内插成 Grid,即可生成 DEM。

二、应用 DEM 提取坡度

地面上某点的坡度表示了地表面在该点的倾斜程度,坡度的定义为水平面与地形面之间夹角的正切值。在 ArcView 中 Slope 确定了中心栅格与四周相邻栅格高程值的最大变化率。

a b c
d e f
g h I

图 3-11 3×3 的窗口计算中心栅格的坡度

坡度与坡向的计算通常在 3×3 的 DEM 栅格窗口(见图 3-11)中进行,对 3×3 栅格的高程值采用一个几何平面来拟合,中心栅格 e 的坡向即此平面的方向,其坡度值采用平均最大值方法(Burrough P A, 1986)来计算。窗口在 DEM 数据矩阵中连续移动后完成整个区域的计算工作。

在 3×3 的 DEM 栅格窗口中,如果中心栅格是 No Data 数据,则此栅格的坡度值也是 No Data 数据;如果相邻的任何栅格是 No Data 数据,它们被赋予中心栅格的值再计算坡度值。坡度值的范围是0°~90°。

坡度可在 DEM 或 TIN 的基础上提取。若采用 TIN 数据提取坡度,首先应在 Output Grid Specification 对话框(见图 3-12)中确定输出坡度栅格的范围、栅格单元的大小及栅格的行、列数。

(一)利用 ArcView 软件制作坡度分级图

采用 DEM 数据提取坡度的步骤如下:

(1)添加 DEM 数据并激活它。

(2)从 Surface 菜单中选择 Derive Slope 命令。

(3)生成新的坡度主题 Slope of DEM,它为 Grid 格式坡度图。

(4)双击左边的图例,在弹出的 Legend Editor 对话框中可重新调整坡度分级(见图 3-13)。把王茂沟流域坡度分为 0°~5°、5°~8°、8°~15°、15°~25°、25°~35°、35°~90°。

(二)利用 ArcGIS 软件制作坡度分级图

首先要选择使用三维分析模块,然后在 DEM 的基础上来分析完成坡度图。

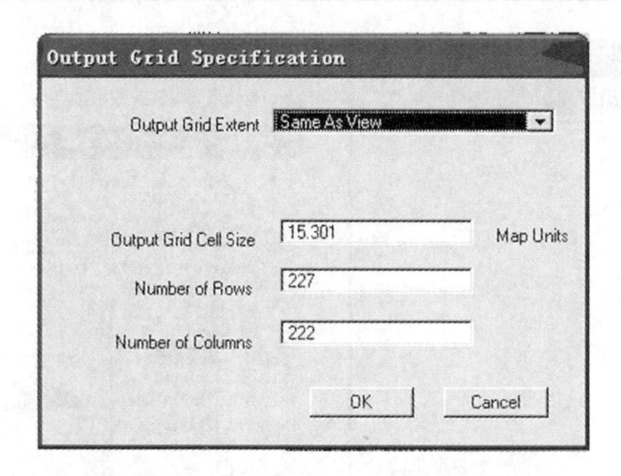

图 3-12　Output Grid Specification 对话框

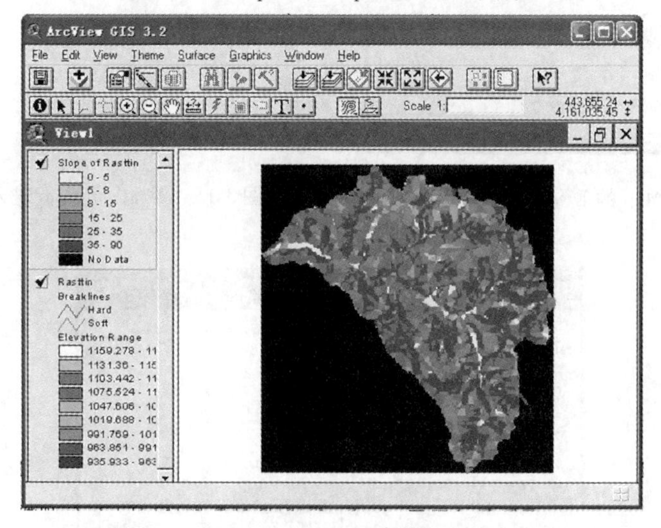

图 3-13　应用 ArcView GIS 制作的坡度分级图

(1)启动 ArcMap 模块,点击 Tools 下的 Extensions... 中的"3D Analyst"复选框来添加三维分析模块(见图 3-14)。

(2)单击 File 菜单中的 Add Data 菜单,添加用于分析的 DEM 层,在相应的路径下找到要计算流域的 DEM 数据,如我们找到王茂沟流域的数据 wmgdem(见图 3-15)。

(3)启动 3D Analyst 按钮,进而进入 Surface Analysis 菜单,然后单击 Slope... 按钮,显示 Slope 对话框(见图 3-16)。

(4)从对话框 Output measurement 中选择 Degree,它代表的是坡度单位为(°),当选择 Percent 时,坡度代表的是百分数。Z factor 文本框需要输入的是高程变换系数,如果高程和平面坐标单位不统一,需要计算变换系数,例如,高程单位是 ft,平面坐标的单位是 m,将 ft 转换为 m,系数就是 0.304 8,如果二者单位统一,则系数是 1。Output cell size 为指定输出栅格的大小。Output raster 为指定输出栅格图像名。

(5)自动生成坡度分级图(见图 3-17)。自动生成的坡度分级和水土保持中所要求的不同,水土保持一般要求用 <5°、5°~8°、8°~15°、15°~25°、25°~35°、≥35°等 6 级来分,所以要重新分类(见图 3-18)。

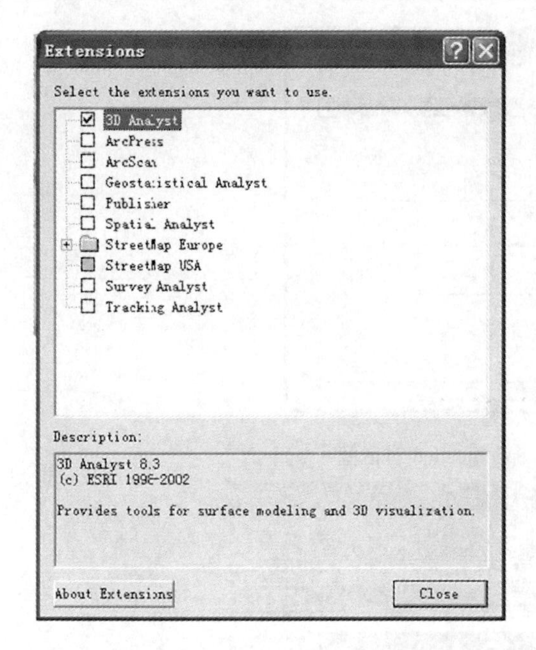

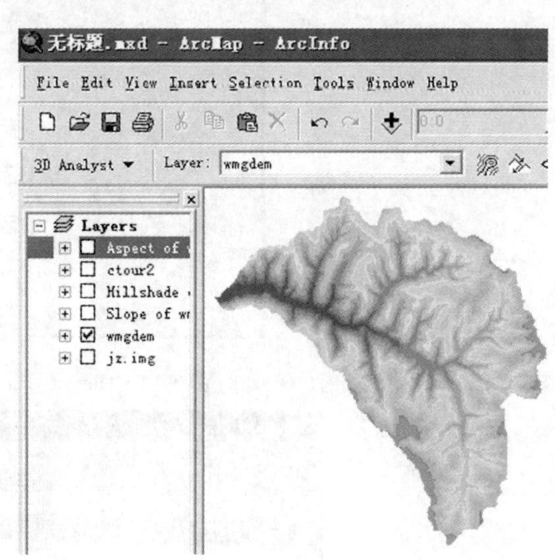

图 3-14　ArcMap 的 Extensions 对话框　　　　图 3-15　添加 wmgdem 进入 ArcMap 软件

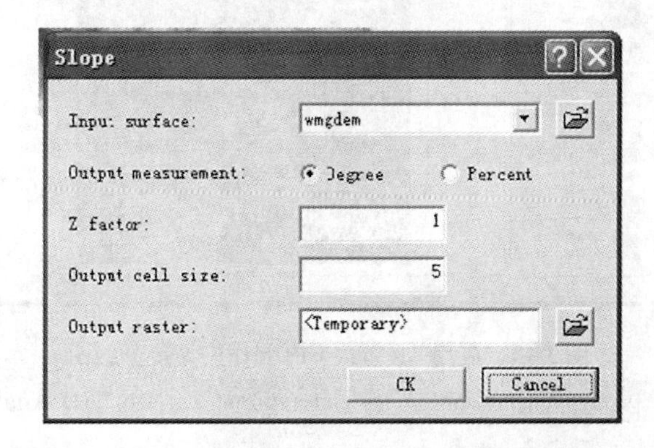

图 3-16　计算面积与体积的属性图

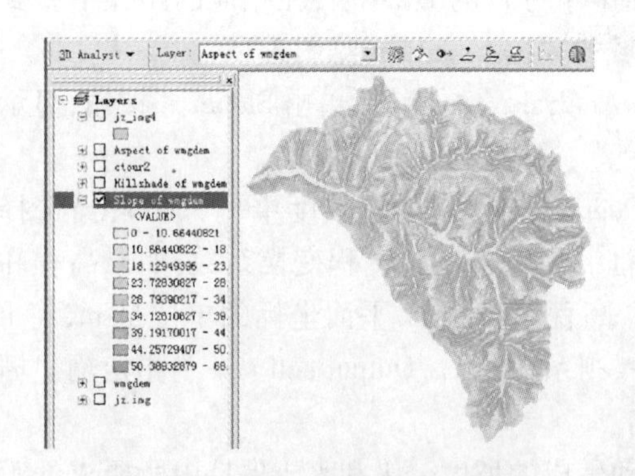

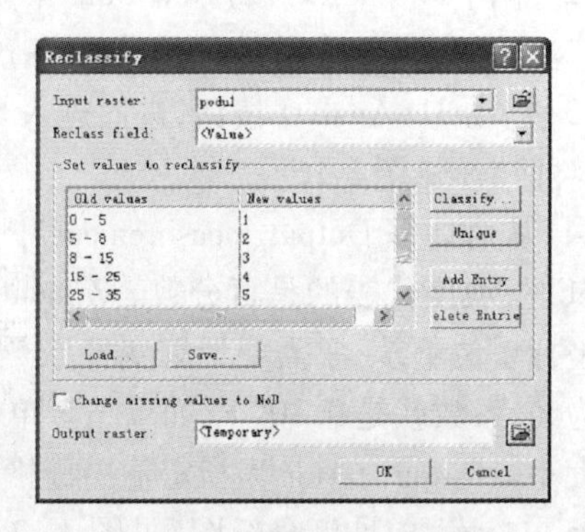

图 3-17　自动生成的坡度分级图　　　　图 3-18　重新分类对话框

（6）单击 3D Analyst 按钮进入 Reclassify 菜单，其分类参数输入对话框如图 3-19。

Output raster为指定输出栅格图像名，如输入 Slope of wmgdem。单击 Classify... 选择分类指标，按6级分类后的分类图如图3-20。

(7)选择 Classes 为6，即分为6类。点击 Bread Values 下的6类指标，即输入5、8、15、25、35、终值。单击两次 OK。在 ArcMap 中打开 Slope of wmgdem(见图3-20)。

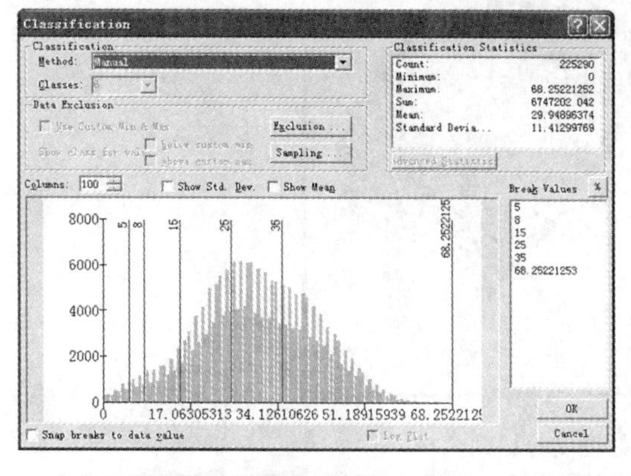

图3-19　分类参数输入对话框

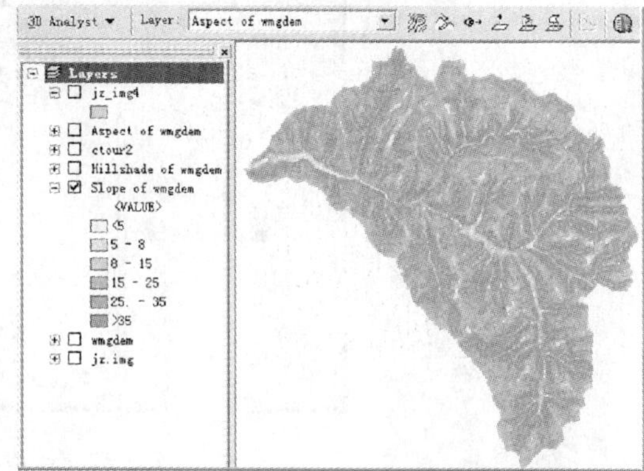

图3-20　按6级分类后的分类图

(三)利用 ArcGIS 计算出坡度分级数据

1. 通过软件计算出坡度分级数据

在生成的 Grid 坡度分级图的基础上，将 Grid 文件利用 ArcToolbox 模块转换为 Polygon Coverage，再通过 Coverage 文件的属性表格计算出所分的各级坡度的面积值，可以通过 Excel 软件的 ArcToolbox 分析数据(同样用这样的方法也可以计算各方向的面积百分比)。

其具体步骤如下：

(1)根据以上的分类图，应用 ArcToolbox 下的子菜单 Grid to Polygon Coverage，弹出对话框如图3-21，输入文件名，单击 OK。

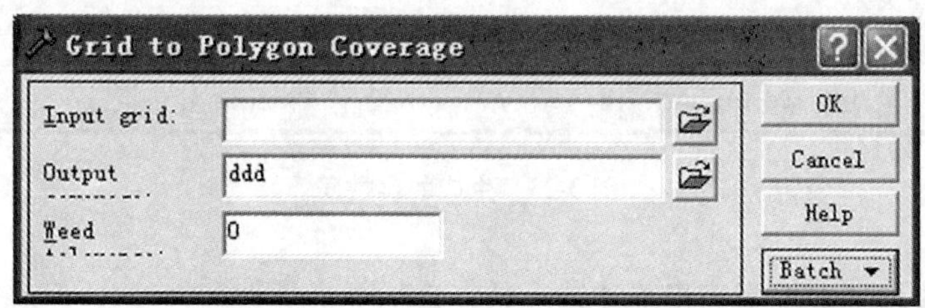

图3-21　Grid to Polygon Coverage 对话框

(2)在 ArcMap 中调入坡度图 wmg coverage，在该图层上单击右键选择 Layer Properties 菜单，在出现的属性对话框中选 Symbology 标签卡下 Show 中的 Quantities\Gaduated colors，同时选择 Value 为 GRID－CODE(就是坡度分级的1~6级)，然后选择 Classes 为6，单击确定(见图3-22)。

(3)在该图层上单击右键选择 Open Attributes Table 菜单，出现的 Attributes of wmg polygon 属性对话框，显示了面积(AREA)、周长(PERIMETER)、坡度分级(GRID－CODE)(见图3-23)。

(4)单击 Options 下拉菜单，选择 Export...，保存 *.dbf 文件，可以用 Excel 软件打开该

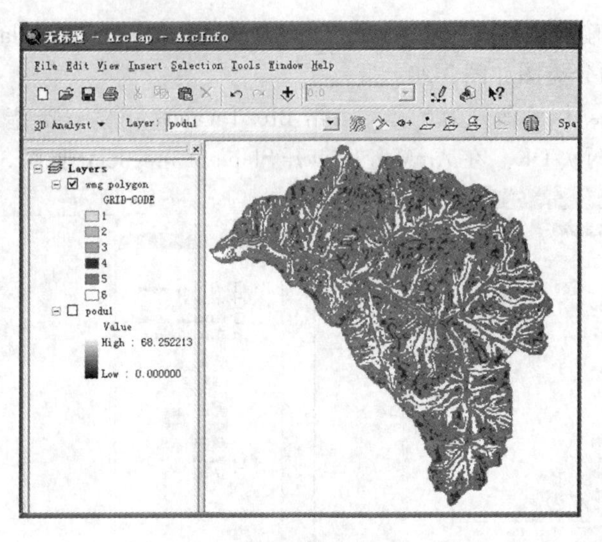

图 3-22　生成的坡度分级图

Attributes of wmg polygon

FID	Shape	AREA	PERIMETER	WMG#	WMG-ID	GRID-CODE
2	Polygon	25	20	2	1	2
3	Polygon	75	40	3	2	3
4	Polygon	25	20	4	3	3
5	Polygon	300	90	5	4	4
6	Polygon	50	30	6	5	3
7	Polygon	25	20	7	6	3
8	Polygon	25	20	8	7	3
9	Polygon	25	20	9	8	4
10	Polygon	2150	500	10	9	5
11	Polygon	50	30	11	10	1
12	Polygon	25	20	12	11	2
13	Polygon	25	20	13	12	3
14	Polygon	50	30	14	13	4
15	Polygon	50	30	15	14	3
16	Polygon	25	20	16	15	3
17	Polygon	25	20	17	16	4
18	Polygon	50	30	18	17	3
19	Polygon	25	20	19	18	2
20	Polygon	25	20	20	19	3

Record: 1　Show: All Selected　Records (0 out of 17510　Options

图 3-23　生成的属性表

文件，进行计算。

王茂沟小流域各级坡度面积统计结果见表 3-1。

表 3-1　王茂沟小流域各级坡度面积统计结果

项目	合计	<5°	5°~8°	8°~15°	15°~25°	25°~35°	≥35°
面积(km^2)	5.632 25	0.084 225	0.094 9	0.355 925	1.351 725	1.809 8	1.935 675
百分比(%)	100	1.5	1.68	6.32	24	32.13	34.37

2. 利用编程来完成坡度分级数据

利用 ArcGIS 下的 reclass 命令可以计算出各级坡度面积统计结果，也可以通过 ArcGIS 用编程方式进行分级。程序代码如下：

```
slp = slope(podu,1,degree)
```

```
docell
if (slp <5) out = 1
else if (slp > = 5 and slp < 8) out = 2
else if (slp > = 8 and slp < 15) out = 3
else if (slp > = 15 and slp <25) out = 4
else if (slp > = 25 and slp <35) out = 5
else out = 6
end
```

程序中:podu 为将要分级的坡度栅格数据;outslope 为输出的坡度分级结果数据;1、2、3、4、5、6 为坡度分级。

三、应用 DEM 提取坡向

坡向定义为坡面法线在水平面上的投影与正北方向的夹角。在 ArcGIS 和 ArcView 两个软件中,Aspect 表示每个栅格和与它相邻的栅格之间沿坡面向下最陡的方向。在输出的坡向数据中,坡向值有如下规定:坡向以(°)为单位,按逆时针方向从 0°(正北方向)到 360°(绕圆一圈后的正北方向)来度量。坡向图中每个栅格单元的值表明此栅格单元所在坡的朝向。水平地段没有方向,被赋值为 -1。

(一)利用 ArcView 来制作坡向图

坡向可在数字高程模型 DEM 或 TIN 数据的基础上提取。在 DEM 基础上提取坡向的步骤如下:

(1)在视图目录表中添加 DEM 并激活它。

(2)从 Surface 菜单中选择 Derive Aspect 命令。

(3)显示并激活生成的坡向主题 Aspect of DEM(见图 3-24)。

在 DEM 或 TIN 面主题中坡度为 0°(平地)的栅格在输出的坡向主题中被赋值为 -1,如果围绕中心栅格的任何相邻栅格是 No Data 数据,它们将被赋予中心栅格的值,然后计算坡向。在坡向主题的图例中表示了 8 种主要方向,例如:东[67.5° ~ 112.5°], 东南 [112.5 ° ~ 157.5°],北[0° ~22.5°,337.5° ~360°],西[247.5° ~292.5°],南[157.5° ~202.5°]等。

(二)利用 ArcGIS 软件来生成坡向图

在水保工作中,坡向有时比高程更为有用,尤其是在造林工作中,我们可以利用坡向来选择树种,阴坡由于其水分条件较好,适宜栽植的树种就比较多,而阳坡则适宜栽植的树种比较少。对于坝系建设来说,阳坡取土场要比阴坡取土场早解冻 10 天左右,这给淤地坝施工带来很大的方便。

对于 Grid 或 TIN 来说,其坡向可以动态地进行快速计算,可以生成坡向度。

其具体步骤如下:

(1)点击 3D Analyst 菜单,将鼠标指向 Surface Analysis,选择 Aspect 命令(见图 3-25)。

(2)单击 Input surface 下拉列表的箭头,选择生成坡向栅格图。这里选择 wmgdem。

(3)指定输出栅格图像的文件名,选择 px(见图 3-26)。

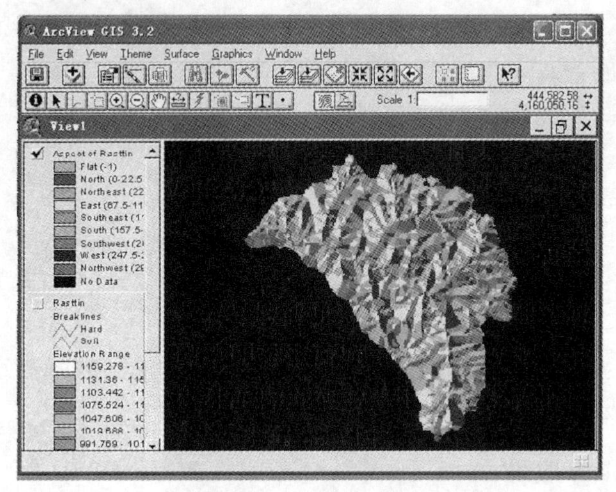

图 3-24　提取坡向

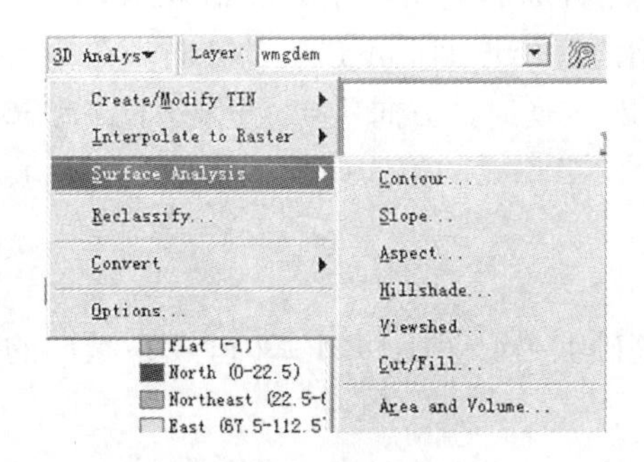

图 3-25　Aspect 命令菜单

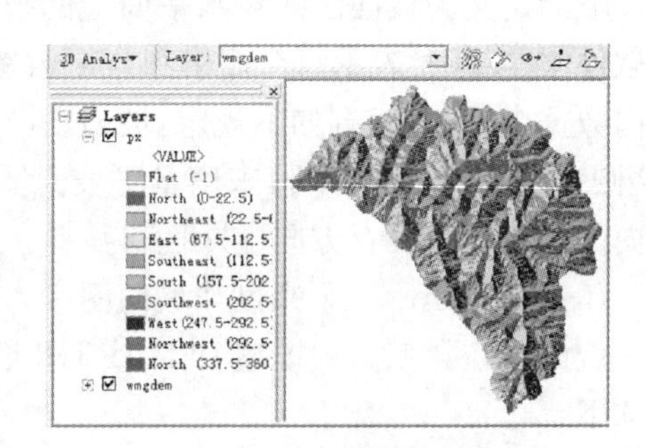

图 3-26　坡向分级图

四、应用 DEM 提取坡长

坡长的提取，通常在 ArcView 软件中不是直接进行求取的，而是采用先求负地形，再通过其水文分析功能，求出负地形的水流方向、水流长度等，而后得到正地形的山脊线、坡长。

其具体步骤如下：

（1）激活 DEM 主题层。

（2）在 Analysis 菜单下使用 Map Calculator 命令，公式为（（DEM－10 000）×（－1）），提取 DEM 层的负地形，把 DEM 层的负地形记为 A。

（3）激活 A 层，调用 Hydro 菜单下的 Flow Direction 命令，则生成负地形的流向层，记为 B。

（4）激活 B 层，调用 Hydro 菜单下的 Flow Accumulation 命令，则生成负地形的水流累计量层 Flow Accumulation，记为 C。编辑 C 层的图例，使其值分为三个范围：0～固定值、固定值～最大值和 No Data 值，这三个值的颜色分别设为无填充色、任一彩色、黑色。这个固定值的确切值，可以通过 C 层和 Hillshade 层（通过）的共同显示来选定，选定固定值的标准是彩色值能比较好地反映山脊线，如图 3-27。

（5）调用 Analysis 菜单下的 Map Query 命令，查询的表达式为：Flow Accumulation≥"固定值"，得到新的主题层 Map Query 1，记为 D，D 是对 C 的二值化。

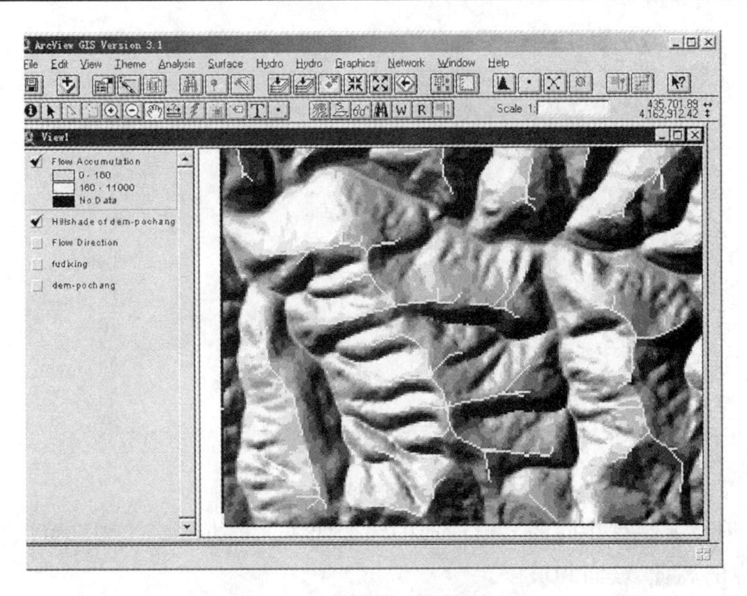

图 3-27　选定固定值的图形显示

(6)激活 D 层,点击 Theme 菜单下的 Table 命令或快捷按钮,则打开 D 主题的表,选择值为 1 的数据,再调用 Analysis 菜单下的 Find Distance 命令,则得到新的主题层,记为 E。E 上的每一个栅格的值是距最近的山脊线的垂直方向上的栅格数。

(7)调用 Analysis 菜单的 Calculator 命令,公式为(E × 栅格单元的尺寸),则得到新的主题 F 的值为距最近的山脊线的垂直距离(见图 3-28)。

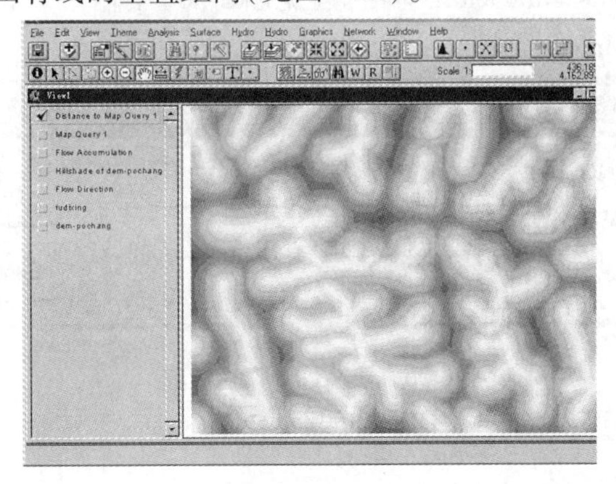

图 3-28　坡长

因为水流的方向不是严格地和山脊线成 90°(见图 3-29),大多数的水流方向只是接近 90°,实际的坡长应是沿水流方向的长度,所以求得的主题 F 的值只是一种坡长的近似值,这种方法求坡长只是一种求取坡长的快速的、近似的方法。

五、应用 DEM 提取等高线

利用 DEM 还可以生成等高线,我们使用 ArcGIS 和 ArcView 的 Contours 功能可以生成一个新的线主题,每条线表示了具有相同高度、数量或者浓度的连续位置集合。生成的等值线经过平滑处理,真实地再现了表面等值线,这些等值线可以是等高线、等温线、等降水量线等。

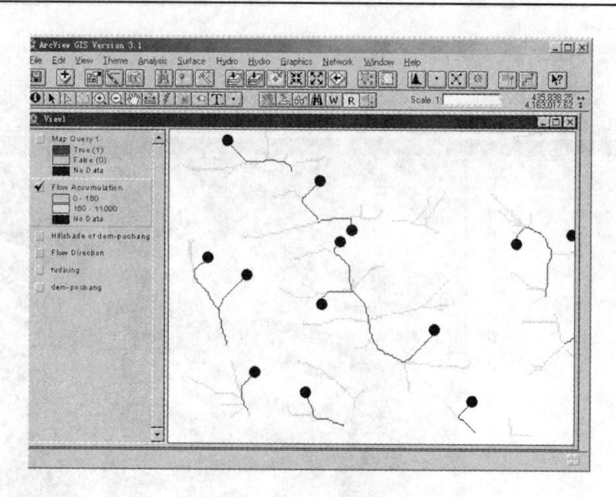

图 3-29　水流的实际方向

等高线是地面上高程相同的各点连成的闭合曲线。根据等高线图形可以判读地貌形态特征,量算各点的高程、坡向和坡度。

(一) ArcView 生成等高线

1. ArcView 生成等高线

其具体步骤如下:

(1)在视图目录表中添加 DEM 并激活它。

(2)从 Surface 菜单中选择 Create Contours 命令。

(3)在出现的 Contours Parameters 对话框(见图 3-30)中输入等高距 Contour interval 和基础等高线的值 Base Contours。

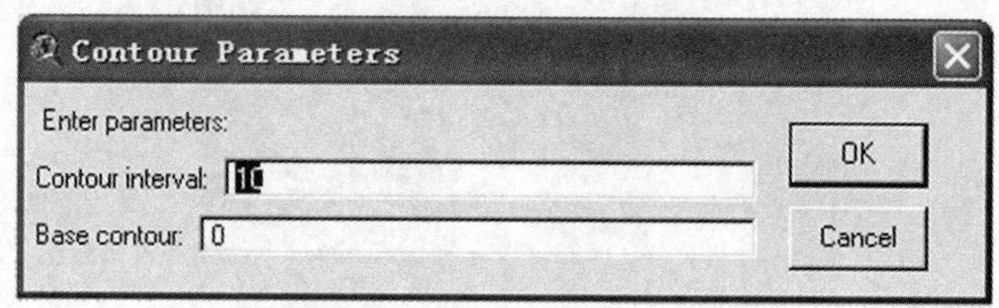

图 3-30　等高线制作对话框

(4)生成等高线主题 Contours of DEM(见图 3-31)。

2. 生成单根等高线

采用工具条上的等值线工具 可以生成单根的等值线,其步骤如下:

(1)激活 DEM,单击按钮。

(2)在 DEM 中点击选定的位置,视图上描绘出一条通过所选点位代表所选点值大小的等高线,其高程值显示在窗口的左下角的状态栏中(见图 3-32)。

(二) ArcGIS 生成等高线

其具体步骤如下:

(1)点击 3D Analyst 菜单,将鼠标指向 Surface Analysis,选择 Contour 命令。

(2)点击 Input Surface 下拉列表的箭头,选择用来生成等高线的 DEM。在 Contour interval 文本框中输入等高距,一般为 10 m。在 Base contour 文本框中输入等高线的基准高程,

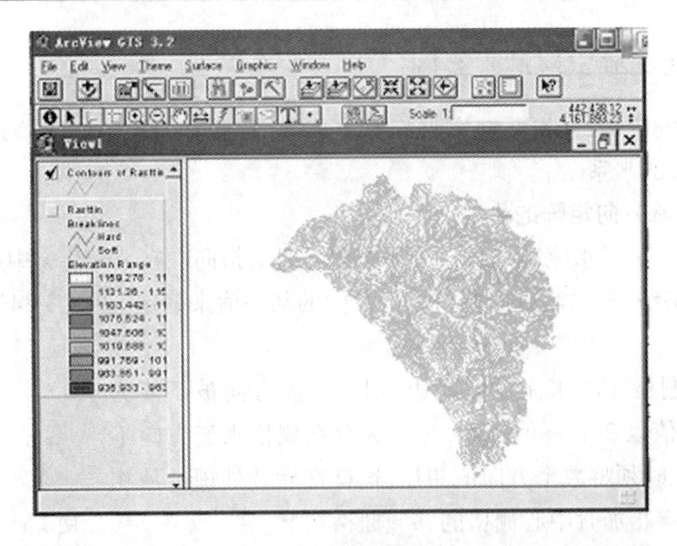

图 3-31　生成等高线

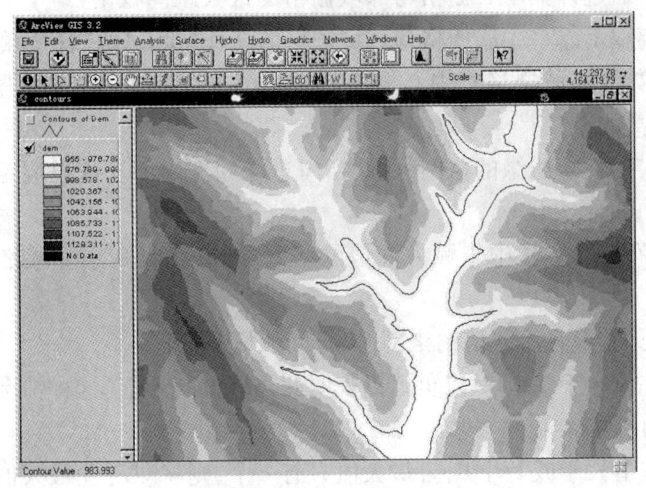

图 3-32　生成单根等高线

一般为最低高程或 0。在 Z factor 文本框中指定高程变换系数，一般为 1。保存等高线文件，单击 OK(见图 3-33)。

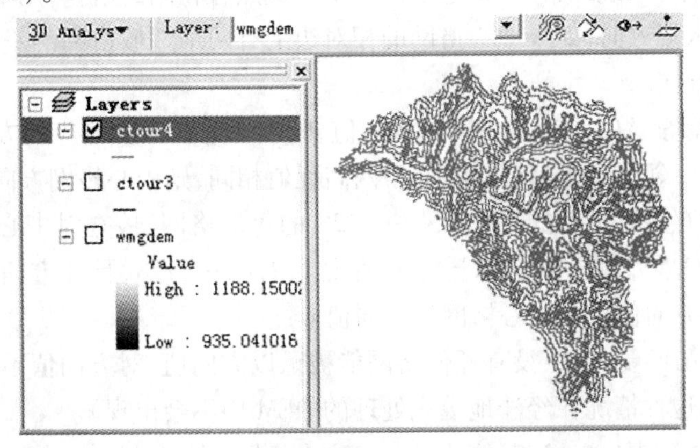

图 3-33　用 ArcGIS 生成的 20 m 等高线图

六、应用DEM确定流域水系图

流域水系图的确定,首先要制作水流方向矩阵,然后再通过该矩阵确定沟道最小的长度,最后生成流域的水系图。

(一)流域水流方向矩阵的生成

Flow Direction是指水流离开每一个栅格单元时的指向。在ArcView中通过将栅格单元x的8个邻域栅格编码,水流方向便可以由其中的某一值来确定(见图3-34),栅格方向编码如下:

例如,如果栅格x的水流流向左边,则其水流方向被赋值为16。输出的方向值以2的幂值指定,是因为存在栅格水流方向不能确定的情况,此时须将数个方向值相加,这样在后续处理中从相加结果便可以确定相加时中心栅格的邻域栅格状况。

32	64	128
16	x	1
8	4	2

图3-34 水流流向编码

水流的流向是通过计算中心栅格与邻域栅格的最大距离权落差来确定的。距离权落差是中心栅格与邻域栅格的高程差除以两栅格间的距离。栅格间的距离与方向有关,如果邻域栅格对中心栅格的方向值为2、8、32、128,则栅格间的距离为2的平方根,否则距离为1。

第一步,对所有DEM边缘的格网,赋以指向边缘的方向值。这里假定计算区域是另一更大数据区域的一部分。

第二步,对所有在第一步中未赋方向值的格网,计算其对8个邻域格网的距离权落差值。

第三步,确定具有最大落差值的格网,执行以下步骤:

如果最大落差值小于0,则赋以负值以表明此格网方向未定(这种情况在经洼地填充处理的DEM中不会出现)。

如果最大落差值大于或等于0,且最大值只有一个,则将对应此最大值的方向值作为中心格网处的方向值。

如果最大落差值大于0,且有一个以上的最大值,则在逻辑上以查表方式确定水流方向。也就是说,如果中心格网在一条边上的三个邻域点有相同的落差,则中间的格网方向被作为中心格网的水流方向;如果中心格网的相对边上有两个邻域格网落差相同,则任选一格网方向作为水流方向。

如果最大落差等于0,且有一个以上的0值,则以这些0值所对应的方向值相加。在极端情况下,如果8个邻域高程值都与中心格网高程值相同,则中心格网方向值赋以255。

第四步,对没有赋以负值的0,1,2,4,…,128的每一格网,检查对中心格网有最大落差值的邻域格网。如果邻域格网的水流方向值为1,2,4,…,128,且此方向没有指向中心格网,则以此格网的方向值作为中心格网的方向值。

第五步,重复第四步,直至没有任何格网能被赋以方向值;对方向值不为1,2,4,…,128的格网赋以负值(这种情况在经洼地填充处理的DEM中不会出现)。

从Filled DEM数据(elevGrid)产生的水流方向矩阵(flowGrid)如图3-35所示。

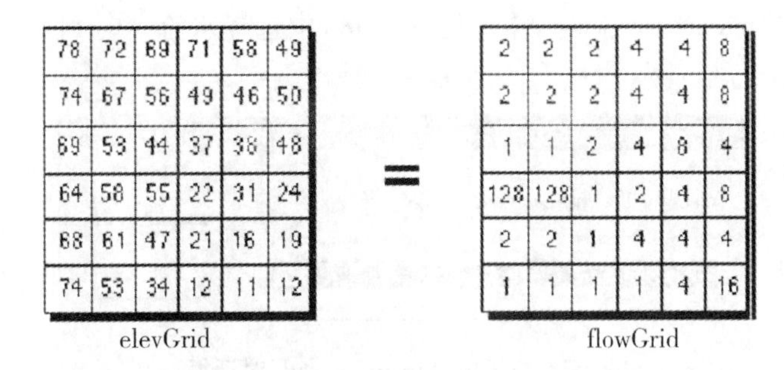

elevGrid

78	72	69	71	58	49
74	67	56	49	46	50
69	53	44	37	38	48
64	58	55	22	31	24
68	61	47	21	16	19
74	53	34	12	11	12

flowGrid

2	2	2	4	4	8
2	2	2	4	4	8
1	1	2	4	8	4
128	128	1	2	4	8
2	2	1	4	4	4
1	1	1	1	4	16

图 3-35　利用 DEM 计算水流方向矩阵示意图

在 ArcView 中提取水流方向的步骤如下：

(1)从视图目录表中激活 Filled DEM。

(2)从 Hydro 菜单中选择 Flow Direction 命令。

(3)显示新生成的水流流向数据 Flow Direction(见图 3-36)。

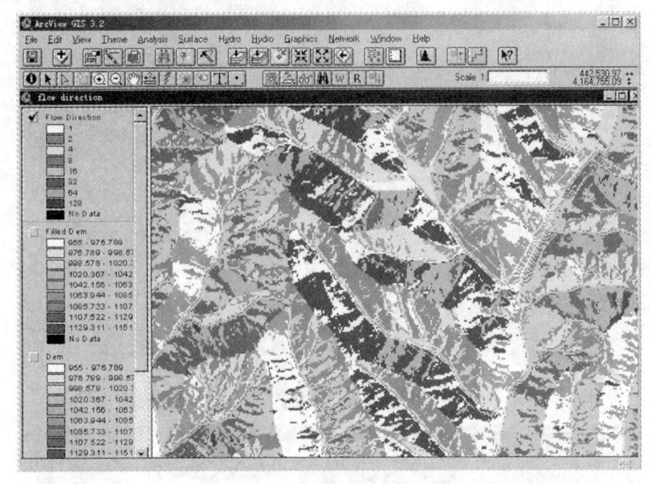

图 3-36　提取水流方向

(二)流域水系图的确定

水系图根据地表的水流方向数字矩阵,确定流域内沟道的最短长度,显示出区域内水系分布的密集程度。给定流域内沟道最短长度值越小,水系分布越密集。

提取水系图的步骤如下：

(1)从视图目录表中激活 Flow Direction。

(2)从 Hydro 菜单中选择 Stream Network as Line Shape 命令。

(3)在出现的 Stream Network 对话框(见图 3-37)中输入计算水系网的最小沟道长度,其单位为栅格数。

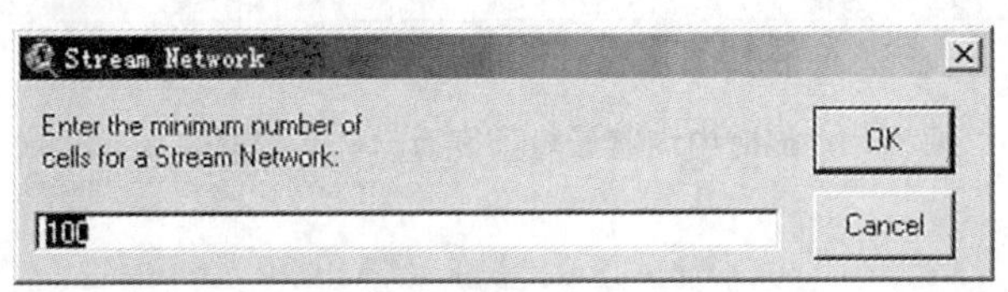

图 3-37　Stream Network 对话框

（4）在 Hydro. StreamNetwork 对话框（见图 3-38）中选择水流方向 Flow Direction 主题，单击 OK。

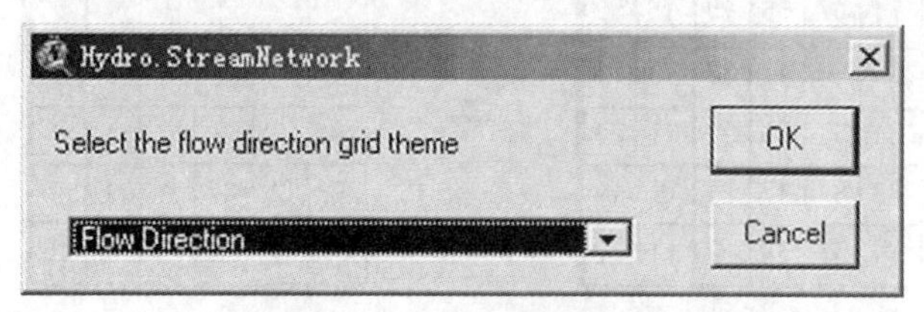

图 3-38　Hydro. StreamNetwork 对话框

（5）生成新的主题 Stream Network Shape 即为水系图。由不同的沟道最短长度值所计算的水网密度如图 3-39、图 3-40 所示。

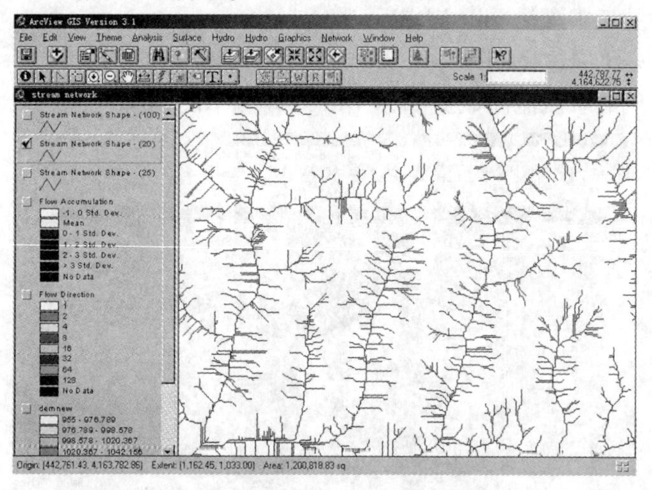

图 3-39　流域内沟道最短长度为 20 m 提取的水系图

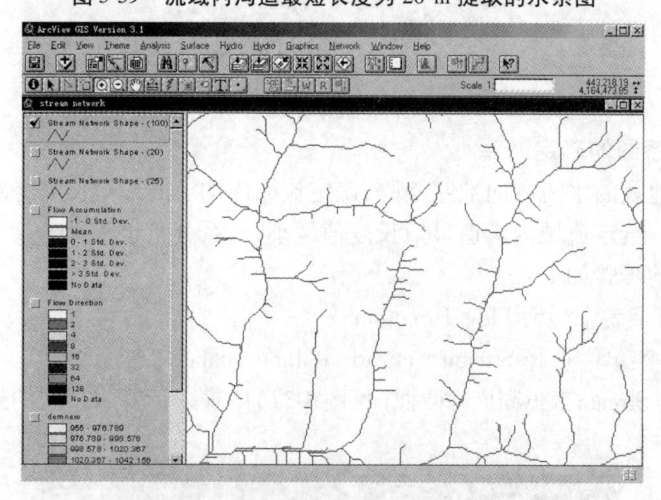

图 3-40　流域内沟道最短长度为 100 m 提取的水系图

七、应用 DEM 确定流域主沟道长度

流域沟道长度计算了流域内沿河道的每一点距其上游和下游的河道长度。Flow Length 常用来提取流域内最长的河流长度,即流域主沟道的长度。

提取水流长度的步骤如下:

(1)从视图目录表中激活水流流向数据 Flow Direction。

(2)从 Hydro 菜单中选择 Flow Length 命令。

(3)显示输出的 Flow Length 栅格主题(见图 3-41)。

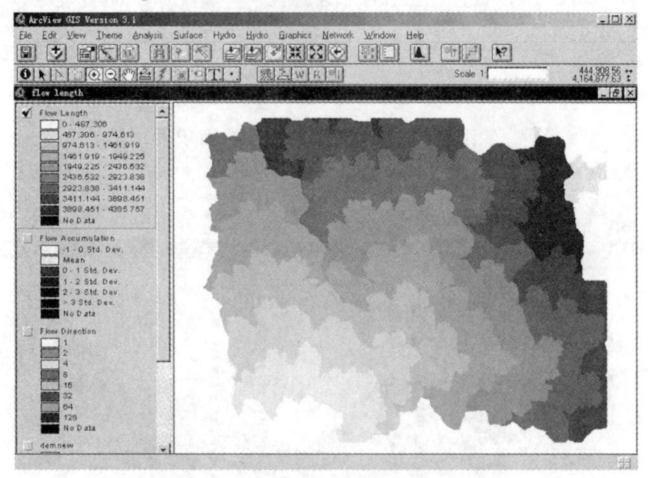

图 3-41　水流长度提取

八、应用 DEM 计算流域面积

流域是指流经其中的水流和其他物质从一个公共的出水口排出从而形成一个集中的排水区域。描述流域还有其他一些词,例如流域盆地(basin)、集水盆地(catchment)或水流区域(contributing area)。Watershed 数据显示了区域内每个流域汇水面积的大小。汇水面积是指从某个出水口(或点)流出的河流的总面积。出水口(或点)即流域内水流的出口,是整个流域的最低处。流域间的分界线即为分水岭。

采用水流方向和流水累积量数据生成 Watershed 数据的步骤如下:

(1)在视图目录中添加 Flow Direction 和 Flow Accumulation。

(2)击活 Flow Accumulation。

(3)从 Hydro 菜单中选择 Properties 命令。

(4)在出现的 Hydro Properties 对话框(见图 3-42)中输入计算所需的 Flow direction 和 Flow accumulation 主题。

(5)从 Hydro 菜单中选择 Watershed 命令。

(6)在出现的 Watershed 对话框中输入计算流域的面积(最少栅格数)(见图 3-43)。

(7)生成 Watershed 主题(见图 3-44)。

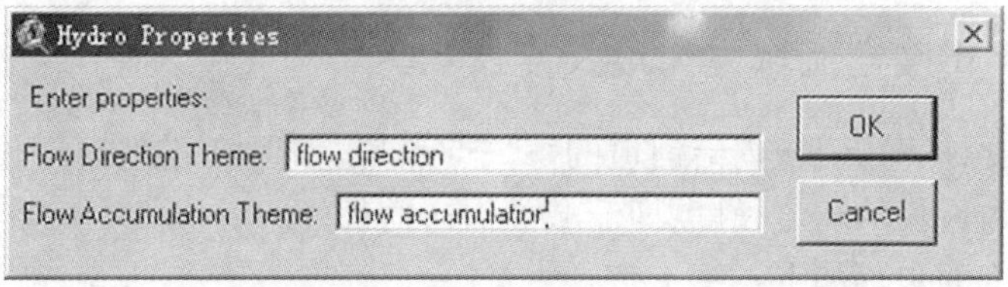

图 3-42　Hydro Properties 对话框

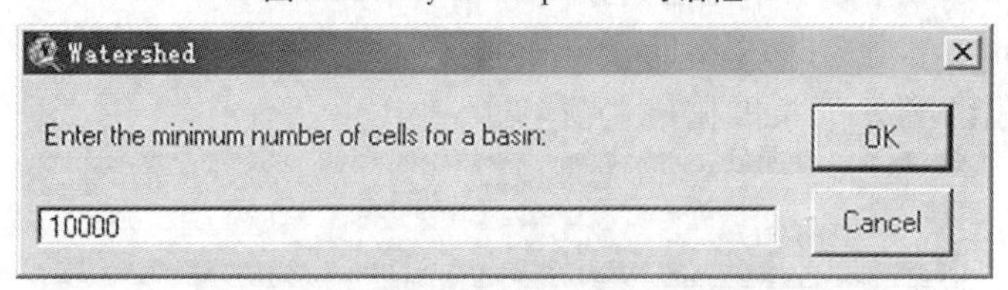

图 3-43　输入计算流域的面积

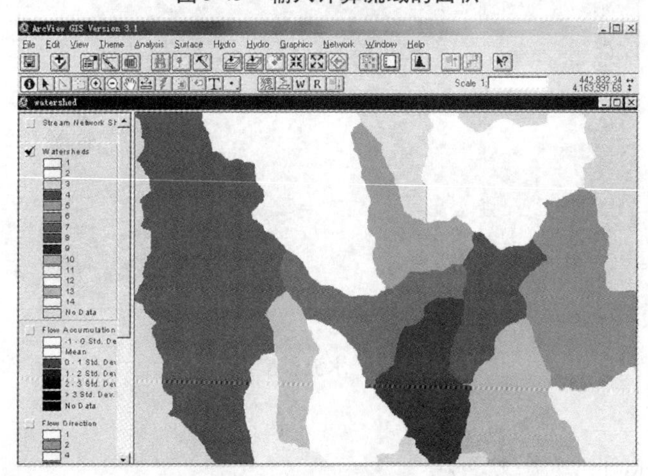

图 3-44　提取 Watershed

九、应用 DEM 计算沟壑密度

沟壑密度是指在一个特定的区域内地表单位面积内沟壑的总长度。

沟壑密度的提取:可通过水文分析方法提取沟壑,然后通过统计查询查出沟壑的长度,再除以区域面积,则可得到区域的沟壑密度,其中关键是确定沟壑的标准。具体方法如下:

(1)激活 DEM 数据,在 Hydro 菜单下使用 Fill 命令,对 DEM 数据中高程为 0 的栅格进行填充,得到新的层面,记为 A。

(2)对 A 层使用 Hydro 菜单的 Flow direction 命令,提取水流方向。

(3)对水流方向层再用 Hydro 菜单的 Flow accumulation 命令,得到水流的累积量层。

(4)用 Map query 命令,提取出水流累积量大于 500(此值需根据研究区域的土壤、植被、地形等特征及研究目的来确定)的值,即可得到提取出的沟壑层(见图 3-45)。

(5)通过 Edit legend 编辑沟壑层的图例,通过其中的 statistics 项可以查出沟壑层中构成沟壑的栅格单元数,则得出沟壑的长度为“沟壑的栅格单元数 × 栅格单元的长度”,区域的总面积可通过此统计项中的 count 数来算出,为“count 数 × 每个栅格单元的面积”,最后,把单位换算成公里,则沟壑密度 = 沟壑的栅格单元数/(区域总的栅格单元数 × 栅格单元的长

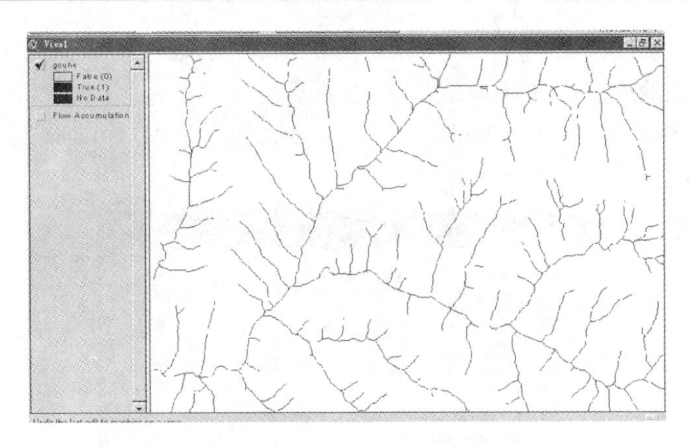

图 3-45　通过水文分析求出的沟壑密度

度 ×0.001)。例如,沟壑的栅格单元数为 8 959,总的栅格单元数为 391 140,栅格单元的分辨率为 5 m,则最后的沟壑密度 =8 959/(391 140 ×5 ×0.001)。

第三节　基于 ArcGIS 或 ArcView 的淤积面积和体积的计算

在确定淤地坝坝高和淤地面积等的计算过程中,特别是在进行淤地坝坝址选择时,需要进行流域面积、不同高程情况下淤地坝淤地面积、库容等参数的计算。现行的方法是找到适当比例尺的地图,人工在地图上量算。这是一项非常烦琐的工作,不仅效率低下,而且计算结果不够精确,会因人而异,但借助于 ArcView 和 DEM,这些工作变得简单多了。首先可以根据上述的流域识别方法快速地计算流域的各项特征值,结合水文模型计算得到不同保证率下的坝顶高程。有了坝顶高程和流域范围后,在 ArcView 中就可以很方便地得到淹没范围及淹没深度分布情况。步骤如下:首先,从原始 DEM 中裁减流域所覆盖范围下的栅格数据,我们称之为流域 DEM。其次,利用空间分析模块中的 MapCalculate 功能菜单,在对话框中填入“流域 DEM≤坝顶高程”,就生成了包含两个字段(value、count)及两条记录的矢量文件,其中 value 值为 0 或 1,分别表示不符合条件和符合条件;count 表示符合或不符合条件的单元数目。很明显,符合条件的单元即为水库淹没范围,其面积是 count 值乘以单元面积。从上述矢量文件中挑选符合条件的记录,形成库区范围矢量文件。再次,以库区范围矢量文件为边界,从流域 DEM 裁下新的栅格数据,形成库区 DEM。最后,利用空间分析模块中的 MapCalculate 功能菜单,在对话框中填入“坝顶高程和库区 DEM”,就得到了库区淹没深度分布栅格图。通过对库区 DEM 的分析和计算,很容易得到不同坝高的库容。由于“平面 DEM”和库区 DEM 的单元地理位置分布完全一样,将两个 DEM 中的对应单元高差乘以单元面积即得到该单元所能储存的水量,遍历所有单元得到某一高程下的库容。计算多个高程值,就可以得到坝高与库容关系曲线。

一、基于 ArcGIS 的淤地坝淤积面积和体积的计算

对于淤积面积的计算,可通过 ArcMap 自带功能,无需编程就可以从低于一特定高程区域中确定真正的淤积区,并可以直接计算出面积。

利用 ArcMap 的 3D Analysis 工具可以直接在 DEM 上,通过已知淤积厚度计算出淤地坝的淤积面积和淤积的库容。其具体方法如下:

(1)启动 ArcMap 模块,点击 Tools 下 Extensions...中的"3D Analyst"复选框来添加三维分析模块(见图 3-46)。

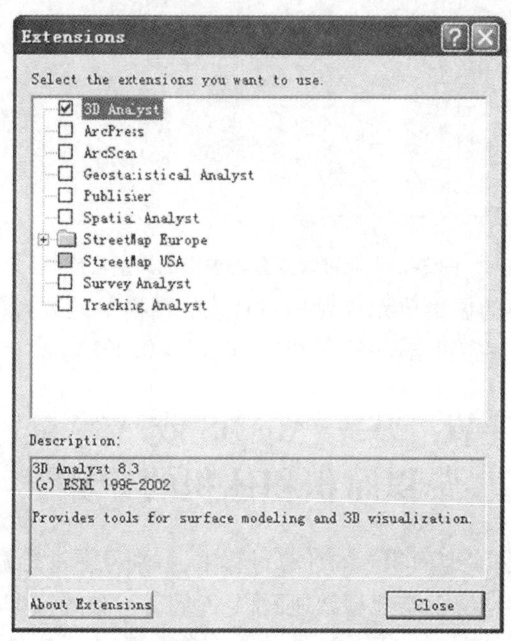

图 3-46　Extensions 对话框

(2)单击 File 菜单中的 Add Data 菜单添加用于分析的 DEM 层,在相应的路径下找到要计算流域的 DEM 数据,如我们找到王茂沟流域的数据 wmgdem(见图 3-47)。

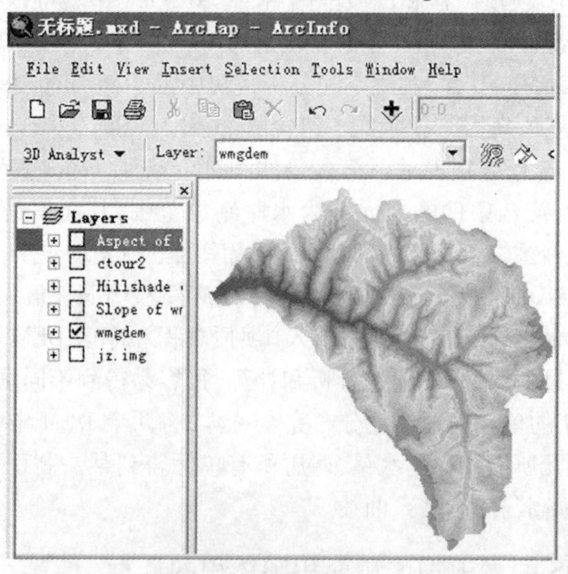

图 3-47　添加 wmgdem 进入 ArcMap 软件

(3)启动 3D Analyst 按钮,进入 Surface Analysis 菜单,然后单击 Area and Volume Statistics 按钮,显示 Area and Volume Statistics 对话框(见图 3-48)。

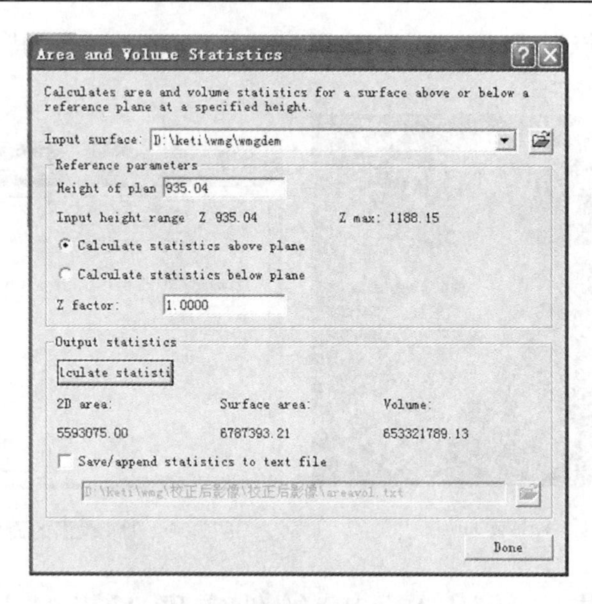

图 3-48　计算面积与体积的属性图

(4)从对话框的 Reference parameters 属性表下可以看出,起始计算高程为(Height of plan)935.04 m。Input height range 下表示的是流域内最小、最大高程分别为 935.04 m 和 1 188.15 m。选择 Calculate statistics above plane 为从最低点向上计算。选择 Calculate statistics below plane 为从最高点向下计算。

(5)Output statistics 属性表表示的是 2D area(流域面积)、Surface area(表面积)和 Volume(体积)。每次变化 Height of plan 时,可以按 Lculate statisti 按钮重新计算。需要保存计算结果时,可以选择 Save/append statistics to text file,将计算结果保存在文件名为 areavol. txt 的文本文件中。

二、基于 ArcView 测量面积和体积

使用三维分析可以测量表面面积和体积,同时还可以测量两个表面之间容积的差异,以便进行剪切、填充分析。

表面面积是沿表面的坡度进行测量,并将高度考虑在内,计算出的面积总要大于二维平面测量的面积。

体积是计算 TIN 表面和位于任何指定高程的水平面之间的立体空间,可以是平面之上的,也可以是平面之下的。测量体积在实际应用中一般用来计算土方量。

三维分析测量面积和体积,要在激活 TIN 主题下,调用 Theme 下的 Convert Grid to TIN 才可以实现。如果是 Grid 数据,则必须转换成 TIN 主题,如图 3-49 所示。具体步骤如下:

(1)激活 TIN 主题。

(2)点击 Surface 下的 Area and Volume Statistics。

(3)输入一个基础高程,这将作为测量面积和容积的水平平面。

(4)指定要测量的是平面上还是平面下的面积和容积。

(5)按“OK”确认。

此时则会出现一个对话框,显示二维面积、表面积及体积(见图 3-50)。有时,还会分析

比较两个表面模型前后的变化,这时需要调用 Surface 下的 Cut Fill,其前提是激活前、后两个主题。

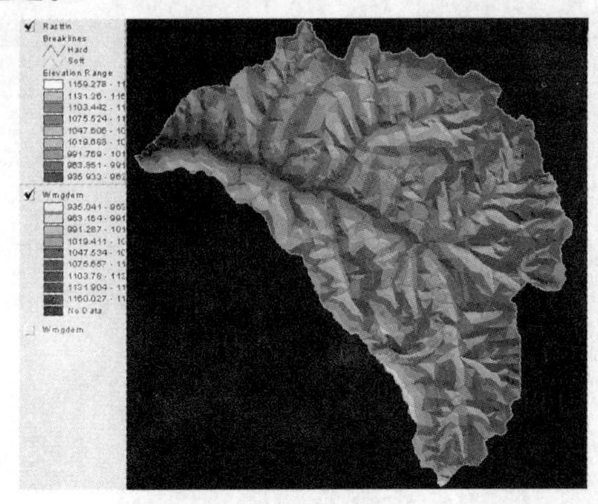

图 3-49　小流域 TIN 图

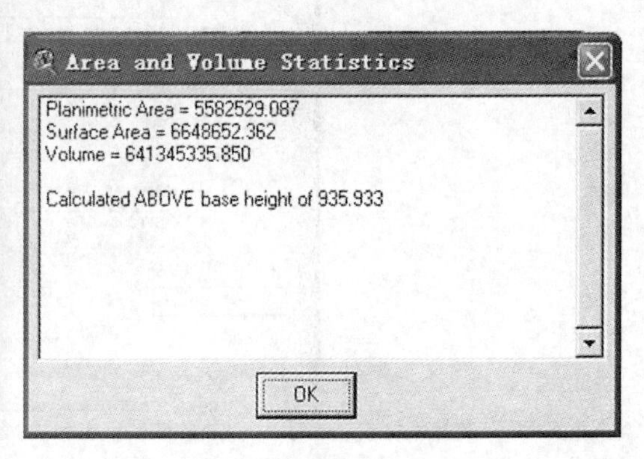

图 3-50　TIN 表面的面积和容积计算结果

第四节　利用 ArcGIS 软件实现王茂沟小流域三维虚拟景观

虚拟现实(Virtual Reality,简称 VR)技术是一个图像技术、传感器技术、计算机技术、网络技术以及人机对话技术相结合的产物,它以计算机技术为基础并综合利用了计算机的立体视觉、触觉反馈、虚拟立体声等技术,高度逼真地模拟人在自然环境中的视、听、动等行为的人工虚拟环境。这种虚拟环境是通过计算机生成的一种环境,它既可是真实世界的模拟体现,也可以是构想中的世界。

虚拟现实技术的基本特征是:"沉浸感"(Immersion)、"交互性"(Interaction)和"构想"(Imagination)。沉浸感是利用了人类的错觉,使人们暂时忘记了真实的客观世界,而全身心地"浸入"到计算机所产生的虚拟世界的组成部分,可以与虚拟环境相互作用、相互影响。构想是指通过用户沉浸在"真实的"虚拟环境中,与虚拟环境进行了各种交互作用,从而可以深化概念,萌发新意,产生认识上的飞跃。人具有很强的在三维空间中进行形象思维及逻辑推断的能力,而计算机具有很强的计算及存储能力。虚拟现实技术把计算机收集或产生的数据经过可视化及三维建模处理,变成人们熟悉的直观三维对象,从而结合计算机与人的智能及各种自然技能来处理数据,进行判断和决策。

虚拟现实是 20 世纪末发展起来的以计算机技术为核心,集多学科高新技术于一体的综合集成技术,它是人与计算机通信的最自然的手段,是人类的自然技能与计算机的完美结合,将从根本上改变人与计算机系统的交互操作方式,有着广阔的应用前景。虚拟现实技术已在军事模拟训练、危险环境及远程环境下的操作、科学感知、教育培训、空间探索、城市建筑规划、虚拟旅游、娱乐购物、计算机辅助设计与制造等方面得到广泛应用。为此我们将探索将虚拟现实技术应用于水土保持小流域坝系监测中。

小流域虚拟现实技术的重点研究和难点之处是具有高度真实感的虚拟三维图像的生成,其中包括三维地形的构造、纹理映射和实时动态立体显示等关键技术。

本次研究采用 ArcGIS 软件的三维可视化功能组件 ArcScene 程序来实现王茂沟小流域

的三维景观浏览，具体制作过程如下。

一、创建三维场景

在三维场景中浏览数据，将给人以耳目一新的感觉。在浏览相同的数据时，三维浏览可提供一些平面地图所无法直接提供的知识。如在三维场景中察看淤地坝坝系时，可以清楚地看到各个淤地坝，在平面看影像时就达不到这个效果；在三维场景中察看峡谷时，可感觉山脊与山底在高程上的差异，而不必像看二维地形图时，要从等高线的分布情况进行推断。

（一）添加数据

（1）添加DEM数据。首先打开ArcScene软件，单击Standard工具条上的Add Data按钮，选择王茂沟小流域的DEM文件，点击Add（见图3-51）。

图3-51　DEM三维显示

（2）添加QuickBird影像数据。同样单击Standard工具条上的Add Data按钮，选择王茂沟小流域的QuickBird影像文件，点击Add（见图3-52）。

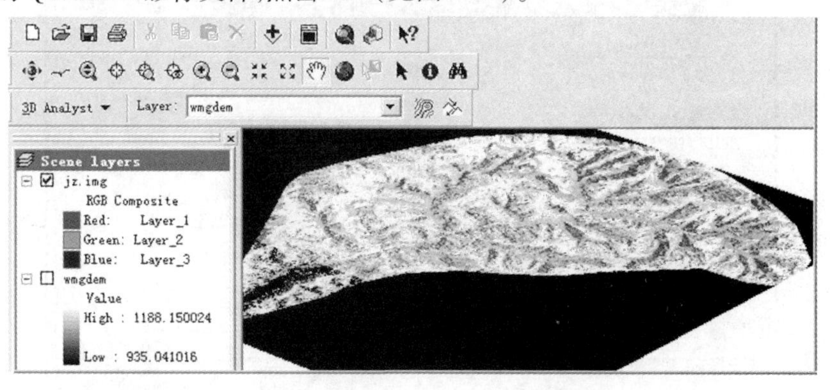

图3-52　显示QuickBird影像数据三维图

（二）设置基准高程

（1）察看DEM设置基准高程。在ArcScene中，右击wmgdem图层，并选择Properties命令，弹出Porperties对话框（见图3-53），点击Base Heights标签。

在Height中显示为0（见图3-53），可以看出该图层没有基准高程。

（2）设置影像基准高程。右击ji. img图层，并选择Properties命令，弹出Porperties对话框，点击Base Heights标签（见图3-54）。

Layer Properties
General | Source | Extent | Display | Symbology | Base Heights | Rendering
Height
Use a constant value or expression to set heights for layer:
0
Obtain heights for layer from surface:
D:\keti\wmg\wmgdem
aster Resolution..
Layer features have Z values. Use them for heights.
Z Unit Conversion
Apply conversion factor to place heights in same un: custom 1.0000
Offset
Add an offset using a constant or expression:
0
确定　取消　应用(A)

图 3-53　图层属性对话框

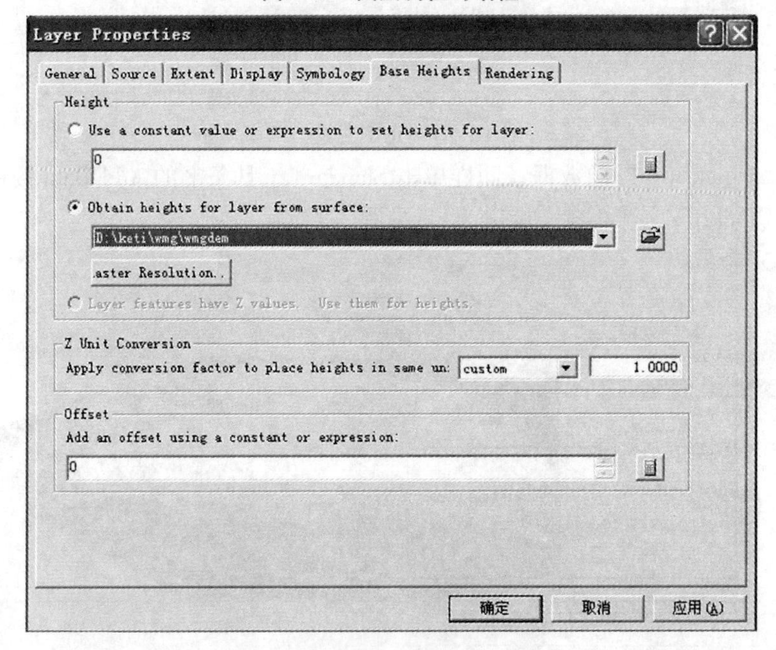

图 3-54　Base Heights 标签对话框

选择 Height 下的 Obtain heights for layer from surface 选项，选择 wmgdem 为影像的基准高程，这样就在图层中将影像以三维的形式绘制出来了。Raster Resolution 按钮可以改变栅格图的分辨率。Z Unit Conversion 可以改变土层中高程和 X、Y 坐标的单位。为了让多个图层同时显示在一个三维可视化上，因此使用 Offset（偏移图层中的高度值），这样可在不同高度上看到不同属性值。

二、设置场景属性

在 ArcScene 中，可以设置某些属性，如垂直拉伸、动画旋转、背景颜色、场景范围、照明情况，这些属性对场景及其内的所有图层有效。用户还可以添加场景的注释以及设置其坐标系统。如果场景使用了多个浏览器，这些属性对所有的浏览器均有效。

（一）改变场景的垂直拉伸

垂直拉伸可以用来改变表面的细微变化。在创建地形可视化时，如果表面的水平范围远远大于表面垂直变化的范围，此功能会非常有用。当垂直变化非常厉害时，可以使用分数作为垂直拉伸系数，使表面看上去稍平坦。通俗的说法就是当系数越大时山越高、沟越深，反之山越低、沟越浅。

垂直拉伸对场景内的所有图层均有效。用户也可以改变图层的高程转换系数，对单个图层进行垂直拉伸。

（1）右击 Scene layers，选择 Scene Properties 命令，在弹出的 Scene Properties 对话框中点击 General 标签（见图 3-55）。

（2）点击 Vertical Exaggeration 下拉列表箭头，选择垂直拉伸系数，可以输入任意数字，我们这里选择 3。

（3）点击 Calculate From Extent 按钮，让系统根据场景范围与高程变化自动计算垂直拉伸系数。

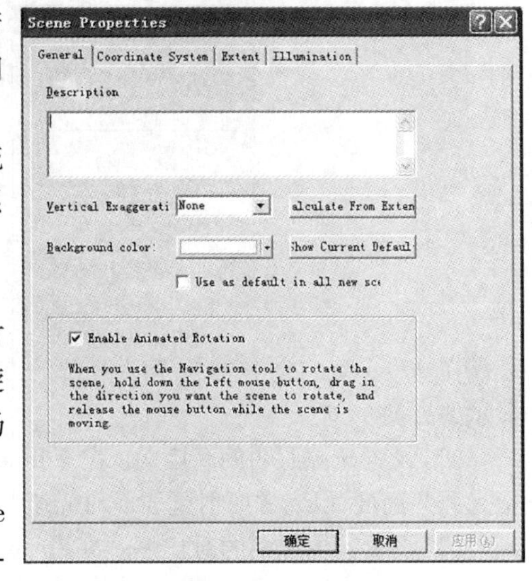

图 3-55　图层属性

（二）三维场景动画旋转

旋转场景是获取表面总体概况的一种好方法。使用动画旋转时，可以让场景围绕其中心旋转，也可以调整旋转的速度与察看角度，并在场景旋转时对其进行缩放。

（1）激活动画旋转功能。同样选择 Scene Properties 对话框，点击 General 标签。选择 Enable Animated Rotation 的复选框，激活动画旋转功能。此时，动画旋转功能激活，场景浏览（Navigate）功能的鼠标指针周围增加了一个小圆圈。

（2）动画旋转和旋转速度。动画旋转：单击场景浏览工具，点击场景，按住鼠标左键，移动鼠标，场景就会开始旋转。改变旋转速度：当场景在旋转时，按 Page Up 键加快旋转速度；按 Page Down 键减慢旋转速度。

（三）改变背景颜色

默认场景的背景色是白色。用户可以改变背景色，以满足视觉需要。各种色调中的蓝色可以模仿自然界中的天空颜色，黑色可用来模仿黑夜。所以，我们可以使用一种预设颜色值或自定义的颜色定义背景，也可以使用当前背景色为所有场景的默认背景色。

（1）设置背景色。右击 Scene layers，选择 Scene Properties 命令，弹出 Scene Properties 对话框，点击 General 标签。点击 Background color 彩色下拉列表的箭头，选择适当的颜色作为

背景色。

(2)设置默认背景色。右击 Scene layers,选择 Scene Properties 命令,弹出 Scene Properties 对话框,点击 General 标签。选择 Use as default in all new scenes 复选框,将当前背景色设置为默认背景色。

(四)改变场景的照明

我们可以通过设置光源的高度角、方位角以及对比度来绘制场景的照明情况。场景的照明属性对场景中的所有要素都有效(包括突出的多边形及线要素)。对于各个图层,用户可以在图层的 Properties 对话框 Rendering 标签中,将图层阴影设置选项打开或关闭,以控制各个图层在照明时是否使用阴影。

(1)设置光源的方位角。右击 Scene layers,选择 Scene Properties 命令,弹出 Scene Properties 对话框,点击 Illumination 标签(见图 3-56)。

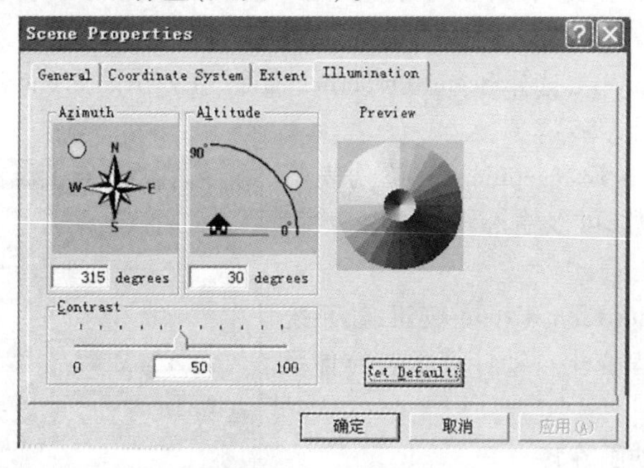

图 3-56　光源属性

在 Azimuth 的文本框中,输入光源的方位角。方位角是指光线照射场景时,其指南针所显示的方向。

(2)设置光源照明的高度角。在 Altitude 文本框中,输入光源照明的高度角。高度角是指光源的高度,以光源照射到表面时光线与水平面的夹角来度量。

(3)设置光源照明的对比度。在 Contrast 文本框中,输入对比度值,用来控制表面上阴影数量的值。

(五)改变场景范围

减少场景的范围可以消除一些无关的信息,增加绘图时的性能。在默认情况下,场景的范围为场景中所有图层的范围。用户可以改变场景的范围,使其与某个图层的范围一致,或通过 X、Y 坐标的最大、最小值来指定。处于场景范围之外的数据将不会被显示。

(1)设置场景某图层范围。右击 Scene layers,选择 Scene Properties 命令,弹出 Scene Properties 对话框,点击 Extent 标签(见图 3-57)。

选择 Layer(s)选项,点击下拉列表箭头,选择用来定义场景范围的定义。

(2)使用坐标设置场景范围。选择 Custom 选项,在文本框中输入 X、Y 坐标的最大值、最小值,定义场景。

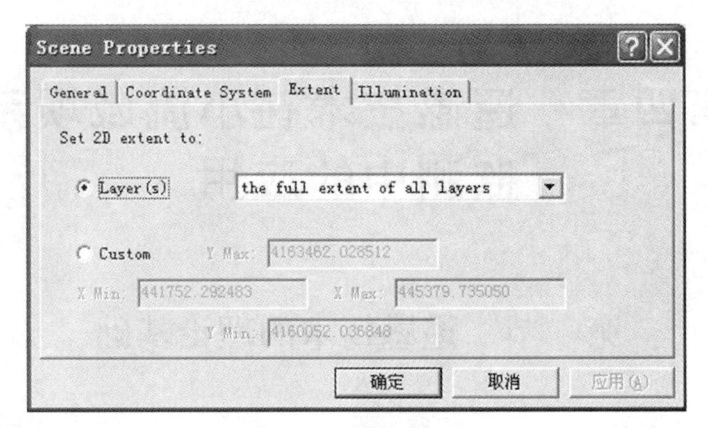

图 3-57 场景范围属性

三、场景输出

输出功能可以将场景的二维影像输出到外部图形文件中,也可以输出为三维虚拟现实建模语言(VRML)。场景的影像可用几种文件格式存储,并在其他文件中使用,如用在地图或报告中。

(一)输出场景的二维图形

(1)点击 File 菜单,将鼠标指向 Export Scene 并选择 2D,浏览要存储场景的影像文件夹。

(2)点击文件类型,选择适合应用的输出文件格式,指定输出的栅格像元的宽度,指定输出影像的文件名,点击 Export。

另外,可以通过使用 Edit 菜单中的 Copy scene to clipboard 命令,将场景复制到剪贴板上,直接可以用于文件。

(二)输出场景到三维 VRML 模型中

(1)点击 File 菜单,将鼠标指向 Export Scene 并选择 3D,浏览要存储 VRML 模型的文件夹。

(2)输入 VRML 模型的文件名,点击 Export,场景输出到 VRML 文件中。

(三)打印场景

当需要场景硬拷贝时,可以打印场景。我们可以打印到默认打印机中,也可以改变页面设置,选择其他打印机,并指定打印的具体位置。

(1)点击 Print 工具,单击 Setup,在 Name 下拉列表中选择打印机。

(2)点击 Printer Page Size 下拉列表,选择页面尺寸。点击 Portrait 或 Landscape 选项,选择页面方向。点击 Printer Engine 下拉列表,选择打印引擎,点击"OK"。

第四章　遥感技术在小流域坝系监测中的应用

第一节　遥感技术的理论基础

一、遥感技术基础

遥感的理论基础主要是物理学,也涉及天文、大气、地理、地质、数学和计算机等学科。迄今为止,在各部门中应用的遥感技术大多是电磁波遥感。因此,可以说,遥感的理论基础是物理学,其核心是电磁波理论。

(一)遥感的概念

人类靠身体的感官感知外界事物,通过大脑加工认识外界事物,如眼睛看物体、耳朵听声音、皮肤感知冷暖。但是人的感官是有限的,如白天看一个人,10 m 可以看得清楚,100 m 就感到模糊,1 000 m 则几乎辨不清了。随着科学技术的发展,电磁波延长了人类的感官距离,于是产生了遥感。

遥感是 20 世纪 60 年代美国提出的技术用语,用来综合以前所使用的摄影测量、像片判读、地籍摄影而提出的。1972 年,随着第一颗地球观测卫星 Landsat 的发射成功,遥感迅速得到普及。

遥感是一种远离目标,通过非直接接触而判定、测量并分析目标性质的技术。"遥感"(Remote Sensing)是遥远感知事物的意思。广义地说,遥感包括电磁波遥感(光、热、无线电波)、力场遥感(重力、磁力)、机械波特征(声波、地震波)等。我们通常所说的遥感主要是指电磁波遥感。

遥感是指以电磁波(包括从紫外—可见光—红外—微波的范围)为媒介,在高空或外层空间,通过飞机或卫星等运载工具携带的各种传感器(如摄影仪、扫描仪、雷达等)来获取地表信息,通过数据的传输和处理、判释分析,来实现了解和研究地面物体的形状、大小、位置、性质及其与环境的相互关系的一门应用科学技术。

对目标进行信息采集主要是利用从目标反射或辐射的电磁波来实现的。接收从目标反射或辐射的电磁波的装置叫做遥感器(Remote sensor)。搭载这些遥感器的移动体叫做遥感平台(Platform),如飞机及人造卫星等。

(二)电磁波与辐射

波是振动在空间的传播。如声波、水波、地震波等都是振源发出的振动在弹性媒介中的传播,称为机械波。

电磁波是振源发出的电磁振动在空间的传播,是通过电场和磁场之间相互联系和转换传播的。根据麦克斯韦电磁场理论,空间任何一处只要存在着场,也就存在能量,变化着的电场能够在它的周期空间激起磁场,而变化的磁场又会在它的周围感应出变化的电场。这样,交变的电场和磁场相互激发并向外传播,闭合的电力线和磁力线就像链条一样,一个一个地套连着,在空间传播开来,形成了电磁波。在电磁波里,振荡的是空间电场矢量和磁场矢量。电场矢量和磁场矢量相互垂直,并且都垂直于电磁波传播方向(见图4-1)。

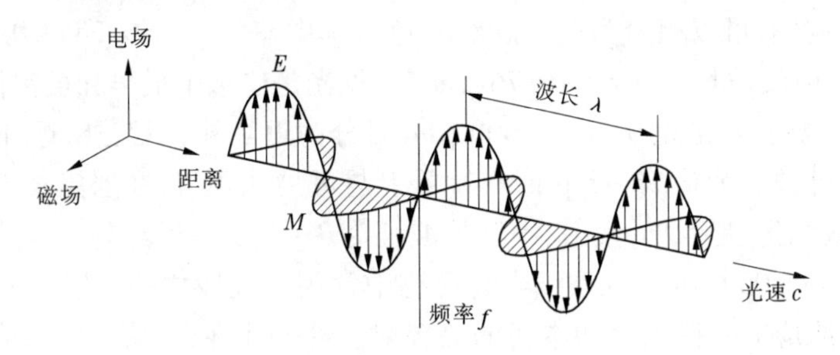

图4-1　电磁波示意图

电磁波的几个主要参量为周期(T)、频率(f)、波长(λ),则光速为:

$$c = \lambda f = \lambda / T \tag{4-1}$$

式中:c 为真空中的光速,即电磁波在空间传播的速度,$c = 3 \times 10^{10}$ cm/s。

电磁波中波段是两个波长之间的全体波长的集合;电磁辐射是电磁波在空间中的传播,分为入射、发射、反射、透射、散射、吸收;绝对黑体指能够将外来辐射能量全部吸收的物体;发射率是指地物单位面积上发射(辐射)能量与同一温度下同面积黑体发射能量之比值;反射率是地物的反射能量与入射总能量之比;透射率是地物的透射度与其表面的辐照度之比;吸收率是地物的吸收度与其表面的辐照度之比。

(三)电磁波谱

将各种电磁波在真空中的波长(或频率)按其长短依次排列制成的图表(见图4-2)叫做电磁波谱。波长由短到长依次叫 γ 射线、X 射线、紫外线、可见光、红外线、微波以及无线电波等。波长越短,电磁波的粒子性越强,直线性、指向性也越强。遥感中常用的电磁波段是可见光、红外线、微波,即通常说的三大波段。

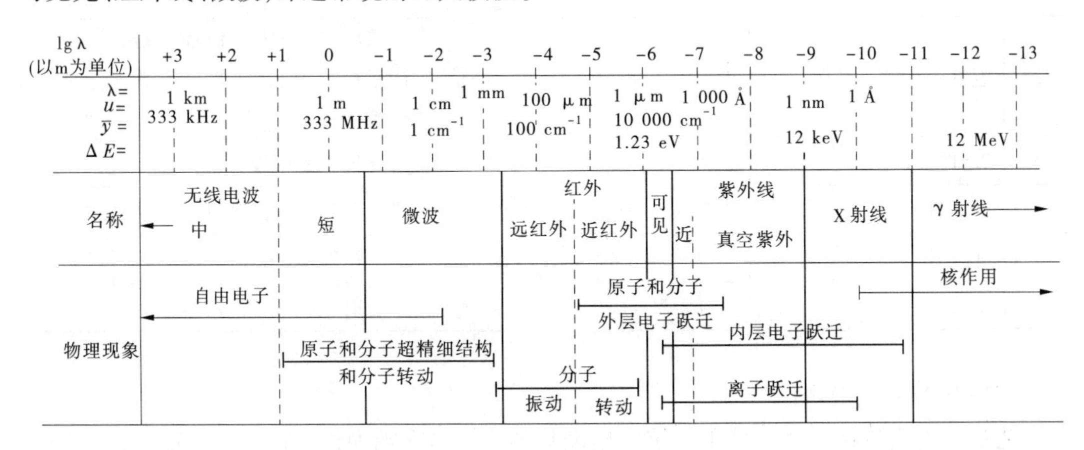

图4-2　电磁波谱

遥感所使用的电磁波的波长如下:

(1)紫外线。波长范围是0.01~0.38 μm,其中波长 $\lambda < 0.3$ μm 的能量被大气层吸收,可被使用的波长范围只有0.3~0.38 μm。由于紫外线在大气中传输时受到很大衰减,在

RS中很少被应用。一般只用来探测海面石油污染的范围和油膜厚度,以及测定碳酸盐岩分布。紫外线从空中可探测的高度<2 000 m,对高空遥感不适用。

(2)可见光。波长范围是0.38~0.76 μm,由红、橙、黄、绿、青、蓝、紫色光组成,是摄影方式常用的遥感波段,可以粗分为蓝、绿、红三色。其中蓝波长为0.38 ~0.50 μm;绿波长为0.50~0.60 μm;红波长为0.60~0.76 μm。可见光是遥感中最早和最常使用的波段。

(3)红外线。波长范围是0.76~1 000 μm,可分为近红外、中红外、远红外、超红外等4个光谱段。近红外波长为0.76~3 μm,在性质上与可见光相似,在遥感技术中采用摄影和扫描方式,可接收和记录近红外反射;中红外波长为3~6 μm;远红外波长为6~15 μm;超远红外波长为15~1 000 μm。红外线也是遥感中常用的波段之一,使用率仅次于可见光。红外遥感采用热感应方式探测地物本身的热辐射。红外线在云、雾、雨中传播时受到严重的衰减,因此红外RS不是全天候RS,不能在云、雾、雨中进行,但不受日照条件的限制。

(4)微波。即波长范围0.001~1 m的无线电波。微波和红外线两者的特征相似,都属于热辐射性质。微波能穿透云雾、小雨,是全天候遥感,昼夜均可进行。微波对植被、冰雪、干沙、干土均有较强的穿透力,常用来探测被冰雪、植被、沙土所遮掩的地物。

(四)大气窗口

电磁波在进入地球之前必须通过大气层,在通过大气层时,约有30%被云层和其他大气成分反射回宇宙空间,约有17%被大气吸收,22%被大气散射,仅有31%的太阳辐射直射到地面。电磁波在大气中传输时,通过大气层未被反射、吸收和散射的那些透射率高的波段范围,称为大气窗口。目前,遥感技术选用的大气窗口多为表4-1所列光谱段。在这六个光谱段内各种地物的反射和发射光谱可以很明显地区别开来。

表4-1 遥感中常用的大气窗口

序号	波段	波长范围	透射率(%)	特点
1	紫外线~可见光~近红外短波	0.30~1.3 μm	>70	反射光谱,用于扫描、摄影方式
2	近红外中波	1.40~1.90 μm	65~95	反射光谱,用于扫描、摄影方式,可用于扫描仪和光谱仪,不能用于胶片摄影
3	近红外长波	2.05~3.00 μm	>80	同近红外中波
4	中红外	3.50~5.50 μm	60~70	反射和发射光谱,用于扫描方式
5	远红外	8~14 μm	>80	热辐射,用于扫描仪和热辐射计
6	微波	8~25 cm	80~100	发射光谱,全天候,透射率高

(五)地物的光谱特性

地物的光谱特性是遥感技术的重要理论基础。因为它既为传感器工作波段的选择提供依据,又是遥感数据正确分析和判读的理论基础,同时也可作为利用电子计算机进行数字图像处理和分类时的参考标准。自然界中的任何地物都具有本身的特有规律,如具有反射、吸收外来的紫外线、可见光、红外线和微波的某些波段的特性;具有发射红外线、微波的特性(都能进行热辐射);少数地物具有透射电磁波的特性。

1. 地物的反射光谱特性

反射率大小与入射光的波长、入射角大小及地物表面粗糙度等有关。其中,地物的反射率随入射波长变化的规律是地物反射光谱特性的主要反映。一般地,反射率大,传感器记录的亮度值大,在像片上呈现的色调浅;反之,反射率小,传感器记录的亮度值小,在像片上呈现的色调深。

1)地物的反射率

地物的反射率指地物的反射能量与入射的总能量之比。辐射能量入射到任何地物表面上,会出现三种过程:反射、吸收、透射。

根据能量守恒定律:

$$P_\lambda = P_\rho + P_\alpha + P_\tau \tag{4-2}$$

式中:P_λ 为入射总能量;P_ρ 为地物的反射能量;P_α 为地物的吸收能量;P_τ 为地物的透射能量。

由式(4-2)可得:

$$P_\rho/P_\lambda + P_\alpha/P_\lambda + P_\tau/P_\lambda = 1 \tag{4-3}$$

设:$\rho = P_\rho/P_\lambda \times 100\%$,$\alpha = P_\alpha/P_\lambda \times 100\%$,$\tau = P_\tau/P_\lambda \times 100\%$,因此有:

$$\rho + \alpha + \tau = 1 \tag{4-4}$$

对于不透明的地物 $\tau = 0$,则 $\rho = 1 - \alpha$,因此表明,反射率高的地物,吸收率低。地物的反射率可以测定,吸收率通过反射率推求。

2)地物的反射光谱曲线

地物的反射光谱曲线反映地物的反射率随入射波长变化的规律。以波长为横坐标,反射率为纵坐标,绘成的曲线图称为地物反射光谱曲线。一般地,水的反射率很低,小于10%。纯净水的反射率在蓝光谱段最高。在可见光的大部分区域(0.38~0.70 μm)内,雪的反射率都很高。云的反射率与雪接近(在可见光到近红外短波段)。在近红外中波段(1.55~1.75 μm)和长波段(2.10~2.35 μm),云的反射率远远大于雪的反射率。

(1)植物:由图4-3可知在蓝光波段(0.38~0.50 μm)植物的反射率低,在绿色波段(0.50~0.60 μm)的中点0.55 μm左右,形成一个反射率小峰,这就是植物叶子呈绿色的原因。在红光波段(0.60~0.76 μm),起先反射率甚低,在0.65 μm附近达到一个低谷,随

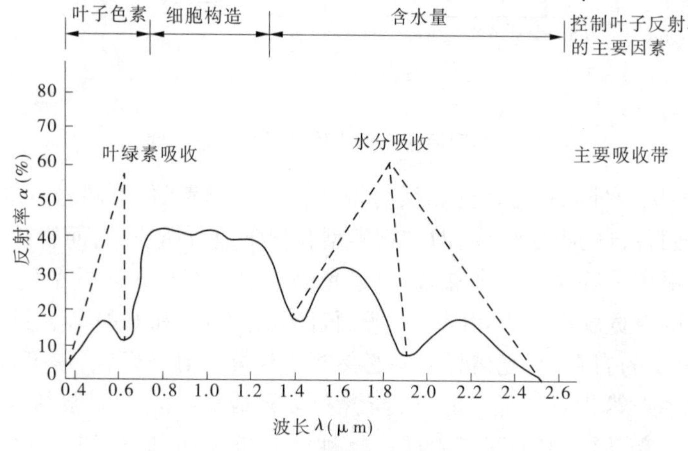

图4-3　植物反射光谱曲线

后又上升,在 0.70 ~ 0.80 μm 反射率陡峭上升,到 0.80 μm 附近达到最高峰。在波长较长的约 1.5 μm 和 1.9 μm 附近水的吸收波段中,可以明显看出反射率有一个跌落,其跌落的程度取决于叶子中水分的含量。影响植物反射率的主要因素包括叶色、细胞结构和含水量等。

(2)水体:太阳辐射到达水面后,一部分被水面直接反射回空中形成水面反射光,它的强度与水面状况有关,所以遥感器接收到的光包括水面反射光和水中光(当然还有天空散射光)(见图 4-4)。一般清水的反射率在可见光区都很低(仅在蓝光波段稍高),以后随波长增加而进一步降低,至 0.75 μm 以后的红外波段,水几乎成了全吸收体。泥沙含量很高的混浊水,在可见光区的反射率明显提高,提高的幅度随悬浮泥沙的浓度与粒径而增加。图 4-5展示了不同泥沙含量水样的光谱反射曲线。从图中可以看出,随着泥沙含量的增高,水体反射率急剧增高,其最高反射率则有自黄绿光区向红光和近红外区移动的趋势。因此,0.6 ~ 0.7 μm 是定量分析悬浮泥沙的最佳波段之一。据测定,0.47 ~ 0.55 μm 是遥感探测清洁水深的最佳波段。

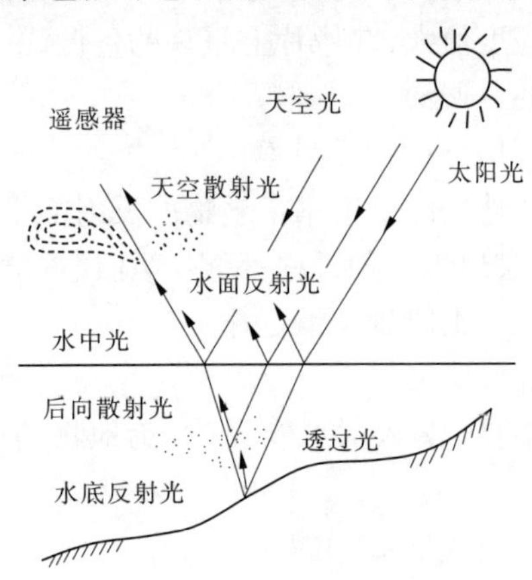

图 4-4　水体的反射光组成

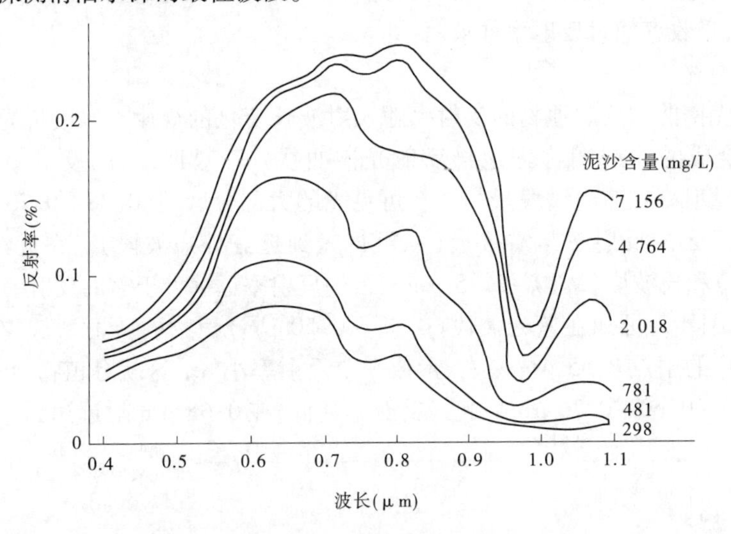

图 4-5　不同泥沙含量水体的反射光谱曲线

(3)岩石矿物:国内外大量岩矿光谱反射特性测试结果表明,不同岩石之间光谱反射率的差异,主要由它们各自的物质组成,即矿物类型和化学成分所决定,而岩矿中的铁离子、水分子、羟基和碳酸根离子等含量的多寡,则引起光谱反射曲线出现不同的特征谱带,其吸收谷的光谱位置、深度与宽度都各不相同。一般而言,凡是 SiO_2 和 CaO 等含量高的和以石英、长石等浅色矿物为主的岩石,其光谱反射率必然相对较高,而以铁、锰、镁等暗色矿物为主的岩石,其光谱反射率必然相对较低。此外,当含有多种成矿元素的岩浆热液侵入各种围岩时,常使围岩发生蚀变,形成多种蚀变岩矿。这种蚀变带往往具有羟基,在 2.2 μm 附近吸收较强,而在 1.6 μm 附近反射率相对较高,故这两个波段的比值处理常成为提取蚀变矿化信息的重要手段。识别岩石种类时多利用1.3～3.0 μm的短波红外区。

（4）土壤：光谱反射特性的差异与变化都取决于土壤的组成与表面状态，其中最为重要的是腐殖质含量，含量愈高，反射率愈低，光谱的曲线愈趋低平，这是总的规律。但应注意腐殖质的组分如胡敏酸、富里酸等之间的光谱特性差异颇大，对土壤光谱特性的影响也就有所不同。例如某些森林土壤形成的腐殖质常以浅色的富里酸为主要组分，其光谱反射率就比以暗黑色胡敏酸占优势的草原植被下发育的土壤光谱反射率高。当土壤中含大量的碳酸盐、可溶盐和硅等浅色矿物质时，必会大大提高其反射率，并出现明显的CO_3^{2-}、SO_4^{2-}等特征谱带的影响，铝铁与硅之比很高的红壤类土壤则将明显降低蓝紫光区的反射率而大大提高橙红光区的反射率，并出现Fe^{3+}特征谱带的影响。此外，土壤湿度对反射特性的巨大影响绝对不能忽视。可以认为，当土壤含水量超过凋萎系数而未达到最大田间持水量时，土壤光谱反射率随含水量的增高而下降，两者呈负相关；当土壤含水量超过最大田间持水量或降低到小于凋萎系数时，则反射率趋于稳定，变化幅度明显减小，甚至在可见光区还可能出现倒置现象。土壤的机械组成即质地与表面状况对光谱反射率也有明显影响。一般颗粒细、表面平滑板结的土壤其反射率都会不同程度地增高。

2. 地物的发射光谱特性

任何地物当温度高于绝对温度 -273.15 ℃时，组成物质的原子、分子等微粒在不停地做热运动，都有向周围空间辐射红外线和微波的能力，不断地向外发射电磁波。实际上，世界上任何物体的温度都高于 -273.15 ℃。所以，任何物体都有热辐射。

1）地物的发射率

地物的发射率与地物的性质、表面状况（如粗糙度、颜色等）有关，且是温度和波长的函数。例如同一地物，其表面粗糙或颜色较深的，发射率往往较高，表面光滑或颜色浅的，发射率则较小。不同温度的同一地物有不同的发射率（如石英在250 K时发射率为 -0.748，500 K时发射率为 -0.819）。物体表面温度主要受地物本身物理性质的影响，如地物的比热、热导率、热扩散率及热惯量等。

任何地物在一定温度下，不仅向空间发射红外辐射，而且还发射微波辐射，地物的微波辐射基本上和红外辐射相似，符合热辐射定律。但微波是低温状态下地物的重要辐射特性，其特点是地物的温度越低，微波辐射也就越明显。尽管微波辐射比红外辐射能量要弱得多，但可以用无线电技术经调谐和放大线路来接收。在相同条件下，一些地物在微波波段与红外波段发射率的比较见表4-2。目前，微波辐射在地学等领域正作为有力的探测手段，对其的研究也不断深入。

表4-2　不同地物微波波段与红外波段发射率的比较　（%）

地物	红外线		微波	
	4 μm	10 μm	3 mm	3 cm
水体	92	99	63	38
干沙	83	95	86	90
混凝土路面	91	91	92	86
沥青路面	92	92	98	98
钢	60～90	60～90	0	0

从表 4-2 中看出，不同地物之间微波发射率的差异要比红外发射率的差异明显。这样，在可见光、红外波段中不容易识别的一些地物，在微波波段中则容易识别。

2）地物发射光谱曲线

地物的发射率随波长变化的规律，称为地物的发射光谱。按地物发射率与波长间的关系绘成的曲线（横坐标为波长，纵坐标为发射率）称为地物发射光谱曲线。

图 4-6 是若干种岩浆岩的发射光谱曲线。从图中可见造岩硅酸盐矿物的吸收峰值主要出现在 9 ~ 11 μm 波段。岩石中二氧化硅（SiO_2）的含量对发射光谱的特征有直接的影响，其规律为：随着岩石中的 SiO_2 含量的减小，发射率的最低值（吸收的最大值）向长波方向迁移，其中英安岩吸收带位于 9. 3 μm 附近（SiO_2 含量为 68. 72%）；粗面岩（SiO_2 含量为 68. 60%）强吸收带位于 9. 6 μm 附近；霞石玄武岩和蛇纹岩（SiO_2 含量各为 40. 32% 和 39. 14%）强吸收带则分别在 10. 8 μm 和 11. 3 μm 附近。这种岩石的发射光谱特征，正是岩石的热红外遥感探测波段的选择依据。

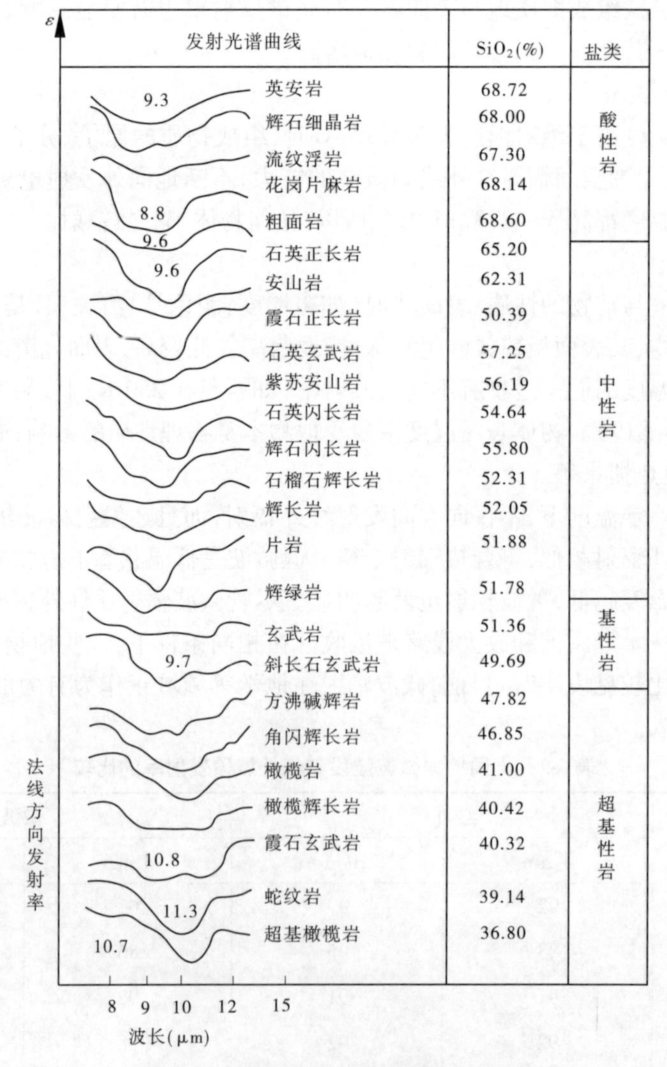

图 4-6　若干种岩浆岩的发射光谱曲线

3. 地物的透射光谱特性

有些地物(如水体和冰)具有透射一定波长的电磁波能力,通常把这些地物叫做透明地物。如水、冰、玻璃能称为透明物。地物的透射能力一般用透射率表示。透射率就是入射光透射过地物的能量与入射总能量的百分比,用#表示。地物的透射率随着电磁波的波长和地物的性质而不同。例如,水体对0.45~0.56 μm的蓝绿光波具有一定的透射能力,较混浊水体的透射深度为1~2 m,一般水体的透射深度可达10~20 m。又如,波长大于1 mm的微波对冰体具有透射能力。

一般情况下,绝大多数地物对可见光都没有透射能力。红外线只对具有半导体特征的地物才有一定的透射能力。微波对云、雾、冰、雪、干沙、干土和植被等具有较强的穿透能力,对岩石也能穿透一定深度,但不能穿透金属和水体。微波这种透射能力主要由入射波的波长而定。因此,在遥感技术中,可以根据它们的特性,选择适当的传感器来探测水下、冰下某些地物的信息。

二、遥感系统的组成及其特点

(一)遥感系统的组成

遥感是一门对地观测综合性技术,它的实现既需要一整套的技术装备,又需要多种学科的参与和配合,因此实施遥感是一项复杂的系统工程。根据遥感的定义,遥感系统包括信息源、信息获取、信息记录和传输、信息处理和信息应用五大部分(见图4-7)。

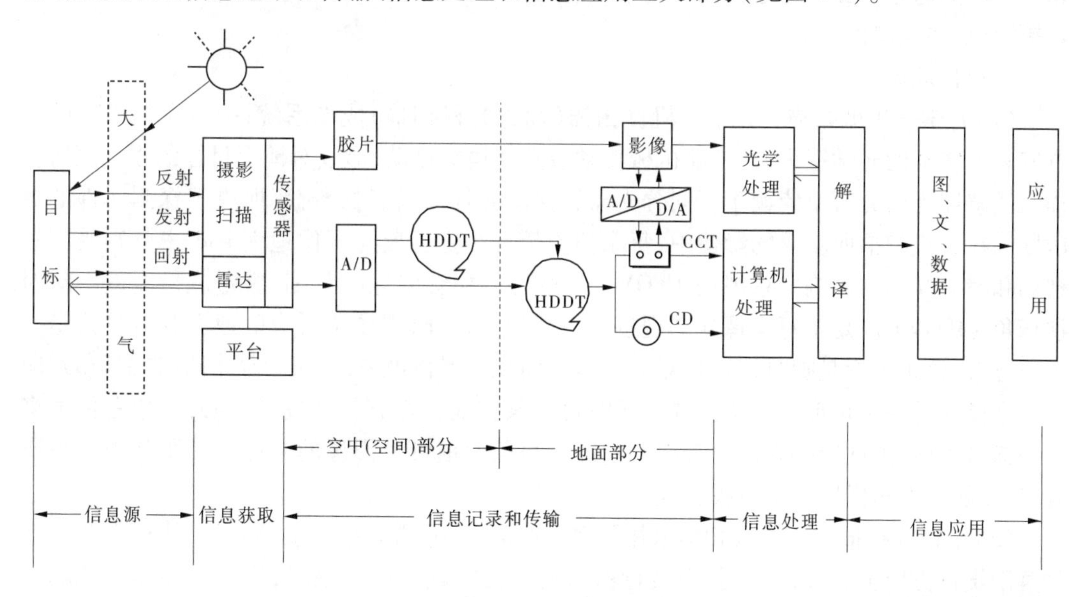

图 4-7　遥感系统的组成

(1)信息源。任何目标物都具有发射、反射和吸收电磁波的性质,这是遥感的信息源。信息源是遥感需要对其进行探测的目标物。任何目标物都具有反射、吸收、透射及辐射电磁波的特性,当目标物与电磁波发生相互作用时会形成目标物的电磁波特性,这就为遥感探测提供了获取信息的依据。

(2)信息获取。信息获取是指运用遥感技术装备接收、记录目标物电磁波特性的探测过程。信息获取所采用的遥感技术装备主要包括遥感平台和传感器。其中遥感平台是用来搭载传感器的运载工具,常用的有气球、飞机和人造卫星等;传感器是用来探测目标物电磁波特性的仪器设备,常用的有照相机、扫描仪和成像雷达等。

(3)信息记录和传输。传感器接收到目标地物的电磁波信息,记录在数字磁介质或胶片上。胶片由人或回收舱送至地面回收,而数字磁介质上记录的信息则可通过卫星上的微波天线传输给地面的卫星接收站。

(4)信息处理。信息处理是指运用光学仪器和计算机设备对所获取的遥感信息进行校正、分析和解译处理的技术过程。信息处理的作用是通过对遥感信息的校正、分析和解译处理,掌握或减小遥感原始信息的误差,梳理、归纳出被探测目标物的影像特征,然后依据特征从遥感信息中识别并提取所需的有用信息。

(5)信息应用。信息应用是指专业人员按不同的目的将遥感信息应用于各业务领域的使用过程。信息应用的基本方法是将遥感信息作为地理信息系统的数据源,供人们查询、统计和分析利用。遥感的应用领域十分广泛,在水土保持中主要的应用有土地利用调查、土壤侵蚀普查、水土保持措施调查、水土流失监测、水土保持措施监测、骨干工程选址等。

(二)光学成像类型

光学照相机是最早的一种遥感器,也是今天常见的一种遥感器。它的工作波段为近紫外到近红外(0.32~1.3 μm),对不同波段的感应决定于相机的分光单元和胶片类型。空间分辨率决定于光学系统的空间分辨率和胶片里所含银盐颗粒的大小。空间分辨率高是光学相机获取的遥感影像的普遍特性。用于遥感的光学相机有以下几种类型:分幅式摄影机、全景摄影机、多光谱摄影机等。

1.扫描成像类型

(1)光学—机械扫描。光学—机械扫描(简称光机扫描)成像系统,一般在扫描仪的前方安装可转动的光学镜头,并依靠机械传动装置使镜头摆动,形成对地面目标的逐点逐行扫描。遥感器光谱分辨率依赖于不同分光器和探测元件,其辐射分辨率取决于探测元件的灵敏度。在光机扫描所获得的影像中,每条扫描带上影像宽度与图像地面分辨率分别受到总视场和瞬时视场的影响。总视场(FOV)是遥感器能够受光的范围,决定成像宽度。瞬时视场角(IFOV)决定了每个像元的视场。一般说来,瞬时视场角对应的地面分辨单元是一个正方形,该正方形是瞬时视场角对应的地表面积。严格说来,光机扫描中瞬时视场角对应的每个像元是一个矩形。光机扫描成像时每一条扫描带都有一个投影中心,一幅图像由多条扫描带构成,因此遥感影像为多中心投影。每条扫描带上影像的几何特征服从中心投影规律,在航向上影像服从垂直投影规律。

(2)推帚式扫描。推帚式扫描采用线列(或面阵)探测器作为敏感元件,线列探测器在垂直于飞行方向上做 X 向排列,当飞行器向前飞行完成 Y 向扫描时,线列探测器就像刷子扫地一样实现带状扫描,推帚式扫描由此而得名。与光学—机械扫描相比,推帚式扫描代表了更为先进的遥感器扫描方式。它具有感受波谱范围宽、元件接收光照时间长、无机械运动部件、系统可靠性高、噪声低、畸变小、体积小、重量轻、动耗小、寿命长等一系列优点。SPOT卫星上搭载的高分辨率传感器(HRV)就是采用推帚式扫描系统。SPOT 图像上空间分辨率由相邻光敏元件中心点间距确定(像素分辨率),卫星在标准轨道高度上飞行时,SPOT 图像上像素分辨率在全色波段为 13 μm,多光谱波段为 26 μm,对应地面分辨率分别为 10 m×10 m 和 20 m×20 m,其空间分辨率高于陆地卫星上的 TM 图像。SPOT-5 卫星于 2002

年5月3日晚上由阿里亚娜4型火箭送入太空。与前4颗SPOT卫星相比，SPOT-5卫星有较大改进，并携带有新的仪器设备。其中包括：①高分辨率立体成像仪，这是新增加的最重要的仪器设备，它能同时获取两幅图像，因此可用于制作更为精确的地形图和高程图；②两台高分辨率几何成像仪，通过把2张5 m分辨率图像相叠加的技术，可把全色图像分辨率提高到2.5 m；③植被相机，几乎每天可实现全球覆盖，图像的分辨率为1 km 。

2. 成像光谱仪

成像光谱仪是遥感领域中的新型遥感器，它把可见光、红外波谱分割成几十个到几百个波段，每个波段都可以取得目标图像，同时对多个目标图像进行同名地物点取样，取样点的波谱特征值随着波段数改变，波段数愈多愈接近于连续波谱曲线。这种既能成像又能获取目标光谱曲线的“谱像合一”的技术称为成像光谱技术，按该原理制成的遥感器称为成像光谱仪。

这类成像光谱仪的特点是，探测器积分时间长，像元的凝视时间增加，可以提高系统灵敏度或空间分辨率；在可见光波段，由于目前器件成熟、集成程度高，光谱仪的分辨率也可以提高到1~2 nm的水平；成像部件无需机械运动，仪器体积比较小。目前在可见光、近红外波段，此类成像光谱仪很多，有的已经达到商品化的水平。其主要不足之处是，受器件限制，短波红外灵敏度还不理想，热红外暂时不可能。具有代表性的面阵推帚型机载成像光谱仪是加拿大的CASI系统，中国研制的成像光谱仪PHI也属于这种类型。成像光谱仪影像的光谱分辨率高，每个成像波段的宽度可以精确到0.01 mm，有的甚至到0.001 mm 。成像光谱仪获得的数据不是传统意义上某个多光谱波段内辐射量的总和，它可以看成是对地物连续光谱中抽样点的测量值。一些在宽度波段遥感中不可探测的物质，在高光谱遥感中有可能被探测出来。

3. 微波成像系统

在电磁波谱中，波长在0.001~1 m的波段范围称为微波。微波遥感是研究微波与地物相互作用机理以及利用微波遥感器获取来自目标地物发射或反射的微波辐射，并进行处理分析与应用的技术。微波遥感分为主动微波遥感与被动微波遥感。微波成像系统主要以成像雷达为代表，它属于主动微波遥感。

(1)真实孔径侧视雷达(Real Aperture Radar，简称RAR)。孔径(aperture)的原意是光学相机中打开快门的直径。在成像雷达中沿用这个术语，其含义变成了雷达天线的尺寸。真实孔径侧视雷达是按雷达具有的特征来命名的，它表明雷达采用真实长度的天线接收地物后向散射并通过侧视成像。

RAR工作原理如下：在最简单的实现方法中，距离分辨率是利用发射的脉冲宽度或持续时间来测定的，最窄的脉冲能产生最优的分辨率。在典型的二维微波图像中，距离是沿雷达平台的航迹测量的，雷达通过天线发射微波波束，微波波束的方向垂直于航线方向，投在一侧形成窄长的一条辐射带。波束遇到地物后发生后向散射，雷达上的接收机通过雷达天线按时间顺序先后接收到后向散射信号，并按次序记录下后向能量的强度，在此基础上计算机算出距离分辨率。方位与距离保持垂直，方位分辨率与波束锐度成正比关系。正如光学系统需要大的透镜或镜像来获得较优分辨率一样，工作在极低频率上的雷达也需要较大的天线或孔径来产生高分辨率的微波图像。

(2)合成孔径侧视雷达(Synthetic Aperture Radar，简称SAR)。合成孔径侧视雷达就是利用雷达与目标的相对运动把尺寸较小的真实天线孔径用数据处理的方法合成一个较大的等效天线孔径的雷达。合成孔径侧视雷达是对真实孔径侧视雷达(RAR)的技术创新的产物。

SAR 的工作原理如下:利用合成孔径替代真实孔径,提高雷达的方位分辨率。合成孔径的设计思想就是通过一定的信号处理方法,使得合成孔径雷达的等效孔径长度相当于一个很长的真实孔径雷达的天线。由于合成孔径等于目标处于同波束内雷达所行进的距离,因此它是一个虚拟的天线长度,合成孔径雷达提高了方位分辨率。

通过合成孔径技术可以提高方位分辨率,但无法解决距离分辨率提高的问题。距离分辨率是根据区分相邻两点之间的回波延时和多普勒频移来实现的,于是 RAR 和 SAR 利用线性调频技术解决时带的矛盾,进而提高距离分辨率。

(三)遥感的分类

为了便于专业人员研究和应用遥感技术,人们从不同的角度对遥感作如下分类:

(1)按搭载传感器的遥感平台分类。根据遥感探测所采用的遥感平台不同可以将遥感分为:地面遥感,即把传感器设置在地面平台上,如车载、船载、手提、固定或活动高架平台等;航空遥感,即把传感器设置在航空器上,如气球、航模、飞机及其他航空器等;航天遥感,即把传感器设置在航天器上,如人造卫星、宇宙飞船、空间实验室等。

(2)按遥感探测的工作方式分类。根据遥感探测的工作方式不同可以将遥感分为:主动式遥感,即由传感器主动地向被探测的目标物发射一定波长的电磁波,然后接收并记录从目标物反射回来的电磁波;被动式遥感,即传感器不向被探测的目标物发射电磁波,而是直接接收并记录目标物反射太阳辐射或目标物自身发射的电磁波。

(3)按遥感探测的工作波段分类。根据遥感探测的工作波段不同可以将遥感分为:紫外遥感,其探测波段在 0.3 ~ 0.38 μm;可见光遥感,其探测波段在 0.38 ~ 0.76 μm;红外遥感,其探测波段在 0.76 ~ 14 μm;微波遥感,其探测波段在 0.001 ~ 1 m;多光谱遥感,其探测波段在可见光与红外波段范围之内,但又将这一波段范围划分成若干个窄波段来进行探测;高光谱遥感,其探测波段在紫外到中红外波段范围内,并且也将这一波段范围划分成许多非常窄且光谱连续的波段来进行探测。

(4)按遥感探测的应用领域分类。根据遥感探测的应用领域,从宏观研究角度可以将遥感分为:外层空间遥感、大气层遥感、陆地遥感、海洋遥感等;从微观应用角度可以将遥感分为:军事遥感、地质遥感、资源遥感、环境遥感、测绘遥感、气象遥感、水文遥感、农业遥感、林业遥感、渔业遥感、灾害遥感及城市遥感等。

(四)遥感技术的特点

遥感技术是自 20 世纪 70 年代起迅速发展起来的一门综合性探测技术。遥感技术发展速度之快与应用广度之宽是始料不及的。仅经过短短 30 多年的发展,遥感技术已广泛应用于水土保持、资源和环境调查与监测、军事应用、城市规划等多个领域。究其原因,在于遥感技术具有以下三个方面的特点:

(1)探测范围广、采集数据快。遥感探测能在较短的时间内,从空中乃至宇宙空间对大范围地区进行对地观测,并从中获取有价值的遥感数据。这些数据拓展了人们的视觉空间,为宏观地掌握地面事物的现状创造了极为有利的条件,同时也为宏观地研究自然现象和规律提供了宝贵的第一手资料。这种先进的技术手段与传统的手工作业相比是不可替代的。

(2)能动态反映地面事物的变化。遥感探测能周期性、重复地对同一地区进行对地观测,这有助于人们通过所获取的遥感数据,发现并动态地跟踪地球上许多事物的变化。同时,能研究自然界的变化规律,尤其是在监视天气状况、自然灾害、环境污染甚至军事目标等方面,遥感的运用显得格外重要。

(3)获取的数据具有综合性。遥感探测所获取的是同一时段、覆盖大范围地区的遥感数据,这些数据综合地展现了地球上许多自然与人文现象,宏观地反映了地球上各种事物的形态与分布,真实地体现了地质、地貌、土壤、植被、水文、人工构筑物等地物的特征,全面地揭示了地理事物之间的关联性,并且这些数据在时间上具有相同的现势性。

(五)遥感技术发展趋势

目前,世界范围内遥感技术的发展趋势表现在以下几方面:

(1)进行地面、航空、航天的多层次综合遥感,建立地球环境卫星观测网络,系统地获取地球表面不同分辨率的遥感图像数据。

(2)传感器向电磁波谱全波段覆盖,立体遥感,器件固定化、小型化,高分辨率,高灵敏度与高光谱方向发展。

(3)遥感图像信息处理实现光学—电子计算机混合处理及实时处理,图像处理与地学数据库结合,建立遥感信息系统,引进人工神经网络、小波变换、分形技术、模糊分类与专家系统等技术和理论,进行自动分类与模式识别。

(4)加强地物波谱形成机制与遥感信息传输理论研究,建立地物波谱与影像特征的关系模型,以实现遥感分析解译的定量化和精确化。

(5)遥感(Remote Sensing,简称 RS)、地理信息系统(Geographic Information System,简称 GIS)与全球定位系统(Global Positioning System,简称 GPS)相互依存,共同发展,构成一体化的技术体系,被广泛地应用于资源开发利用、环境治理评估、区域发展规划、市政工程建设和交通安全管理等领域,成为资源环境、地球科学、测绘勘探、农林和水利部门开展工作的重要技术方法和辅助决策手段。

三、常用的卫星遥感数据

根据目前遥感发展的趋势以及航天遥感具有探测范围大、时间短、相对经费少等特点,我们水土保持工作目前使用的主要是航天遥感中卫星遥感的产品,这里介绍几种常用的卫星遥感数据。

(一)美国陆地卫星(Landsat)

美国国家航空航天局(NASA)在 1967 年制订了“地球资源技术卫星”计划(ERTS),1975 年卫星发射前改为“陆地卫星”计划,共发射了 7 颗卫星,到 1987 年陆地卫星 Landsat-1 ~ Landsat-4停止使用,陆地卫星 Landsat-5 仍在使用,陆地卫星 Landsat-6 于 1993 年 10 月 5 日发射,两天后失踪。陆地卫星 Landsat-7 于 1999 年发射(见表 4-3)。在陆地卫星上的传感器有摄影方式和扫描方式两种,且在不同 Landsat 上的传感器不同。

(1)轨道参数。Landsat-4、Landsat-5 的飞行高度为 705 km,它用 16 天时间对整个地球观测一遍,第 17 天返回到同一地点上空。

(2)观测仪器。搭载多光谱扫描仪(MSS)和专题扫描仪(TM)两种传感器(见表 4-4),都采用扫描镜进行机械扫描的方式,MSS 的空间分辨率为 80 m,TM 的分辨率除 6 波段的热红外以外其他均为 30 m。地面上的观测宽度约 185 km。Landsat-6 卫星以后仅搭载 ETM,

并追加分辨率为 15 m 的全色波段。

表 4-3　美国陆地卫星 Landsat 的系统特征

卫星	发射时间（年－月－日）	退役时间（年－月－日）	PBV 波段	MSS 波段	TM 波段	轨道
Landsat－1	1972－07－23	1978－01－06	1～3（同步摄像）	4～7	无	18 天/900 km
Landsat－2	1975－01－22	1982－02－25	1～3（同步摄像）	4～7	无	18 天/900 km
Landsat－3	1978－03－05	1983－03－31	A. D（单波段并行同步摄像）	4～8	无	18 天/900 km
Landsat－4	1982－07－16	1987－07	无	1～4	1～7	16 天/705 km
Landsat－5	1984－03－01	正在运行	无	1～4	1～7	16 天/705 km
Landsat－6	1993－10－05	发射失败	无	4～7	1～7 全色波段（ETM）	16 天/705 km
Landsat－7	1999－04－15	正在运行	无	4～7	1～7 全色波段（ETM^{+}）	16 天/705 km

表 4-4　MSS 及 TM 的传感器观测参数

遥感器	波段	波长（μm）	空间分辨率（m）
MSS	4	0.5～0.6 绿色	80
	5	0.6～0.7 红色	80
	6	0.7～0.8 近红外	80
	7	0.8～1.1 近红外	80
TM	1	0.45～0.52 蓝色	30
	2	0.52～0.60 绿色	30
	3	0.63～0.69 红色	30
	4	0.76～0.90 近红外	30
	5	1.55～1.75 短波红外	30
	6	10.4～12.5 热红外	120
	7	2.08～2.35 短波红外	30

（3）数据参数。MSS、TM 的数据以景为单元，1 景约相当地面上 185 km×185 km 的面积。数据通常用 CCT 提供给用户，在 CCT 上，每个数据单位（称为像元）是把与遥感器的分辨率几乎相同的地面面积上的反射亮度强度记录到每个波段上，各波段强度用 8 比特的数值来表示。

（4）数据的利用。Landsat 数据被世界上 15 个地点的地面站所接收，主要应用于陆地的资源探查、环境监测。TM 数据包括其热红外波段在内对沿岸地区的环境监测也很有效。

数据分发也在世界各国进行,它是现在利用最为广泛的地球观测数据。

(5)Landsat-7参数。Landsat-7于1999年4月15日发射。其获取数据的地理范围、空间分辨率、校正精度和光谱特性与以前一致。轨道高度705 km,运行周期98.9 min,16天覆盖地球一次,共233圈。星下点像宽185 km。

(6)专题绘图仪TM光谱段功能见表4-5,可以看出,波段1对土壤和植被比较敏感,而土壤水分和地质对波段5比较敏感,通过这样的分析便于今后的研究工作。

表4-5 专题绘图仪TM光谱段功能

光谱波段	波长(μm)	功能
1	0.45~0.52 蓝绿色	绘制水系图和森林图,识别土壤和常绿、落叶植被
2	0.52~0.60 绿色	探测健康植物绿色反射率和反映水下特征
3	0.63~0.69 红色	测量植物叶绿素吸收率,进行植被分类
4	0.76~0.90 近红外	用于生物量和作物长势的测定
5	1.55~1.75 短波红外	土壤水分和地质研究,以及从云中区分出雪
6	2.08~2.35 短波红外	用于城市土地利用,岩石光谱反射及地质探矿
7	10.4~12.5 热红外	植物受热强度和其他热图测量

(二)地球观测试验卫星(SPOT)

法国及比利时、瑞典等欧盟国家设计研制,1986年2月22日由法国的阿丽安娜(Ariane)火箭送入太空,代号为SPOT-1。到目前SPOT计划已经发射了5颗卫星,SOPT-3于1993年发射。SPOT-5于2002年发射,有效载荷为2台高几何分辨率遥感器(HRG),其影像分辨率设计为全色波段5 m,多光谱10 m。SPOT卫星研制起步较晚,但由于采用了具有特色的设计思想和技术,其很快在民用对地观测领域占有一席之地。它搭载2台高分辨率遥感器HRV,具有通过斜视进行立体观测等优点(见表4-6)。

(1)轨道参数。采用高度为830 km,回归天数为26天,但由于采用倾斜观测,所以实质上可以对同一地区用4~5天的间隔进行观测。

(2)观测仪器。HRV的观测不像Landsat那样采用扫描镜,而是采用CCD电子式扫描。它具有多光谱(XS)和全色(PA)两种模式,在全色波段有10 m的高分辨率。通过用不同的观测角观测同一地区,可以得到立体视觉效果,并得到较高的B/H比,所以能够进行高精度的高程测量。

(3)数据参数。HRV数据的1景在垂直观测时为60 km×60 km,在倾斜观测时,横向最大达81 km。各景位置由列号(K)和行号(J)的交点(节点)确定。各节点以两台HRV遥感器同时垂直观测时的位置为基础确定,奇数的K对应HRV1,偶数的K对应HRV2。

(4)数据应用。SPOT的观测数据现在被世界上14个地点的地面站所接收,数据的应用目的与Landsat数据同样,以陆地为主,但由于它的高分辨率,也用于地图制作。通过立体观测和高程测量,可以制作比例尺为1∶5万的地形图,也可通过图像判读来制作土地利用图等。通过全色波段与多种数据的合成制作高分辨率卫星像片也很盛行,它可用于代替航空像片。

表 4-6 地球观测试验卫星(SPOT)及其传感器概况

卫星	发射时间(年－月)	轨道高度(km)	传感器	谱段(μm)	空间分辨率(m)	寿命	扫描宽度(km)
SPOT－1 SPOT－2 SPOT－3	1986－02 1990－01 1993－09	822 822 822	2 HRV	0.50～0.59 0.61～0.68 0.78～0.89 0.50～0.73(Pan)	20 20 20 10	3 年	60×60
SPOT－4	1998－03	822	2 HRVIR	0.50～0.59 0.61～0.68 0.78～0.89 1.58～1.75(SWIR) 0.61～0.68(Pan)	20 20 20 20 10	5 年	60×60
			VEGETATION	0.45～0.52 0.61～0.68 0.78～0.89 1.58～1.75	1 000 1 000 1 000 1 000		2250
SPOT－5	2002－05	822	2 HRG	0.50～0.59 0.61～0.68 0.78～0.89 1.58～1.75(SWIR) 0.48～0.71(Pan)	10 10 10 20 5→2.5	5 年	
			VEGETATION	同 SPOT－4	1 000		2 250
			1 HRS	0.49～0.69	10→5		600×120

(5)SPOT(HRV 传感器)图像的主要特征。①垂直图像每幅为近似于正方形的菱形，每边对应于地面 60 km 的长度；倾斜图像横向宽度对应于地面宽度为 60～80 km。②整幅图像为动态多主纵线中心投影集合图像。③在正常情况下以垂直观测图像覆盖全球；当有某些特殊要求时，也可以调整瞄准轴而获得一些倾斜观测图像。④相邻轨道垂直图像间的旁向重叠，在赤道为 4.3 km 左右，越走向两极旁向重叠越大。在垂直观测时，两台 HRV 的图像之间重叠为 3 km，固定不变。⑤SPOT 处在不同轨道上时，可对同一地区从不同角度观测成像，得到立体像对，这有利于摄影测量、形态地学及水文等方面的研究。⑥地面几何分辨率较高，多波段为 20 m，全色为 10 m(均指星下点)。⑦全色波段包括绿、黄、橙、红直至深红光，但不包括青、蓝、紫光。多波段的 XS1、XS2、XS3 相当于 TM2、TM3、TM4。HRV 缺少与 TM1、TM5、TM6、TM7 相对应的波段。

(三)几种主要的对地观测商用小卫星简介

根据卫星的质量划分，一般将 1 000 kg 以下的卫星称为小卫星。其中，500～1 000 kg 的称为小卫星，100～500 kg 的称为超小卫星，10～100 kg 的称为微型卫星，1～10 kg 的称为纳米卫星，0.1～1 kg 的称为皮卫星，小于 0.1 kg 的称为飞卫星。

小卫星由于质量和体积大大减小，研制周期大大缩短，成本大幅度下降，随着传感器的发展，探测技术已相当先进，例如小型战术成像卫星的地面分辨率已达到 1 m 以内，覆盖几百公里的宽度，相当于过去的大侦察卫星，而质量却只有 200～300 kg，寿命可达 5 年。因此,世界上已经有十多个国家涉足小卫星研制领域,美国、俄罗斯、法国、英国、意大利都有了自己的小卫星平台或星座。印度、韩国、瑞典、丹麦、巴西、西班牙、以色列等许多中小国家也都以研制小卫星为切入点,带动航天技术的发展。我国的台湾也发射了对地观测小卫星。

1. 美国 IKONOS 卫星

1999 年 9 月 24 日,由美国太空图像公司(Space Imaging)所研制的全球首颗高分辨率地球观测卫星 IKONOS 发射升空,于 2000 年 1 月开始正式投入使用。IKONOS 卫星轨道高度 675 km,轨道倾角 98.2°,太阳同步轨道。卫星每天绕地球飞行 14 圈,3 天可以对地面上的任一地区进行一次拍摄(见表 4-7)。卫星上的相机装置质量为 170 kg,具有 1 m 的空间分辨率;因此,凡地面上大于 1 m 的物体,如汽车、树木、农作物等,在卫星影像中都可以清楚地被判读。Space Imaging 公司提供三种图像数据产品：1 m 分辨率的全色图像,4 m 分辨率的多波段图像和 1 m 分辨率的全色增强图像。

表 4-7　IKONOS 卫星主要成像参数

项目	全色波段	多光谱
分辨率	1 m	4 m
波长	0.45 ~ 0.90 μm	0.45 ~ 0.53 μm
		0.52 ~ 0.61 μm
		0.64 ~ 0.72 μm
		0.77 ~ 0.88 μm
量化值	11 位	11 位
成像模式	单景 11 km × 11 km	单景 11 km × 11 km
轨道高度	680 km	680 km
重访周期	3 天	3 天

IKONOS 卫星所接收的数字图像可以分为三类:①全色影像(Panchromatic),即黑白图像,全色波段范围 0 45 ~ 0.90 μm。其地面分辨率为 1 m,换言之,只要地面上大于 1 m 的地物、地貌,都可以在影像中被判读。因此,利用 IKONOS 图像可以识别高速公路上的车辆。②多光谱影像(Multispectral),即彩色影像。其地面分辨率为 4 m,包括了蓝色可见光(波段 1, 0.45 ~ 0.53 μm)、绿色可见光(波段 2, 0.52 ~ 0.61 μm)、红色可见光(波段 3, 0.64 ~ 0.72 μm)和近红外(波段 4, 0.77 ~ 0.88 μm)等 4 个波段。③1 m 彩色影像,是将 1 m 全色影像与 4 m 多光谱影像合成后,制作成分辨率为 1 m 的彩色合成影像。

IKONOS 卫星的全景图像为 11 km × 11 km,实际图像的大小可以根据用户的要求拼接和调整。影像已被广泛地应用在政府、商业活动及学术研究等方面,如地图绘制、道路规划、无线通信、土地利用、自然资源管理、森林监测、土地估价等领域。水土保持界也有应用,例如,黄河水土保持监测中心在对陕西延安麻庄流域进行水保遥感调查时采用的就是这个影像。

2. 美国快鸟卫星(QuickBird)

2001 年 10 月 18 日,美国数字地球公司(DigitalGlobe,此前名为地球观测公司 Earth Watch)应用波音公司的 DELTA - 2 运载火箭在范登堡空军基地将快鸟(QuickBird)卫星射入了轨道。快鸟质量约 1 029 kg,采用太阳同步轨道,轨道高度为 450 km,轨道倾角 98°。绕地一周需 93.4 min，轨道重复周期为 1 ~ 6 天(因不同纬度各异)，对地观测幅宽 16.5 km(见表 4-8)。中国科学院遥感卫星地面站提供三种级别的图像产品：基础产品(1B)、标准产品(2A)、正射产品。

表 4-8　QuickBird 传感器主要成像参数

成像方式	推扫式成像	
传感器	全波段	多光谱
分辨率	0.61 m	2.44 m
波长	0.445 ~ 0.90 μm	蓝：0.45 ~ 0.52 μm
		绿：0.52 ~ 0.60 μm
		红：0.63 ~ 0.69 μm
		近红外：0.76 ~ 0.99 μm
量化值	11 位	
成像模式	单景 16.5 km × 16.5 km	条带 16.5 km × 165 km
轨道高度	450 km	
重访周期	1 ~ 6 天(70 cm 分辨率，取决于纬度高低)	

快鸟的图像包括两种：①全色波段，0.445 ~ 0.90 μm，地面分辨率为 0.61 m。②多光谱图像，有蓝(0.45 ~ 0.52 μm)、绿(0.52 ~ 0.60 μm)、红(0.63 ~ 0.69 μm)、近红外(0.76 ~ 0.90 μm)4 个波段，地面分辨率为 2.44 m。

QuickBird 卫星的全景图像为 16.5 km × 16.5 km，实际图像的大小可以根据用户的要求拼接和调整。影像已被广泛地应用在政府、商业活动及学术研究等方面，如地图绘制、道路规划、无线通信、土地利用、自然资源管理、森林监测、土地估价等领域。水土保持界也有应用，例如，我们研究的黄土高原小流域坝系监测方法和评价系统中就应用了此遥感影像。

3. 航天清华一号微型卫星

2000 年 6 月 28 日，清华大学和英国萨瑞大学、中国航天机电集团公司联合研制的清华航天一号微小卫星顺利发射升空，并准确进入 700 km 近地轨道，目前卫星运行状态良好，姿态调整工作正顺利进行。航天清华一号微小卫星质量仅 50 kg，体积为 0.67 m^3。它上岗后可分别监视农作物生长、沙漠化程度、赤潮灾情、森林火灾等，为农业部、国土资源部、水利部等部门提供丰富的遥感资料。

第二节　遥感图像处理

遥感技术的目的是获得地物的几何属性和物理属性。原始的遥感图像并不能提供实现这个目的所需的准确而完备的条件。为了实现这个目的，原始遥感影像需要经过图像处理，来消除成像过程中的误差，改善图像质量。

遥感图像处理包括以下几个阶段：图像的校正(预处理)、图像的变换、图像的增强、图像的分类。

对 QB 影像进行图像处理，可根据中国科学院地面卫星接收站提供的数据进行裁剪、拼接和几何校正。

一、遥感图像处理理论

(一)遥感图像的校正

遥感成像过程中受多种因素的影响，致使遥感图像质量衰减。遥感图像数据的校正处理就是消除遥感图像因辐射度失真、大气消光和几何畸变等造成的图像质量的衰减。遥感图像质量衰减产生的原因和作用结果都不相同，因此一般采用不同的校正处理方法。

1. 辐射校正

辐射校正是指针对遥感图像辐射失真或辐射畸变进行的图像校正。由于这种校正是通过纠正辐射亮度的办法来实现的，因此称为辐射校正。

(1)造成遥感图像辐射畸变的因素。主要是:遥感器的灵敏度特性;太阳高度及地形。

(2)辐射校正的方法。总的来说，辐射校正的方法有两种。一是分析辐射失真的过程，建立辐射失真的数学模型，然后对此数学模型求逆过程，用此逆过程求得遥感图像失真前的图像;二是利用实地测量的地物的真实辐射值寻找实测值与失真之后的图像之间的经验函数关系，从而得到辐射校正的方法。显然，第一种校正方法是与失真过程有关的;第二种校正方法是与失真过程无关的。

2. 大气校正

为消除由大气的吸收、散射等引起失真的辐射校正，称为大气校正。

(1)影响遥感图像辐射失真的大气因素:大气的消光(吸收和散射)、天空光(大气散射)照射 、路径辐射等。

(2)大气校正方法:常用的大气校正方法有两类。一类为基于理论模型的方法，该方法必须建立大气辐射传递方程，在此基础上近似地求解;另一类为基于经验或统计的方法，如回归分析方法。

利用大气辐射传输方程来建立大气校正模型在理论上是可行的。实现精确的大气校正，必须找到每个波段像元亮度值和地物反射率的关系。这需要知道模型中成像时刻气溶胶的密度、水汽的浓度等大气参数。在现实中，一般很难得到这些数据，需要专门的观测来准确地测量这些数据，因此其方法应用受到一定限制。

3. 几何校正

校正遥感图像成像过程中所造成的各种几何畸变称为几何校正。

1)影响几何畸变的因素

影响图像几何畸变的因素主要有以下几个方面:

(1)遥感器的内部畸变。主要是由遥感器结构引起的畸变，如遥感器扫描运动中的非直线性等。

(2)遥感平台的运行状态。它包括由于平台的高度变化、速度变化、轨道偏移及姿态变化引起的图像畸变。

(3)地球本身对遥感图像的影响。它包括地球的自转、高程的变化、地球曲率等引起的图像畸变。

2）几何校正的方法

几何校正包括几何粗校正和几何精校正。几何校正的方法有两种：一是分析几何畸变的过程，建立几何畸变的数学模型，然后对此数学模型求逆函数，用此逆函数求得遥感图像畸变前的图像。二是利用实地测量的地物的真实坐标值，寻找实测值与畸变之后的图像之间的函数关系，从而得到几何校正的方法。实际工作中常常将两种方法结合起来。

一般地面站提供的遥感图像数据都经过几何粗校正，因此这里主要介绍一种通用的精校正方法。该方法包括两个步骤：第一步是构建一个模拟几何畸变的数学模型，以建立原始畸变图像空间与标准图像空间的某种对应关系，实现不同图像空间中像元位置的变换；第二步是利用这种对应关系把原始畸变图像空间中全部像素变换到标准图像空间中的对应位置上，完成标准图像空间中每一像元亮度值的计算。

实现两个图像空间的转换通常有两种方法，即直接转换法与重采样法。

（1）直接转换法。从原始畸变图像空间中的像元位置出发，建立空间转换关系，确定每个像元在标准图像空间中的正确位置。

（2）重采样法。该方法的特点是用标准图像空间中的像元点 G 位置反求其在原始畸变图像空间的共轭点 $F(X,Y)$，然后再利用某种方法确定这一共轭点的灰度值，并把共轭点的灰度值赋给标准图像空间对应点 g。

重采样法能够保证校正空间中网格像元呈规则排列，因而是最常用的几何精校正方法之一。重采样法可以分为最近邻法、双线性内插法和双三次卷积内插法等几种。

双线性内插法与最近邻法相比，计算量增加了，但提高了精度，改善了灰度不连续现象及线状特征的块状化现象。其缺点是这种方法对图像起到平滑作用，使图像变得模糊。由于这种方法计算量和精度适中，因而常常被采用。

双三次卷积内插法采用一元三次多项式来近似函数。从理论上讲，函数是最佳的插值函数，它考虑到原始畸变图像空间中共轭点周围其他像元对共轭点灰度值都有各自的贡献，并认为这种贡献随着距离的增加而减少。为了提高内插精度，双三次卷积内插法采用共轭点周围相邻的 16 个点来计算灰度值，这种一元三次多项式内插过程实际上是一种卷积运算，故称为双三次卷积内插。该方法的优点是内插获得好的图像质量，细节表现更为清楚，但位置校正要求更准确，对控制点选取的均匀性要求更高；其缺点是数据计算量大。

（二）图像变换

遥感图像数据量很大，若直接在空间域中进行处理涉及计算量很大。因此，往往采用各种图像变换的方法对图像进行处理。在图像处理中，常常将图像从空间域转换到另一种域，利用这种域的特性来快速、方便地处理或分析图像（如傅里叶变换可在频域中进行数字滤波处理），将空间域的处理转换为变换域的处理，不仅可减少计算量，而且可获得更有效的处理，有时处理结果需要再转换到空间域。这种转换过程称为图像变换。遥感影像处理中的图像变换不仅是数值层面上的空间转换，且每一种转换都有其物理层面上的特定意义。遥感图像处理中的图像变换主要有傅里叶变换、沃尔什变换、离散余弦变换、小波变换、K－L 变换、K－T 变换等。这里主要介绍傅里叶变换、K－L 变换和 K－T 变换三种方法。

1. 傅里叶变换

傅里叶变换是图像处理中最常用的变换。它是进行图像处理和分析的有力工具。

1)傅里叶变换的数学定义

传统的傅里叶变换是一种纯频域分析,它可将一般函数 $f(x)$ 表示为一簇标准函数的加权求和,而权函数亦即 f 的傅里叶变换。设 f 是 R 上的实值或复值函数,则 f 为一能量有限的模拟信号,具体定义如下:

一维傅里叶变换:

$$F(\mu) = \int_{-\infty}^{\infty} f(x) e^{-j2\pi\mu x} dx \tag{4-5}$$

式中:$f(x)$ 是一维连续函数; $F(\mu)$ 是对 $f(x)$ 的傅里叶变换;j 为虚数 $\sqrt{-1}$。

一维傅里叶逆变换:

$$f(x) = \int_{-\infty}^{\infty} F(\mu) e^{-j2\pi\mu x} dx \tag{4-6}$$

2)图像傅里叶变换的物理意义

图像的频率是表征图像中灰度变化剧烈程度的指标,是灰度在平面空间上的梯度。如:大面积的沙漠在图像中是一片灰度变化缓慢的区域,对应的频率值很低;而地表属性变换剧烈的边缘区域在图像中是一片灰度变化剧烈的区域,对应的频率值较高。

傅里叶变换在实际中有非常明显的物理意义,设 f 是一个能量有限的模拟信号,则其傅里叶变换就表示 f 的谱。从纯粹的数学意义上看,傅里叶变换是将一个函数转换为一系列周期函数来处理的。从物理效果看,傅里叶变换是将图像从空间域转换到频率域,其逆变换是将图像从频率域转换到空间域。换句话说,傅里叶变换的物理意义是将图像的灰度分布函数变换为图像的频率分布函数,傅里叶逆变换的物理意义是将图像的频率分布函数变换为灰度分布函数。

3)傅里叶变换的实现方法

傅里叶变换的实现方法有两种:一是光学图像处理方式;二是数字图像处理方式。

由于运算过程中傅里叶变换的指数部分是周期性重复的,充分利用这一特性可减少计算步骤,加快计算速度,由此发展出了一套快速傅里叶变换算法。现在的数字图像处理普遍采用这种算法。傅里叶变换在图像平滑、边缘增强、去噪声、纹理分析等图像处理和分析中有重要应用,这将在下文图像增强中详细介绍。

2. K－L 变换

K－L 变换在遥感图像处理中又称为主成分分析或主分量分析。遥感多光谱影像波段多,一些波段的遥感数据之间有不同程度的相关性,造成了数据冗余。K－L 变换的作用就是保留主要信息,降低数据量,从而达到增强或提取某些有用信息的目的。

从几何意义来看,变换后的主分量空间坐标系与变换前的多光谱空间坐标系相比,旋转了一个角度,而且新的坐标系的坐标轴一定指向数据信息量较大的方向。以二维空间为例,假定某图像像元的分布为椭圆状,那么经过旋转后新坐标系的坐标轴一定分别沿椭圆的长半轴和短半轴方向。

基于上述特点,在遥感数据处理时常常用 K－L 变换做数据分析前的预处理,可以实现数据压缩和图像增强的效果。

K－L 变换在数据压缩和图像增强中有广泛的应用。

3. K－T 变换

K－T 变换又称缨帽变换,是一种经验性的多波段图像的线性变换,是 Kauth 和 Thomas

(1976)在研究 MSS 图像反映农作物和植被的生长过程时提出的。在研究过程中他们发现 MSS 4 个波段组成的四维空间中,植被的光谱数据点呈规律性分布,像缨帽状。缨帽变换也是一种线性变换,它也遵循一般线性变换的形式。

缨帽变换的数学形式如下:

$$Y = R^{T}X + r \tag{4-7}$$

式中:Y 为缨帽变换后的数据矩阵;X 为 MSS 图像 4 个波段数据组成的矩阵,每一行为一个波段像元组成的向量;R 为缨帽变换的正交变换矩阵,$R = [R_1, R_2, R_3, R_4]$;r 为补偿向量,意在避免 Y 有负值出现。

(三)遥感图像增强

图像增强是为了突出图像中的某些信息(如强化图像高频分量,可使图像中物体轮廓清晰、细节明显),同时抑制或去除某些不需要的信息来提高遥感图像质量的处理方法。图像增强可以改善图像质量,使之更适于人的视觉或机器识别系统。遥感图像增强主要包括空域增强、频域滤波增强、彩色增强等。

1. 空域增强

在图像处理中,空域是指由像素构成的空间。空域增强包括空域变换增强与空域滤波增强两种。空域变换增强是基于点处理的增强方法,空域滤波增强是基于邻域处理的增强方法。

(1)空域变换增强。常用的空域变换增强方法包括对比度增强、直方图增强和图像算术运算等。

(2)空域滤波增强。空间滤波又称空间域滤波(spatial filtering),这是在图像空间几何变量域上直接修改图像数据、抑制噪声、改善图像质量的方法。空域滤波增强的常用方法包括图像卷积运算、边缘增强、平滑滤波、定向滤波等。

2. 频域滤波增强

频域滤波又称频率域滤波(Frequency filtering),它通过修改遥感图像频率成分来实现遥感图像数据的改变,达到抑制噪声或改善遥感图像质量的目的。频率域滤波的基础是傅里叶变换和卷积定理。在图像增强问题中,$g(x, y)$ 是待增强的图像,一般是给定的,在利用傅里叶变换获取频谱函数 $G(u, v)$ 后,关键是选取滤波器 $H(u, v)$,若利用 $H(u, v)$ 强化图像高频分量,可使图像中物体轮廓清晰,细节明显,这就是高通滤波;若强化低频分量,可减少图像中噪声影响,使图像平滑,这就是低通滤波。此外,还有其他的滤波器。下面讨论的所有滤波器函数都是以原点径向对称的,它是在规定的剖面上,从原点出发沿半径方向画出一个随距离变化的函数,然后利用剖面绕原点旋转 360°,得到滤波器函数。下面分别介绍几种常用的滤波器。

1)低通滤波

低通滤波又称"高阻滤波器",它是抑制图像频谱的高频信号而保留低频信号的一种模型(或器件)。在遥感图像中,物体边缘和其他尖锐的跳跃(如噪声)对频率域的高频分量具有很大的贡献,通过低通滤波,可以抑制地物边界剧变的高频信息,以及孤立点噪声。低通滤波起到突出背景或平滑图像的增强作用。常用的低通滤波包括理想低通滤波器、巴特沃思低通滤波器(Butterworth)、指数低通滤波器、梯形低通滤波器等。

2)高通滤波

高通滤波又称"低阻滤波器",它是一种抑制图像频谱的低频信号而保留高频信号的模型(或器件)。高通滤波可以使高频分量畅通,而频域中的高频部分对应着图像中灰度急剧变化的地方,这些地方往往是物体的边缘,因此高通滤波可使图像得到锐化处理。常用的高通滤波包括理想高通滤波器、巴特沃思高通滤波器、指数高通滤波器、梯形高通滤波器等。

3)带阻滤波与带通滤波

带阻滤波器是一种抑制图像频谱的中间频段而允许高频与低频畅通的滤波器。该滤波器的作用是滤除遥感图像中特定频谱范围内的信息。

带通滤波器是一种抑制图像频谱中的高频与低频而允许中间频段畅通的滤波器。通常该滤波器用于突出遥感图像中特定频谱范围内的目标。

3. 彩色增强

人的视觉对彩色的分辨能力远远高于对灰度的分辨能力,通常人眼能分辨的灰度有十几个等级,但可以分辨 100 多种彩色层次。彩色增强就是根据人的视觉特点,将彩色用于图像增强之中,这是提高遥感图像目标识别精度的一种有效方法。

彩色合成增强是将多波段黑白图像变换为彩色图像的增强处理技术。根据合成影像的彩色与实际景物自然彩色的关系,彩色合成分为真彩色合成和假彩色合成两种。真彩色合成是指合成后的彩色图像上地物色彩与实际地物色彩接近或一致;假彩色合成是指合成后的彩色图像上地物色彩与实际地物色彩不一致,通过彩色合成增强,可以从图像背景中突出目标地物,便于遥感图像判读。

(四)数据融合

1. 概念与简介

多种遥感数据源信息融合是指利用多种对地观测技术所获取的关于同一地物的不同遥感数据,通过一定的数据处理技术提取各遥感数据源的有用信息,最后将其汇集(Fusion)、融合(Merge)到统一的空间坐标系(图像或特征空间)中进行综合判读或进一步的解析处理,通过多种信息的互补性表现,提高多源空间数据综合利用质量及稳定性,提高地物识别、解译与决策的可靠性及系统的自动化程度的技术。

数据融合的概念始于20 世纪 70 年代。进入 90 年代以后,随着多种遥感卫星的发射成功,从不同遥感平台获得的不同空间分辨率和时间分辨率的遥感影像形成了多级分辨率的影像金字塔序列,给遥感用户提供了从粗到精、从多光谱到高光谱的多种遥感数据源。数据融合的发展在一定程度上解决了多种数据源综合分析的问题。

2. 数据融合前处理

影像配准是数据融合处理中的关键步骤,其几何配准精度直接影响融合影像的质量。通常情况下,不同类型的传感器影像之间融合时,由于它们成像方式的不同,其系统误差类型也不同。如 SPOT 与 TM 数据融合时, SPOT 的 HRV 传感器是以 CCD 推帚式扫描成像的,而 TM 则是通过光机扫描方式成像的。因而,不同类型影像进行融合时必须经过严密的几何校正,分别在不同数据源的影像上选取控制点,用双线性内插或三次卷积内插运算对分辨率较低的图像进行重采样,改正其误差,将影像投影到同一地面坐标系统上,为图像配准奠定基础。

在实践中,可以统一采用数字化地形图作为基础底图,分别对不同遥感器产生的图像进行几何精校正，使它们具有统一的投影方式和坐标系统，以便不同类型或不同时相的遥感影像之间的几何配准和精确融合。

3. 常用的数据融合方法

多源遥感影像数据融合在国际上经过多年研究，技术上日趋成熟。目前，常用的遥感影像的融合方法主要有以像元为基础的加权融合、HSI 变换、K－L 变换、比值变换，基于小波理论的特征融合，基于贝叶斯法则的分类融合以及以局部直方图匹配滤波技术为基础的影像数据融合等。

4. 遥感影像与非遥感数据融合

在仅用遥感数据难以解决问题的时候，可以加入非遥感数据进行融合。非遥感数据既包括地质、气象、水文等自然专题信息，也包括行政区划、人口、经济收入等人文与经济信息，这些信息可以作为遥感数据的补充，有助于综合分析客观规律，提高判读的科学性，因此遥感数据与地理数据的融合也是遥感分析过程中不可缺少的手段。

航空与航天数据是以网格的形式记录，而地面采集的地理数据则常以多等级、多量纲的形式反映下垫面的状况，数据格式也呈多样化。因此，为了使各种地理数据与遥感数据兼容，要将获取的非遥感数据按照一定的地理网格系统重新量化和编码，以完成各种地理数据的定量和定位，产生新的数据。它们可以作为与遥感数据类似的若干独立的波段，以便和遥感数据融合。

融合步骤如下：

(1) 地理数据的网格化。为了使非遥感的地理数据与遥感数据融合，前提条件是必须使地理数据可作为遥感数据的一个“波段”，这就是说通过一系列预处理，使地理数据达到如下要求：①成为网格化的数据；②空间分辨率与遥感数据一致；③对应地面位置与遥感数据配准。

(2) 最优遥感数据的选取。融合时的遥感数据常常只需一个或两个波段的数据，例如，为使分辨率优化而选取 SPOT 数据的全色波段，当用 TM 数据时则可选用 K－L 变换后的前两个波段，以达到减少数据量保持信息量的目的。

(3) 非遥感数据与遥感数据的融合。在完成分辨率与位置配准处理后多采用两种方法融合：①非遥感数据与遥感数据共组成三个波段（不同数据源波的数目比例为 1:2 或 2:1），实行假彩色合成；②两种数据直接叠加（参考遥感数据融合），例如，波段之间作加法或其他数学运算，或波段之间作适当的“与”、“或”等布尔运算。

二、QB 影像处理及纠正

在黄土高原小流域坝系监测方法及评价系统研究项目的研究过程中，根据课题的要求，经过反复研究，决定在项目研究中选择 QuickBird 作为研究的影像。根据中国科学院卫星地面接收站对遥感数据的处理，我们仅需要对影像进行数据裁剪、拼接、校正工作。因此，我们利用 ERDAS IMAGINE 软件对所购买的陕西省绥德县王茂沟小流域 2004 年 9 月 9 日的 QuickBird 遥感影像进行必要的处理。

（一）图像分幅裁剪

由于王茂沟小流域的影像是购买影像的一部分，所以为了提高软件的运行速度，将王茂沟小流域的影像裁剪下来，组成一块小的影像，便于运行和管理。

图像的分幅我们应用 ERDAS IMAGINE 软件中不规则分幅裁剪功能,即裁剪图像的边界范围是任意多边形(接近小流域的形状)。这样就可以将事先沿小流域的流域界生成的一个完整闭合多边形区域裁剪。当然也可以是 ArcInfo 的一个 Polygon Coverage 流域界,应针对不同的情况采用不同的裁剪过程。

1. 在 ERDAS IMAGINE 中生成多边形裁剪

在本次遥感处理中需要将中国科学院卫星地面接收站提供的影像进行裁剪,选择 04sep09033059 - s2as_r1c2 - 000000138971_01_p003. tif 文件将王茂沟流域分割出来,并保存为输出数据类型为 Unsigned 8 bit 的 ERDAS IMAGINE 格式文件 wmgz. img。

在 ERDAS IMAGINE 软件的菜单中打开要裁剪的文件:04sep09033059 - s2as_r1c2 - 000000138971_01_p003. tif,并应用 AOI 的多边形工具沿小流域的分水岭绘制小流域界线,如图 4-8。然后将 AOI 多边形保存在文件(*. aoi)中,或可以暂时不退出 Viewer 窗口,将图像与 AOI 多边形保留在窗口中。

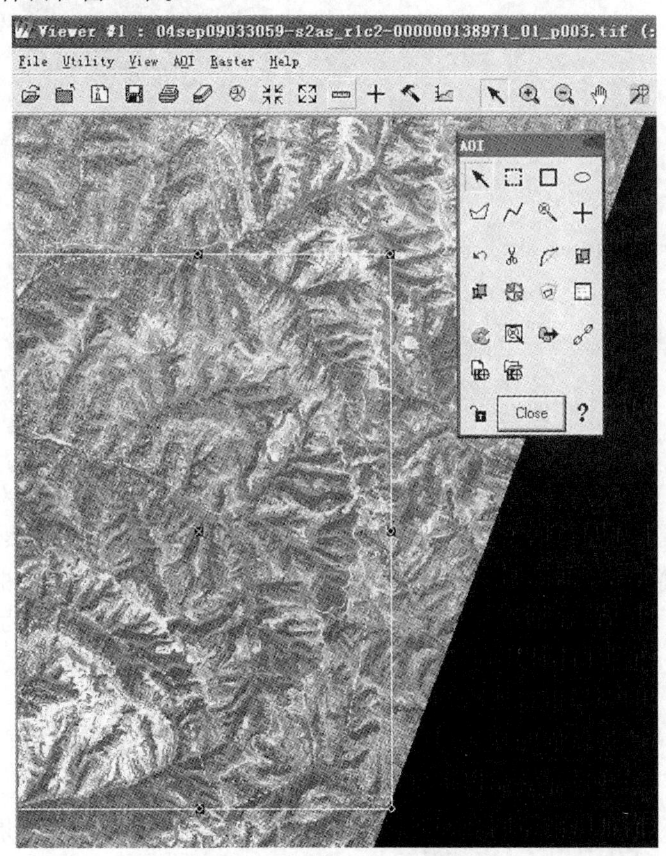

图 4-8　ERDAS IMAGINE 软件 Viewer 窗口

在 ERDAS 图标面板工具条中单击 DataPrep 图标,打开 Data Preparation 弹出框,单击 Subset Image 按钮,打开 Subset 弹出框。

需要设置弹出框的内容如下(见图 4-9):

(1)输入原影像文件名称(Input File)为 04sep09033059 - s2as_r1c2 - 000000138971_01_p003. tif。

(2)输出裁剪后文件名称(Output File)为 wmgz. img。

(3)单击 AOI 按钮,确定裁剪范围。打开 Choose AOI 弹出框,在其中确定为 AOI 的来源(AOI Source)为 File,选择 *. aoi 文件。不退出 Viewer 窗口的可以选择 Viewer。

(4)输出数据类型(Output Data Type)为 Unsigned 8 bit。

(5)输出像元波段(Select Layers)为 1:3(表示选择 1、2、3 三个波段)。

(6)单击 OK 按钮完成裁剪工作。

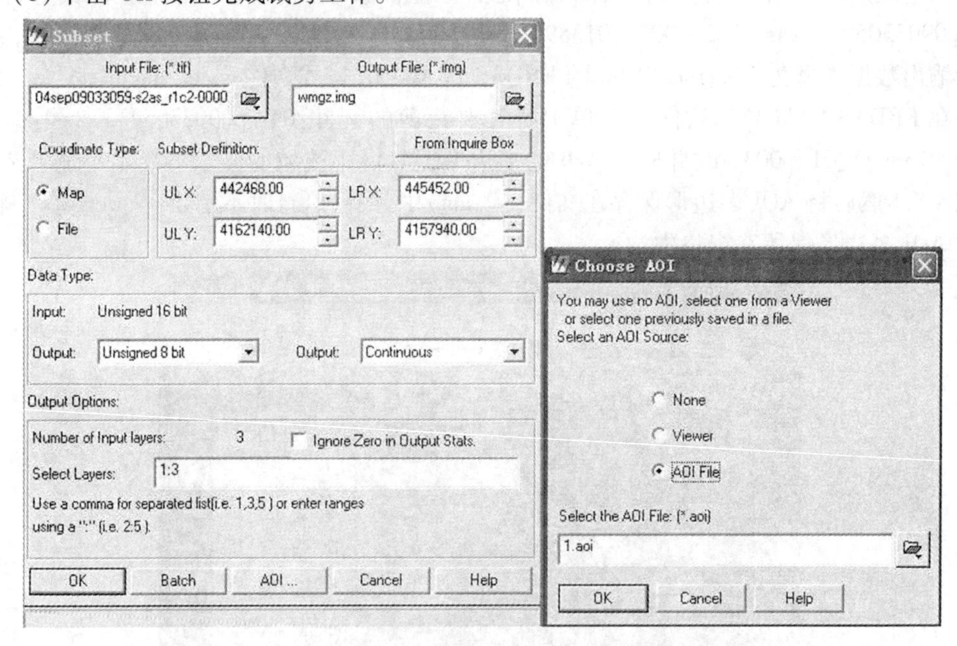

图 4-9 Subset 对话框和 Choose AOI 弹出框

2. ArcInfo 的一个 Polygon Coverage 裁剪

在水土保持工作中,一般情况下按照流域界线、行政区域或分区划分对图像进行分割,所以往往是过去就有现成的边界线,如 ArcInfo 或其他矢量的多边形图,然后可以利用这些图来裁剪图像,实现同形状、同大小的影像和区域。这里我们使用 ArcInfo 的 Polygon 为边界进行影像的裁剪。用王茂沟流域 ArcInfo 格式界线 wmg1 对影像 wmg. img 进行裁剪。

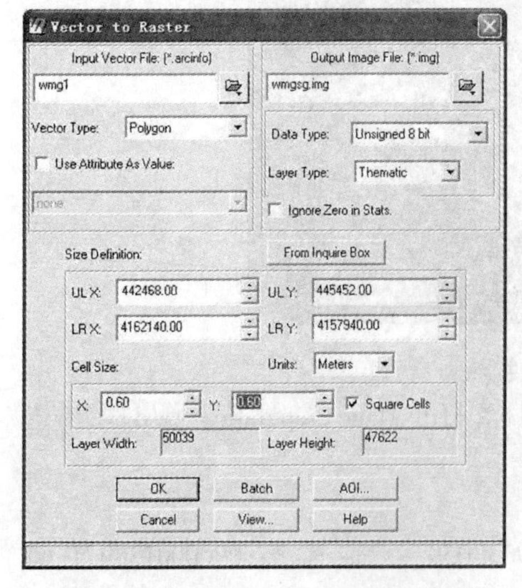

图 4-10 Vector to Raster 弹出框

1)将 ArcInfo 多边形的矢量文件转换为栅格文件格式

在 REDAS 的图标面板工具条单击 Interpreter 图标,在 Interpreter 弹出框中点击 Utilities 菜单下的 Vector to Raster,打开 Vector to Raster 弹出框(见图 4-10)。弹出框需要设置的内容如下:

(1)输入 ArcInfo 矢量文件名称(Input Vector File)为 wmg1。

(2)输出栅格文件名称(Output Vector File)为 wmgsg. img。

(3)确定矢量文件类型(Vector Type)为 Polygon。

(4)栅格数据类型(Data Type)为 Unsigned 8 bit。

(5)使用矢量属性值(Use Attribute as Value)为 wmg1 - id。

(6)栅格文件类型(Layer Type)为 Thematic。

(7)转换范围大小(Size Definition),在 ULX、ULY、LRX、LRY 微调框中输入需要的值。

(8)坐标单位(Units)为 Meters。

(9)单击 OK 按钮。

2)利用掩膜运算(Mask)实现图像不规则裁剪

在 ERDAS 图标面板工具条单击 Interpreter 图标,在 Interpreter 弹出框中点击 Utilities 菜单下的 Mask,打开 Mask 弹出框(见图 4-11)。弹出框需要设置的内容如下:

(1)输入图像文件名称(Input File)为 wmg. img。

(2)输入掩膜文件名称(Input Mask File)为 wmgsg. img。

(3)输出图像文件名称(Output File)为 wmgz. img。

(4)单击 Setup Recode 设置裁剪区域内新值(New Value)为 1,区域外取 0。

(5)确定掩膜区域作交集运算为 Intersection。

(6)输出数据类型(Output Data Type)为 Unsigned 8 bit。

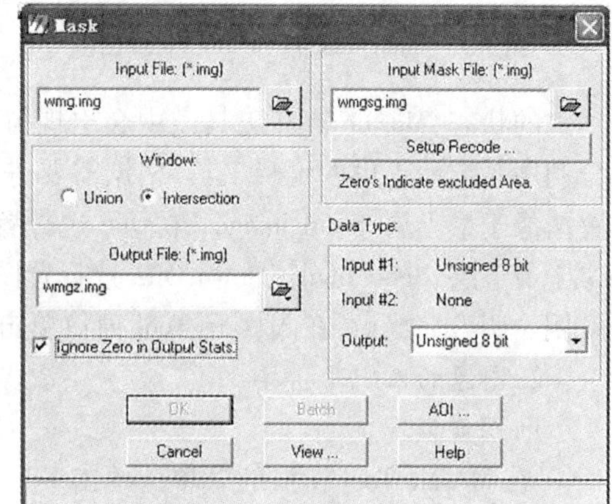

图 4-11　Mask 弹出框

(7)输出统计忽略零值,即选中 Ignore zero In Stats 复选框。

(8)单击 OK 按钮(关闭 Mask 弹出框,执行掩膜运算)。

(二)图像拼接

由于 QuickBird 卫星影像的成像模式为单景 16.5 km × 16.5 km,所以在研究区域内大于此面积和跨几景的情况下,需要对这些具有地理参考的若干相邻图像进行合并。这些要拼接的图像必须具有地图投影信息,或者说这些图像必须经过几何校正处理,同时它们必须具有相同的波段数。在进行图像拼接时,需要确定一幅参考图像作为输出拼接图像的基准,决定拼接图像的对比度匹配,以及输出图像的地图投影、像元大小和数据类型。

1. 图像拼接的加载

1)图像的加载

首先启动 ERDAS 图标面板工具,单击 DataPrep 图标,打开 Data Preparation 弹出框,单击 Mosaic Images 按钮,打开 Mosaic Tool 窗口。

其次加载需要拼接的图像,这里我们需要加载 wmg1. img 和 wmg2. img 两个图像进行拼接。

最后实现加载的过程,在 Mosaic Tool 菜单条单击 Edit 下的 Add Images 命令,打开 Add Images for Mosaic 弹出框(见图 4-12)。弹出框需要设置的内容如下:

(1)输入拼接图像文件名称(Image File Name)为 wmg1. img。

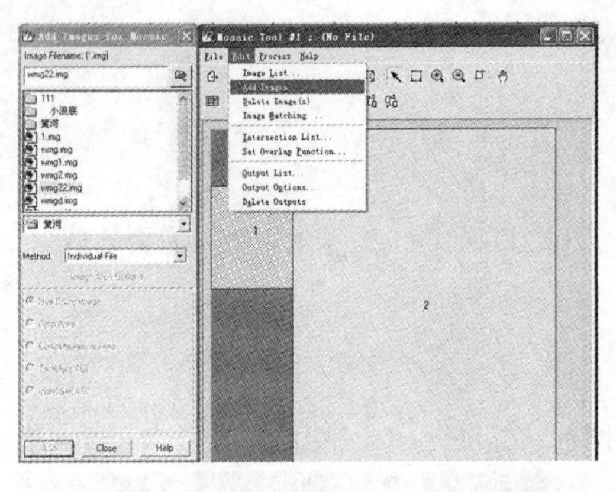

图 4-12　Add Images for Mosaic 弹出框

(2) 设置图像拼接区域(Image Area Option)为 Use Entire Image。

(3) 单击 Add 按钮(图像 wmg1. img 被加载到窗口中)。

(4) 重复前三步操作,加载 wmg2. img。

(5) 单击 Close 按钮(关闭 Add Images for Mosaic 弹出框)。

2) 图像的叠放次序调整

进行图像叠放次序调整的操作如下:单击 Mosaic Tool 工具条 Set Input Mode 图标,并在窗口内选择需要调整的图像,进入设置输入图像模式的状态,Mosaic Tool 工具条中会出现与该模式对应的调整图像叠放次序的编辑图标,充分利用系统所提供的编辑工具,根据需要进行上下层的调整。其中 Send Image to Top 选择置图像于最上层,Send Image Up One 选择置图像上移一层, Send Image to Bottom 选择置图像于最下层,Send Image Down One 选择置图像下移一层,Reverse Image Order 选择图像次序颠倒。调整完成后,在 Mosaic Tool 窗口单击就退出图像叠置组合状态。

2. 图像的匹配及拼接

1) 图像匹配

在 Mosaic Tool 窗口的菜单条单击 Edit 后,点击 Image Matching 命令,打开 Matching Options 弹出框。选择弹出框内容中的匹配方式(Matching Method)为 Overlap Areas(重叠范围匹配),然后单击 OK 按钮(保存设置,关闭 Matching Options 弹出框)。

2) 设置重叠功能

在 Mosaic Tool 窗口的菜单条单击 Edit 后,点击 Set Overlap Function 命令,打开 Set Overlap Function 弹出框。选择弹出框内容中的设置交集类型(Intersection Method)为 No Cutline Exists(没有裁割线),设置重叠区像元灰度计算(Select Function)为 Average(平均值)。单击 Apply 按钮(保存设置),然后单击 Close 按钮(关闭 Set Overlap Function 弹出框)。

图 4-13　Run Mosaic 对话框

3) 图像拼接

在 Mosaic Tool 窗口的菜单条单击 Process 后,点击 Image Matching 命令,打开 Run Mosaic 对话框(见图 4-13)。图像拼接的弹出框内容设置为:

(1) 确定输出的拼接文件名称(Output File Name)为 wmgxin. img。

(2) 确定输出图像区域(Witch Outputs)为 All。

(3) 忽略输入图像值(Ignore Input Value)为 0。

(4) 输出图像背景值(Output Background Value)为 0。

(5) 忽略输出统计值,即选择 Stats Ignore Value 复选框。

(6) 单击 OK 按钮(关闭 Run Mosaic 对话框,运行图像拼接)。

(三)图像几何精校正

遥感图像的几何校正可分两阶段实现:系统校正(几何粗校正),即把遥感传感器的校准数据、传感器的位置、卫星姿态等测量值代入理论校正公式进行几何畸变校正;几何精校正,即利用地面控制点 GCP(Ground Control Point,遥感图像上易于识别,并可精确定位的点)对应其他因素引起的遥感图像几何畸变进行纠正。几何粗校正由卫星接收地面站负责。因此,下面重点讨论几何精校正。

几何精校正原理如下:从物理上看,畸变就是像素点被错误放置,即本该属于此点的像素值却在彼处。因此,可用两种方法实现畸变图像的校正:一是把被错置的像素点搬运到该在的位置,此方法被称为直接变换法;二是取回属于该位置的像素值,此方法被称为重采样法。

由于我们使用的信息源来自于多个渠道,尤其是图像数据来源于卫星,DEM 依据的数据是 20 世纪 50 年代 1:1万地形图,GPS 的地形数据也有所不同,所以图像纠正是至关重要的一个环节。

我们采用的纠正是依据 DEM 数据对我们的 QuickBird 影像进行纠正,选择的计算模型为多项式变换(Polynomial),在调用多项式模型时需要确定多项式的次方数(Order),我们选择图像为 3 次方,共需要 10 个控制点。

运用 ArcView 软件对已有的 DEM 进行 1 m 等高线提取,保存为 shp 格式即可。

1. 显示图像及 DEM 数据

(1)打开 ERDAS,并在图标面板中双击 Viewer 图标,同时打开两个窗口(Viewer#1/Viewer#2),并将两个窗口平铺放置,见图 4-14。

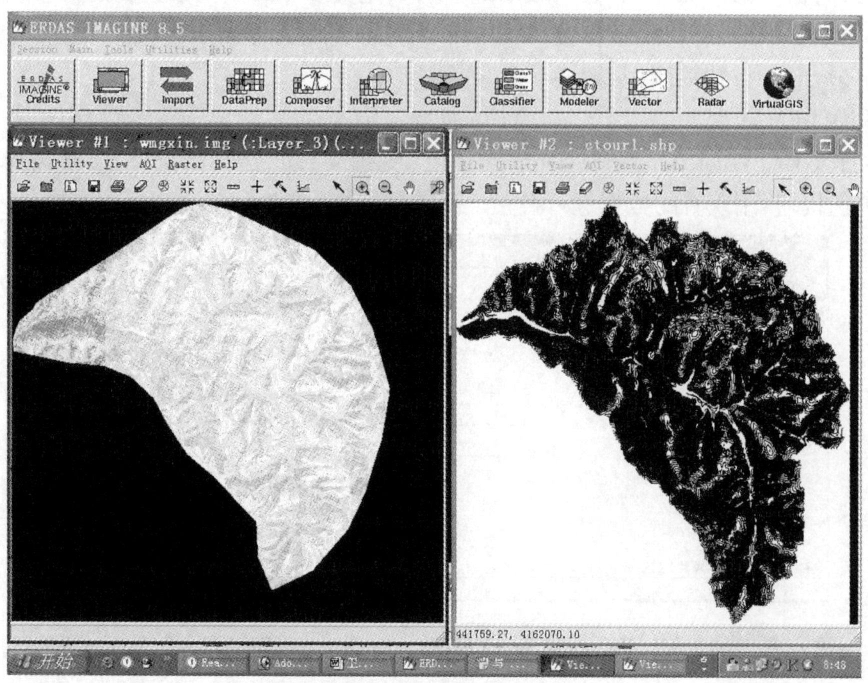

图 4-14 Viewer#1 窗口和 Viewer#2 窗口

(2)在 Viewer#1 窗口中打开需要校正的 QB 图像 wmgxin. img。

(3)在 Viewer#2 窗口中打开作为地理参考的文件 ctourl. shp。

2. 启动几何纠正功能模块

(1)在 Viewer#1 菜单条上单击 Raster|Geometric Correction 命令(见图 4-15)。

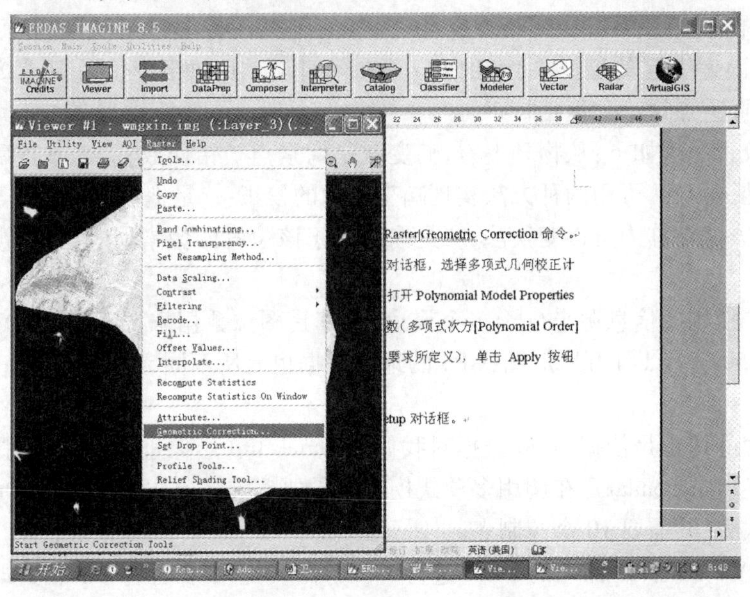

图 4-15　Geometric Correction 菜单

(2)打开 Set Geometric Model 对话框,选择多项式几何校正计算模型:Polynomial,单击 OK 按钮,即打开 Polynomial Model Properties 窗口,定义多项式模型参数及投影参数(多项式次方[Polynomial Order]及投影参数[Projection]均可根据具体要求定义),单击 Apply 按钮应用或单击 Close 按钮关闭(见图 4-16)。

3. 采集 DEM 控制点

(1)打开 GCP Tool Reference Setup 对话框(见图 4-17),选择采点模式,即选择 Existing Viewer 单选按钮,用现有的数据进行校正。

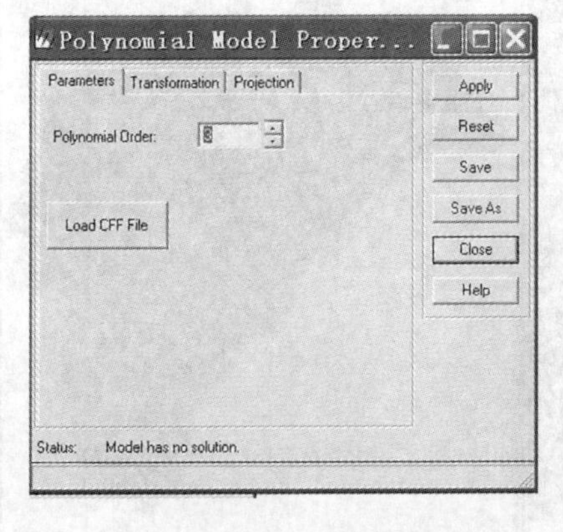

图 4-16　Polynomial Model Properties 窗口

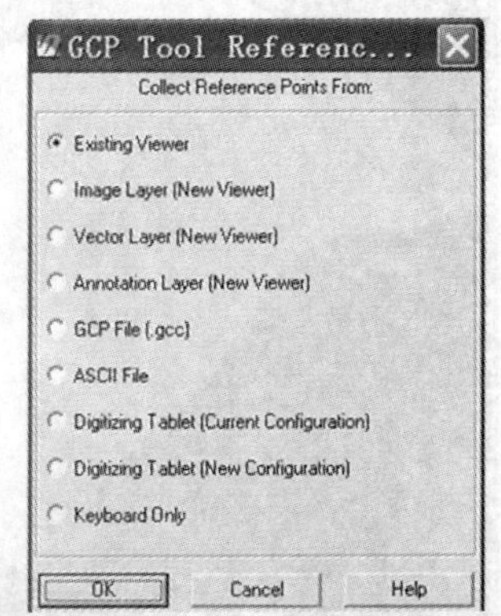

图 4-17　GCP Tool Reference Setup 对话框

(2)单击 OK 按钮,关闭 GCP Tool Reference Setup 对话框。

(3)打开 Viewer Selection Instructions 指示器(见图 4-18)。

(4)在显示作为地理参考图像的 wmgxin. img 的 Viewer#2 中单击。

(5)打开 Reference Map Information 提示框(显示参考图像的投影信息),见图 4-19

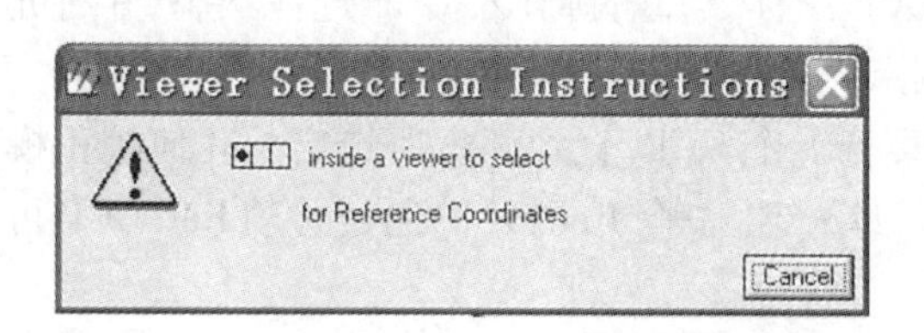

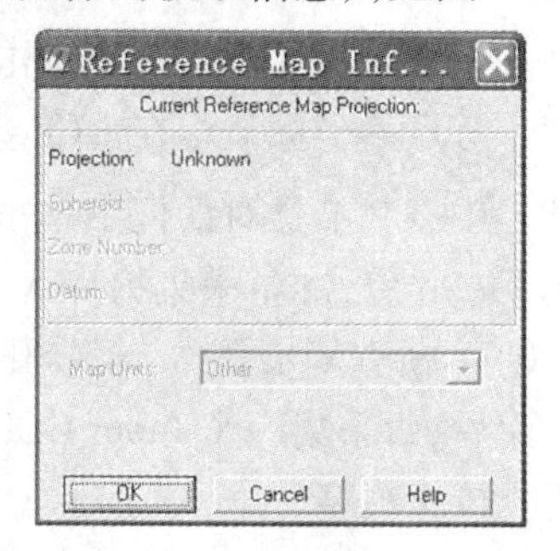

图 4-18　Viewer Selection Instructions 指示器　　　图 4-19　Reference Map Information 提示框

(6)单击 OK 按钮,关闭 Reference Map Information 对话框。

(7)整个屏幕将自动变化为如图 4-20 所示的状态,表明控制点工具已被启动,进入控制点采集状态。

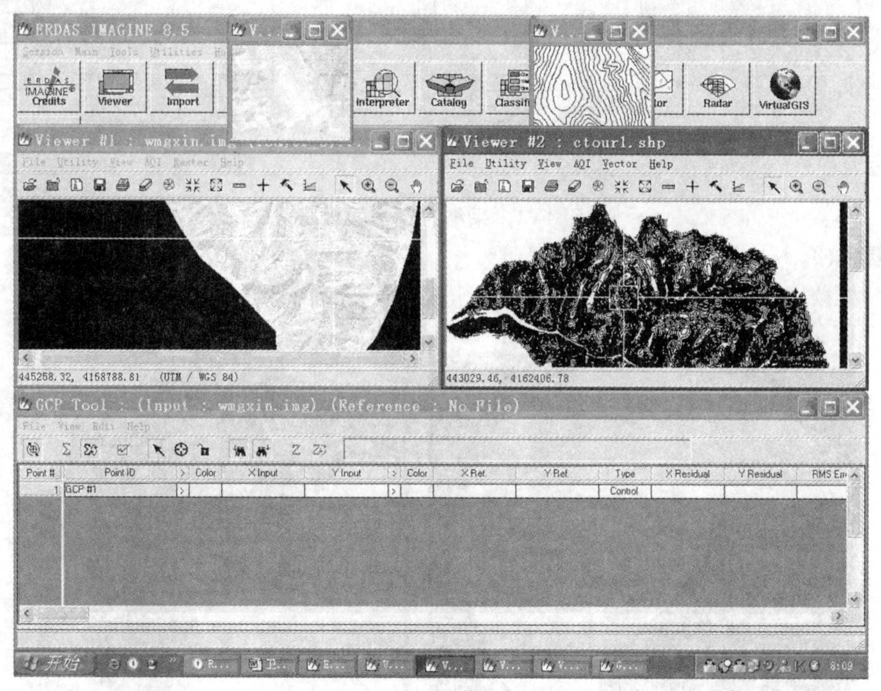

图 4-20　控制点采集状态

4. 采集点地面检查点

(1)在 GCP 工具对话框中单击 Select GCP 图标,进入 GCP 选择状态。

(2)在 GCP 数据表中将输入 GCP 的颜色设置为比较明显的黄色。

(3)在 Viewer#1 中移动关联方框位置,寻找明显的地物特征点,作为输入的 GCP。

(4)在 GCP 工具对话框中单击 Create GCP 图标,并在 Viewer#3 中单击定点,GCP 数据表将记录一个输入 GCP,包括其编号、标识码、X 坐标、Y 坐标。

(5)在 GCP 工具对话框中单击 Select GCP 图标,重新进入 GCP 选择状态。

(6)在 GCP 数据表中将参考 GCP 的颜色设置为比较明显的红色。

(7)在 Viewer#2 中移动关联方框位置,寻找明显的地物特征点,作为参考的 GCP。

(8)在 GCP 工具对话框中单击 Create GCP 图标 ⊕,并在 Viewer#4 中单击定点,系统将自动把参考点的坐标显示在 GCP 数据表中。

(9)在 GCP 工具对话框中单击 Select GCP 图标 ↖,重新进入 GCP 选择状态;并将光标移回到 Viewer#1,准备采集另一个输入控制点。

(10)不断重复步骤(1)至步骤(9),采集若干个 GCP,直到满足所选定的几何校正模型为止。而后,每采集一个 Input GCP,系统就自动产生一个 Ref. GCP,通过移动 Ref. GCP 可以逐步优化校正模型。

采集 GCP 以后,GCP 数据表如图 4-21 所示。

GCP Tool : (Input : kunzhidian.gcc) (Reference : No File)

File View Edit Help

Control Point Error: (X) 0.5831 (Y) 0.3700 (Total) 0.6906

Point #	Point ID	>	Color	X Input	Y Input	>	Color	X Ref.	Y Ref.	Type	X Residual	Y Residual	RMS Error	Contrib.	Match
1	GCP #1			444535.511	4159785.609			444421.541	4161438.771	Control	-0.884	0.537	1.034	1.498	
2	GCP #2			444260.389	4159140.196			444146.958	4160817.316	Control	0.966	-0.627	1.152	1.668	
3	GCP #3			443761.189	4159468.958			443647.932	4161138.031	Control	-0.304	0.228	0.380	0.550	
4	GCP #4			443682.459	4159870.395			443569.734	4161540.781	Control	-0.066	0.474	0.479	0.693	
	GCP #5			444170.412	4160506.291			444059.669	4162158.078	Control	0.203	-0.485	0.526	0.761	
6	GCP #6			443799.257	4160579.830			443687.319	4162249.093	Control	-0.516	-0.193	0.551	0.798	
7	GCP #7			443304.383	4161007.221			443193.183	4162692.942	Control	0.271	-0.203	0.338	0.489	
8	GCP #8			443858.088	4161237.354			443749.885	4162898.186	Control	0.713	0.304	0.775	1.122	
9	GCP #9			442685.657	4161087.142			442572.068	4162772.026	Control	-0.751	-0.064	0.754	1.091	
10	GCP #10			442063.566	4160917.790			441950.546	4162549.391	Control	0.368	0.029	0.369	0.534	
11	GCP #11	>				>				Control					

图 4-21 采集的 GCP 数据表

采集 GCP 点具体位置如图 4-22 所示。

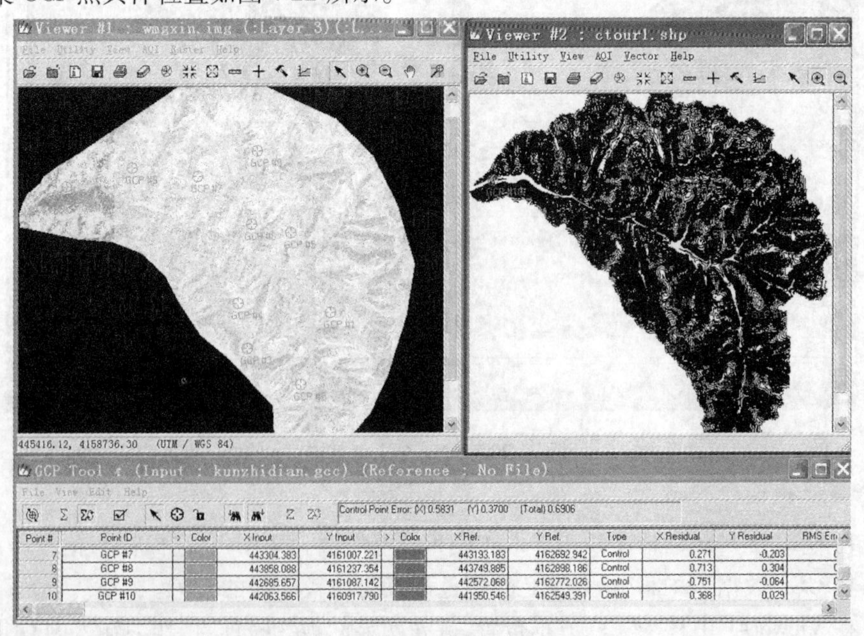

图 4-22 采集 GCP 点具体位置

通过这样的采集过程,并对这些采集点检查点误差,然后计算转换模型,进行图像重采样,最后保存几何校正模式。

第三节　遥感图像解译

遥感的主要目的之一就是地物识别。目视解译运用了解译者的综合知识,对遥感对象进行分析、识别。目视解译是许多遥感应用项目的先遣工作,是遥感应用的基础。同时,遥感目视解译的研究也为研究遥感信息的计算机自动理解提供了基础。目视识别工作本身也是有规律可循的。本节内容在介绍目视解译的原理、方法、要领和工作流程的基础上,对 QB 数据进行了解译。

一、遥感解译的理论基础

(一)遥感图像目视解译原理

1. 遥感图像目标地物特征

遥感影像常用的卫星影像以 TM 和 SPOT 图像为主。把这些图像放大来看,它们都是由一行行、一列列的像元构成的。像元是遥感影像中最基本的单元,有时也把像元称为像素。各个像元按照行列方式排列,构成一个点阵,宏观上表现为一幅遥感图像。遥感图像目视解译的目的是从遥感图像中获取需要的地学专题信息,它需要解决的问题是判读出遥感图像中有哪些地物,它们分布在哪里,并对其数量特征给予粗略的估计。因此,我们必须掌握遥感图像目标地物特征。概括说来,目标地物特征包括“色、形、位”三大类。

色:指目标地物在遥感影像上呈现的颜色特征。

形:指目标地物在遥感影像上表现的形状特征。

位:指目标地物在遥感影像上的空间位置特征。

地面各种目标地物在遥感图像中存在着不同的色、形、位的差异,构成了可供识别的目标地物特征。目视解译人员依据目标地物特征,作为分析、解译、理解和识别遥感图像的基础。

2. 目视解译的生理与心理基础

目视解译是人与遥感图像相互作用的复杂认知过程,它涉及目视解译者生理与心理的许多环节。为了更好地理解目视解译过程,这里对目视解译的生理与心理基础作一简单介绍。

人的眼睛是目视解译的重要器官,眼球的构造与功能在获取信息的许多方面类似于照相机。依据生理学的功能划分,人的眼睛由以下部分组成:眼球壁和折光部分,其中眼球壁分为外膜、中膜和内膜,它们在获取图像信息时具有不同的作用。

当眼睛观察遥感图像时,图像信息从每只眼睛的视网膜沿着视神经向上传导。视神经由视神经孔入颅腔形成交叉后,延为视束。在视交叉中,大约半数的视神经纤维进入对侧的大脑。另一半仍留在原来的一侧,即视交叉处两个视网膜鼻侧一半的神经纤维相互交叉,与对侧眼睛的颞侧(靠近耳朵的部位)视神经汇合。因此,在视交叉后面的右视束包括来自两眼视网膜右侧半的神经纤维,左视束含有来自两眼视网膜左侧半的神经纤维,每个大脑半球均接受本侧视网膜外侧和对侧视网膜内侧的神经纤维。由于视神经的这种交叉方式刺激两个视网膜相应点所引起的神经冲动,通过同一神经通路传到同侧脑半球,而来自两个视网膜对侧的神经冲动不能传输到同一神经通路,所以进入两个不同脑半球外侧膝状体接受来自视网膜的神经纤维,并发出神经纤维到大脑两半球,继续传输神经冲动到大脑的枕叶皮层的视区。在人类的大脑皮层,所有的视神经纤维终止于枕叶皮层的纹区,即视觉皮层。视觉皮层包括大脑每一半球内侧面的距状裂周围的区域,从外侧膝状体传入的神经纤维与视觉皮层细胞相联结,一个特定的皮层区是一个由特定的视网膜区得到输入的,它只会受到一个限定的视网膜区的影响。

从以上的情况看,大脑对图像信息的加工有4个特点:多级加工,多通道传输,多层次处理,信息并联与串联结合。上述信息获取与加工过程启发我们在图像解译时必须注意人类的生理特点。

除人类的生理特点影响遥感图像解译外,人类心理特点在遥感图像解译中也存在着一定的影响,这些特点包括:

(1)遥感图像解译过程中,在同一时刻只有一种地物是目标地物,图像的其余部分则是作为目标地物的背景出现的,此时人类的注意力集中在目标地物上。

(2)进行目标地物识别时,目视者的经验与知识结构对目标地物的确认具有导向作用。因此,对于遥感图像上同一个目标地物,不同的解译者可能会得出不同的结论。

(3)心理惯性对目标地物的识别具有一定影响。在观察目标地物的图形结构时,空间分布比较接近的物体,图形要素容易构成一个整体。

(4)观察的时效性。试验证明,遥感图像辨识需要一段时间,这期间目视者先区分目标地物和背景,然后辨认目标的细节,最后构成一个完整的图像知觉。为了正确地辨认图像中的目标地物,需要一个最低限度的时间才能够完成。

3. 目视解译的认知基础

(1)遥感图像知觉形成的客观条件。试验证明,色调完全均一或者颜色完全相同的图像是不能产生图像知觉的,这如同我们翻看一张清洁的白纸一样。目视判读遥感图像时,只有在遥感图像上存在着颜色差异或者色调差异,这种差异能被判读者的视觉所感受,才有可能将地物目标与背景区别开。这是图像知觉形成的客观条件。

(2)遥感图像的认知过程。遥感图像解译是一个复杂的认知过程,对一个目标的识别,往往需要经历几次反复判读才能得到正确结果。概括来说,遥感图像的认知过程包括了自下向上的信息获取、特征提取与识别证据积累过程和自上向下的特征匹配、提出假设与目标辨识过程。

对遥感图像目视判读认知过程的分析,有助于指导遥感图像目视解译,也为计算机解译中使用专家系统方法提供了认知基础。

(二)遥感图像目视解译基础

1. 遥感摄影像片的判读

1)遥感摄影像片的种类

1839年摄影相机问世,法国人达格雷(Dagurre)发表了第一张航空像片,开始了人们利用遥感摄影像片认识地理环境的进程。从1913年开始,摄影技术用于地质研究。在利比亚采用常规航空摄影的镶嵌图编制了“本戈逊”地区的油田地质图。第二次世界大战中,航空像片被广泛应用于军事目的,它有力地推动了遥感摄影像片解译技术的发展。

遥感技术的发展提供了多种遥感摄影像片。经常可以见到的遥感摄影像片包括可见光黑白全色像片、黑白红外像片、彩色像片。

可见光黑白全色像片:采用的胶片乳剂感光范围在 0.36～0.72 mm,能感受全部可见光。

黑白红外像片:感光乳剂中加入增感剂,使感光范围由可见光扩展到近红外波段。由于植被类型在近红外波段具有较高的光谱反射率,采用红色滤光片对红外像片胶片曝光后,可以增强目标地物与背景的反差,在不同植被之间增加反差。在黑白红外像片上看到的地物色调与人们日常熟悉的真实景物不同,它的明暗色调是由地物在近红外波段的反射率强弱所决定的。

彩色像片:分为天然彩色片和红外彩色片两种。天然彩色片采用的胶片乳剂分别对蓝色、绿色和红色敏感,彩色胶片上记录的影像信息经过显影洗印后能较真实地还原出物体自然色彩,亦称真彩色片。红外彩色片的胶片乳剂分别对绿色、红色和近红外光敏感,经过显影洗印后获得的彩红外像片上各种地物颜色与人们日常熟悉的真实景物不同,原来的绿色地物被赋予蓝色,原来的红色地物被赋予绿色,反射红外线的地物被赋予红色。所以,红外彩色片是假彩色片或伪彩色片。红外彩色片具有一些不同于彩色像片的特点,它可被应用到农业土地资源调查和森林资源调查,也可以应用在军事方面,探测伪装的军事设施。

2)遥感摄影像片的特点与解译标志

(1)摄影像片的主要特点。遥感摄影像片绝大部分为大中比例尺像片,在像片中各种人造地物的形状特征与图型结构清晰可辨,这为解译者提供了更多的依据。

遥感摄影像片绝大部分采用中心投影方式成像,没有经过正射纠正的遥感摄影像片,其边缘分布的高耸楼房或起伏的地形,形状会有明显的变形。例如直立的高层楼房呈向像片中心倾倒之状,航空像片上的地物大小也与形状要素一样,往往发生某些误差和畸变。

航空像片为俯视成像,从航空像片上可以看到地物的顶部轮廓。这种成像方式与我们日常生活中观察目标地物的视角不同。我们熟悉地物的侧面形状,但不一定熟悉地物的顶部形状。因此,进行航空像片解译前,需要利用熟悉的区域和熟悉的地物类型进行练习,掌握"鸟瞰"目标地物的经验和解译技巧。

(2)摄影像片的解译标志。为了提高摄影像片解译精度与解译速度,掌握摄影像片的解译标志很有必要。遥感摄影像片解译标志又称判读标志,它指能够反映和表现目标地物信息的各种遥感影像特征,这些特征能帮助判读者识别遥感图像上目标地物或现象。解译标志分为直接判读标志和间接解译标志。

直接判读标志是指能够直接反映和表现目标地物信息的各种遥感图像特征,它包括遥感摄影像片上的色调、色彩、形状、阴影、纹理、大小、图型等,解译者利用直接解译标志可以直接识别遥感像片上的目标地物。

间接解译标志是指航空像片上能够间接反映和表现目标地物的特征。借助间接解译标志可以推断与某地物的属性相关的其他现象。遥感摄影像片上经常用到的间接解译标志如下:

一是与目标地物成因相关的指示特征。例如,像片上呈线状延伸的陡立的三角面地形,是推断地质断层存在的间接标志;像片上河流边滩、沙嘴和心滩的形态特征,是确定河流流向的间接解译标志。

二是指示环境的代表性地物。任何生态环境都具有代表性地物,通过这些地物可以指示它赖以生活的环境。如根据代表性的植物类型推断它存在的生态环境,"植物是自然界的一面镜子",寒温带针叶林的存在说明该地区属于寒温带气候。

三是成像时间作为目标地物的指示特征。一些目标地物的发展变化与季节变化具有密切联系。了解成像日期和成像时刻,有助于对目标地物的识别。例如,东部季风区夏季炎热多雨,冬季寒冷干燥,土壤含水量具有季节变化,河流与水库的水位也有季节变化。

应当指出,间接解译标志因地域和专业而异。建立和运用各种间接解译标志,一般需要有一定的专业知识和判读经验。熟悉和掌握遥感摄影像片主要特点与解译标志,对遥感摄影像片的判读大有帮助。

3)遥感摄影像片的判读方法

(1)黑白全色像片解译。在黑白全色像片上,目标地物的形状和色调是我们识别地物的主要标志。在可见光范围内成像的黑白全色像片,与人类在可见光下观察地物的条件相一致,因此黑白像片上各种地物比较容易识别。黑白像片识别与解译的规律是:可见光范围内反射率高的地物,它在航空像片(正片)上呈现淡白色调;反射率低的地物,它在像片上呈现暗灰色调。如水泥路面呈现灰白色,而湖泊中的水体呈现深暗色。加上可见光黑白像片多数为大比例尺像片,地物形状特征明显,形状特征与色调特征等多种解译标志综合使用,可以提高目标地物的正确识别率。

(2)黑白红外像片解译。黑白红外像片上地物色调深浅的解释不同于黑白全色像片。在黑白全色像片上茂密植被的颜色为暗灰色,而在黑白红外像片上为浅灰色,这是因为植物的叶子在近红外具有强烈反射。各种植被类型或植物处在不同的生长阶段或受不同环境的影响,其近红外线反射强度不同,在黑白红外像片上表现的明暗程度也不同,根据像片色调差异可以区分出不同的植被类型。

物体在近红外波段的反射率高低决定了在黑白红外像片上影像色调的深浅,例如水体在近红外波段具有高的吸收率、很低的反射率,因此在黑白红外像片上呈现深灰色或灰黑色。同样的道路,水泥路面反射率高,影像色调浅;柏油路面反射率低,影像色调深。农田土壤含水量的多寡,可以通过影像色调的深浅反映出来,含水量多,影像色调呈现暗灰色;含水量少,影像色调呈现灰白色。由于大气散射、吸收对红外波段摄影影响小,雾霾、烟尘对红外波段影响也小,利用红外摄影进行土地资源调查、洪水灾害评估,以及军事侦察是十分有效的。

(3)天然彩色片基本反映了地物的天然色彩,地物类型间的细微差异可以通过色彩的变化表现出来,如清澈的水体呈现蓝-绿色,而含有淤泥的水体为浅绿色。天然彩色片上的丰富色彩提供了比可见光黑白像片更多的信息,其形状特征的识别类似于可见光黑白像片。

(4)红外彩色片在识别伪装方面也有突出的功用。地球表面的各种地物,诸如土地、森林、农作物、房屋、道路、河流,它们在可见光与近红外波段都以自身的特有规律反射电磁波,因此它们具有不同的光谱特征。正常生长的植物在近红外波段具有较高的反射率,故采用绿色植物进行伪装的物体,其光谱特征与植被不同,例如用植物枝叶伪装的目标地物在近红外像片上呈紫红色,披盖绿色伪装物的目标地物在像片中呈蓝色,而正常的植被呈现红色。因此,根据地物的光谱特征,容易区分出红外彩色片上正常生长的植物和用植物伪装的目标地物。判读红外彩色片,可以按照以下步骤进行:

第一步,认真了解红外彩色片感光材料的特性和成像原理。

第二步,熟悉各种地物在可见光和近红外光波段的反射光谱特性。

第三步,建立地物的反射光谱特性与红外彩色片中地物假彩色的对应关系。

第四步，建立彩色红外像片其他判读标志。

第五步，遵循遥感解译步骤与方法对彩色红外像片进行解译。

在解译时应注意：在彩色红外像片上，植物的叶子因反射红外线而呈现红色。但各种植被类型或植物处在不同的生长阶段或受不同环境的影响，其光谱特性不同，因而在彩色红外像片上红色的深浅程度不同。如正常生长的针叶林颜色为红色到品红色，枯萎的植被呈现暗红色，即将枯死的植被呈现青色。

水体污染、泥沙和水深等因素对像片的颜色也都会产生影响，例如富营养化的水体呈现棕褐色至暗红色，含有泥沙或淤泥的水体呈现青色至浅蓝色，清洁的浅水呈青蓝色，水体很深并且洁净时呈现深蓝到暗黑色。因此，必须根据地面实际调查建立各种地物的判读标志，在判读中要考虑环境等多种因素的影响。

2. 遥感扫描影像的判读

1）遥感扫描影像特征和解译标志

目前经常使用的遥感扫描影像都是卫星遥感影像，这些影像具有以下特征：多中心投影、像框扭动变形、信息量丰富、动态观测等。

遥感扫描影像解译标志的直接解译标志主要包括以下几种。

（1）色调与颜色。这是扫描图像解译的基本标志。对于中低分辨率的扫描影像来说，图像中色调与颜色更是一个重要的判读标志。由于扫描图像多数为多光谱影像，同一地区多光谱扫描图像中的相同地物，在不同波段的图像上可能会呈现不同色调，组合可以有不同的颜色。这是因为同一种地物在可见光和近红外波段上具有不同的反射率，它们在单波段扫描影像中表现为不同的色调。

（2）阴影。在多光谱图像中，阴影是电磁波被地物遮挡后在该地物背光面形成的黑色调区域。在扫描影像中陡峭的山峰背面往往形成阴影，阴影的出现给山区的扫描影像增加了立体感，同时也造成阴影覆盖区地物信息的丢失。

（3）形状。目标地物的形状在不同空间分辨率的扫描图像上表现的特点不同。在中低分辨率扫描影像上，地物的形状特征是经过自然综合概括的外部轮廓，它忽略了地物外形的细节，突出表现了目标地物宏观几何形状特征，如山脉的走向、水系的形态特征等。在中高分辨率扫描影像上，可以看到地物较为详细的形状特征，但线状地物（如道路和河流）的宽度经常被夸大。在高分辨率扫描影像上，可以看到地物具有的形态特征的更多细节，如飞机场内的飞机与停机坪等。

（4）纹理。在不同空间分辨率的扫描图像上纹理揭示的对象不同。在中低分辨率扫描影像上，地物的纹理特征反映了自然景观中的内部结构，如沙漠中流动沙丘的分布特点和排列方式。在中高分辨率扫描影像上，纹理揭示了目标地物的细部结构或物体内部成分。

（5）大小。同一地物在不同空间分辨率的扫描图像上表现出的尺寸大小不同，在低空间分辨率的扫描图像上该地物尺寸小，在高空间分辨率的扫描图像上该地物尺寸大。在图像判读中，必须结合图像的空间分辨率（或比例尺）来认识地物大小。

（6）位置。根据目标地物在扫描图像上的位置可以进行空间分析。制作规范的扫描图像（如 MSS 、TM ）提供了两种形式的位置：一种是在图像周围边框上标注的地理位置；另一种是目标地物与周围地理环境的相对位置。

（7）图型与相关布局。在高空间分辨率的扫描图像上经常使用，对识别人造地物很有帮助,例如对城市街区和火车站等识别。

扫描图像间接解译标志可参考前文有关内容。

2)常见的遥感解译特点

A. MSS 影像各个波段的解译特点

第 4 波段为绿色波段,对水体有一定透射能力,在清洁的水体中透射深度为 10~20 m,可以判读浅水地形和近海海水泥沙。由于植被波谱在绿色波段有一个次反射峰,可以探测健康植被在绿色波段的反射率。

第 5 波段为红色波段,该波段可反映河口区海水团涌入淡水的情况,对海水中的泥沙流、河流中的悬浮物质与河水浑浊度有明显反映;可区分沼泽地和沙地;可以利用植物绿色素吸收率进行植物分类。此外,该波段可用于城市研究,对道路、大型建筑工地、砂砾场和采矿区反映明显。在红色波段各类岩石反射更容易穿过大气层被传感器接收,因此也可用于地质研究。

第 6 波段为近红外波段,植被在此波段有强烈反射峰,可区分健康与病虫害植被;水体在此波段上具有强烈吸收作用,水体呈暗黑色,含水量大的土壤为深色调,含水量少的土壤色调较浅,水体与湿地反映明显。

第 7 波段也为近红外波段,植被在此波段有强烈反射峰,可用来测定生物量和监测作物长势;水体吸收率高,水体和湿地色调更深,海陆界线清晰。另外,该波段可用于地质研究,划分出大型地质体的边界,区分规模较大的构造形迹或岩体。

第 8 波段为热红外波段,该波段可以监测地物热辐射与水体的热污染,根据岩石与矿物的热辐射特性可以区分一些岩石与矿物,并可用于热制图。

B. TM 图像解译特点

TM 专题绘图仪比 MSS 增加了 4 个波段,在波段宽度设计上 TM 更具有针对性,它比 MSS 图像应用范围更广,对植被和土壤含水量等检测效果更好。

C. SPOT 图像解译特点

SPOT-5 卫星与前 4 颗 SPOT 卫星相比,具有两个突出特点:

(1)更高的地面分辨率。利用两台高分辨率几何成像仪,把 2 个 5 m 分辨率图像相叠加,把全色图像分辨率提高到 2.5 m 分辨率。

(2)利用高分辨率立体成像仪分别从前后视不同角度对目标地物观测,获取同一地物的立体图像。它能同时获取两幅图像,因此可用于制作更为精确的地形图和高程图。这与前 4 颗 SPOT 卫星立体观测不同,前 4 颗采用旁向成像方式。

此外,SPOT-5 卫星携带了“植被-2”相机,几乎每天可实现全球覆盖,图像的分辨率为 1 km。

D. 高空间分辨率遥感影像解译特点

典型的高空间分辨率遥感影像主要有 SpaceImaging 公司的 IKONOS 卫星图像和Earth-watch 公司的 QuickBird 卫星图像。其特点如下:

(1)遥感影像具有空间分辨率高、地物形态清晰的特点,便于目视判读。

(2)卫星影像具有较高的制图精度,例如遥感图像空间分辨率达到 1 m,能够满足万分之一比例尺测图精度的要求。

(3)卫星影像在旁向上为多中心投影,在航向上为正射投影,其变形规律与航空像片不同。

E. 高光谱技术

高光谱技术是近几年迅速发展起来的一种新型遥感技术。它将成像技术与高光谱技术结合在一起,对目标地物成像时,也对组成每个地物的像元经过色散形成几十个乃至几百个窄波段进行光谱覆盖,形成同一地区几十个乃至几百个高光谱图像。

对于高光谱像片的判读一般可采取两种方法:假彩色合成法、比较判读法。

3)热红外像片的判读

地物具有反射、透射和发射电磁辐射的能力。遥感器透过 3.5~5.5 mm 和 8 ~14 mm 区间上的大气窗口,探测地物表面发射的电磁辐射。这点不同于可见光和近红外遥感。地物本身具有热辐射特性,热红外像片记录了地物热辐射。各种地物热辐射强度不同,在像片上具有不同的色调和形状构像,这是我们识别热红外像片地物类型的重要标志。热红外像片的直接解译标志主要包括以下几种。

(1)色调。色调是地物亮度温度的构像。判读热红外像片时,关键是要细致区分影像色调的差异。影像的不同灰度表征了地物不同的辐射特征。影像正片上的深色调代表地物热辐射能力弱,浅色调代表地物热辐射能力强。

(2)形状。热红外探测器检测到物体温度与背景温度存在差异时,就能在影像上构成物体的"热分布"形状。

(3)地物大小。地物的形状和热辐射特性影响物体在热红外像片上的尺寸,当高温物体与背景具有明显热辐射差异时,即使物体很小,如正在运转的发动机、高温喷气管、较小的火源,都可以在热红外像片上表现出来,由于高温物体向外辐射,因此它在影像中的大小往往比实际尺寸要大。

(4)阴影。热红外影像上的阴影是目标地物与背景之间的辐射差异造成的,它分为冷阴影和暖阴影两种。

根据热红外影像解译标志,可以识别不同的地物。下面介绍一些主要地物的解译方法。

水体与道路:在白天获取的热红外像片上,由于水体具有良好的传热性,一般呈暗色调。相比之下,道路在影像上呈浅灰色至白色,这是因为构成道路的水泥、沥青等建筑材料,白天接收了大量太阳热能,又很快转换为热辐射。午夜以后获取的热红外像片,河流、湖泊等水体在影像上呈浅灰色至灰白色,而道路呈现暗黑色调,这是因为水体热容量大、散热慢,而道路在夜间散热快。

树林与草地:在白天获取的热红外影像上,树林呈暗灰至灰黑色,这是因为在白天树叶表面存在水汽蒸腾作用,降低了树叶表面温度,使树叶的温度比裸露地面的温度要低。夜晚,树木在热红外影像上多呈浅灰色调,有时呈灰白色,这是因为树林覆盖下的地面热辐射使树冠增温。草地在夜晚获取的热红外像片上呈黑色调或暗灰色调,这是因为夜间草类很快地散发热量而冷却。

土壤与岩石:在热红外影像上土壤含水量不同,其色调也不同。在午夜后拍摄的热红外影像上,土壤含水量高呈现灰色或灰白色调,土壤含水量低呈现暗灰色或深灰色,这是因为水体的热容量大,在夜间热红外辐射也强。一般裸露的岩石白天受到太阳暴晒,在夜间拍摄的热红外像片上呈淡灰色,例如玄武岩往往呈灰色至灰白色,花岗岩呈灰色至暗灰色,这是由于岩石的热容量较大,夜晚有较高的热红外辐射能力。

3. 微波影像的判读

微波遥感采用的波长范围为0.1 ~ 100 cm，它可以穿透云雾和大气降水,测定云下目标地物发射的辐射,对地表有一定的穿透能力,具有全天候、全天时的工作能力。

微波遥感观测目标地物电磁波的辐射和散射。被动微波遥感观测目标地物的辐射,常用的被动遥感器有微波辐射计(microwave radiometer)。主动微波遥感由遥感器向地面发射微波,探测目标地物后向散射特征,常用的主动遥感器有微波散射计(microwave scatterometer)、微波高度计（microwave altimeter）和成像雷达（microwave radar）。成像雷达提供了微波遥感影像（也有人称雷达影像）,这里简称微波影像。

成像雷达分为真实孔径雷达（RAR：Real Aperture Radar）与合成孔径雷达（SAR：Synthetic Aperture Radar）。近年来,合成孔径雷达技术发展很快,除了航空遥感平台搭载合成孔径雷达,航天遥感平台也搭载合成孔径雷达,获取地球表层微波影像。

1)微波影像特点

(1)侧视雷达采用非中心投影方式（斜距型）成像,它与摄像机中心投影方式完全不同。

(2)比例尺在横向上产生畸变。在雷达波束照射区内,地面各点对应的入射角不等,距离雷达航迹越远,入射角越大,因而影像比例尺产生畸变,其规律是距离雷达航迹愈远比例尺愈小。

(3)地形起伏移位。在地学研究领域,经常采用 Ka 及 X 波段成像雷达进行资源与环境调查。雷达影像可应用于以下领域:海洋环境调查、地质制图和非金属矿产资源调查、洪水动态检测与评估、地貌研究和地图测绘等。

2)微波影像的判读方法

进行雷达影像解译,需要具备微波遥感的基础理论知识,掌握各种目标地物的微波特性和微波与目标地物相互作用规律,同时也需要掌握微波影像的判读方法和技术。

(1)采用由已知到未知的方法,利用有关资料熟悉解译区域,有条件时可以拿微波影像到实地去调查,从宏观特征入手,对需要判读的内容,可以把微波影像与专题图结合起来判读,反复对比目标地物的影像特征,建立地物解译标志,在此基础上完成微波影像的解译。

(2)对微波影像进行投影纠正,与 TM 或 SPOT 等影像进行信息覆合,构成假彩色图像,利用 TM 或 SPOT 等影像增加辅助解译信息,进行微波影像解译,例如中国地面卫星站利用 SAR 与气象卫星图像覆合对洪水进行检测。

(3)利用同一航高的侧视雷达在同一侧对同一地区两次成像,或者利用不同航高的侧视雷达在同一侧对同一地区两次成像,获得可产生视差的影像,对微波影响进行立体观察,获取不同地形或高差,或对其他目标地物进行解译。

4. 目视解译方法

遥感影像目视解译方法(Visual Interpretation Method on Image）是指根据遥感影像目视解译标志和解译经验,识别目标地物的办法与技巧。

遥感扫描影像的判读,要遵循“先图外、后图内,先整体、后局部,勤对比、多分析”的原则,对扫描影像进行认真判读。

“先图外、后图内 ”是指遥感扫描影像判读时,首先要了解影像图框外提供的各种信息,它包括以下内容:图像覆盖的区域及其所处的地理位置、影像比例尺、影像重叠符号、影像注记、影像灰阶等。

了解图外相关信息后，再对影像作认真观察，观察应遵循"先整体、后局部"的原则，对解译的影像作整体的观察，了解各种地理环境要素在空间上的联系，综合分析目标地物与周围环境的关系。

鉴于多光谱扫描影像可以同时获取多个波段的扫描图像，因此必须遵循"勤对比、多分析"的判读原则，在判读过程中进行以下对比分析：多个波段对比、不同时相对比、不同地物对比等。

根据目视判读实践，一般认为卫星影像解译比航空像片解译难度更大。因此，熟悉地物在不同波段的光谱特性，了解地物在不同空间分辨率影像上的表现，以及在不同假彩色合成影像上的表现，熟练掌握扫描影像解译标志与解译方法，这些对于提高目视解译水平是很有帮助的。

下面就常用的目视解译方法分别叙述如下：

（1）直接判读法。该方法是根据遥感影像目视判读直接标志，直接确定目标地物属性与范围的一种方法。

（2）对比分析法。此方法包括同类地物对比分析法、空间对比分析法和时相动态对比法。同类地物对比分析法是在同一景遥感影像图上，由已知地物推出未知目标地物的方法。

（3）信息覆合法。该方法是利用透明专题图或者透明地形图与遥感图像重合，根据专题图或者地形图提供的多种辅助信息，识别遥感图像上目标地物的方法。例如 TM 影像图覆盖的区域大，影像上土壤特征表现不明显，为了提高土壤类型解译精度，可以使用信息覆合法，利用植被类型图增加辅助信息。

（4）综合推理法。该方法是综合考虑遥感图像多种解译特征，并结合生活常识，分析、推断某种目标地物的方法。

（5）地理相关分析法。该方法是根据地理环境中各种地理要素之间的相互依存、相互制约的关系，借助专业知识，分析推断某种地理要素性质、类型、状况与分布的方法。

5. 目视解译基本程序与步骤

遥感影像目视解译是一项认真细致的工作，解译人员必须遵循一定行之有效的基本程序与步骤，才能够更好地完成解译任务。

一般认为，遥感图像目视判读分为五个阶段。

1）目视解译准备工作阶段

遥感图像反映的是地球表层信息，由于地理环境的综合性和区域性特点，以及受大气吸收与散射影响等，遥感影像有时存在同质异谱或异质同谱现象，因此遥感图像目视解译存在着一定的不确定性和多解性。为了提高目视解译质量，需要认真做好目视解译前的准备工作。一般说来，准备工作包括以下方面：明确解译任务与要求、收集与分析有关的资料、选择合适波段与恰当时相的遥感影像。

2）初步解译与判读区的野外考察

初步解译的主要任务是掌握解译区域特点，确立典型解译样区，建立目视解译标志，探索解译方法，为全面解译奠定基础。

3）室内详细判读

初步解译与判读区的野外考察奠定了室内判读的基础。建立遥感影像判读标志后，就可以在室内进行详细判读了。

4）野外验证与补判

室内目视判读的初步结果需要进行野外验证，以检验目视判读的质量和解译精度。对于详细判读中出现的疑难点、难以判读的地方，则需要在野外验证过程中补充判读。

5）目视解译成果的转绘与制图

遥感图像目视判读成果一般以专题图或遥感影像图的形式表现出来。将遥感图像目视判读成果转绘成专题图，可以采用两种方法：一种是手工转绘成图；另一种是在精确几何基础的地理地图上采用转绘仪进行转绘成图。完成专题图的转绘后，再绘制专题图图框、图例和比例尺等，对专题图进行整饰加工，形成可供出版的专题图。

二、QuickBird 图像解译

本项目采用的遥感数据是0.61 m 分辨率的 QuickBird 卫星影像，使用的数字高程模型（DEM）数据是我们制作的1∶1万 Grid。根据卫星影像纹理及色彩，提取王茂沟流域的土地利用现状及植被覆盖度信息，利用 DEM 数据提取坡度信息，依据前三类信息综合判断土壤侵蚀等级，以此调查王茂沟流域的水土保持现状。

（一）技术路线

以王茂沟流域的数字高程模型（DEM）及地形图为基础，利用遥感影像处理软件对影像进行纠正、调色、裁剪、拼接等处理；通过外业调查，建立影像与实地对应的解译标志；依据解译标志在影像上提取土地利用及植被覆盖度信息，并建立相关矢量图层；利用 DEM 数据根据栅格数据空间分析获得坡度信息，并生成坡度矢量图层；结合土壤侵蚀分级指标，在已有三类信息的基础上进行矢量图层叠加，并计算各划分单元的土壤侵蚀强度等级（如图4-23所示）。

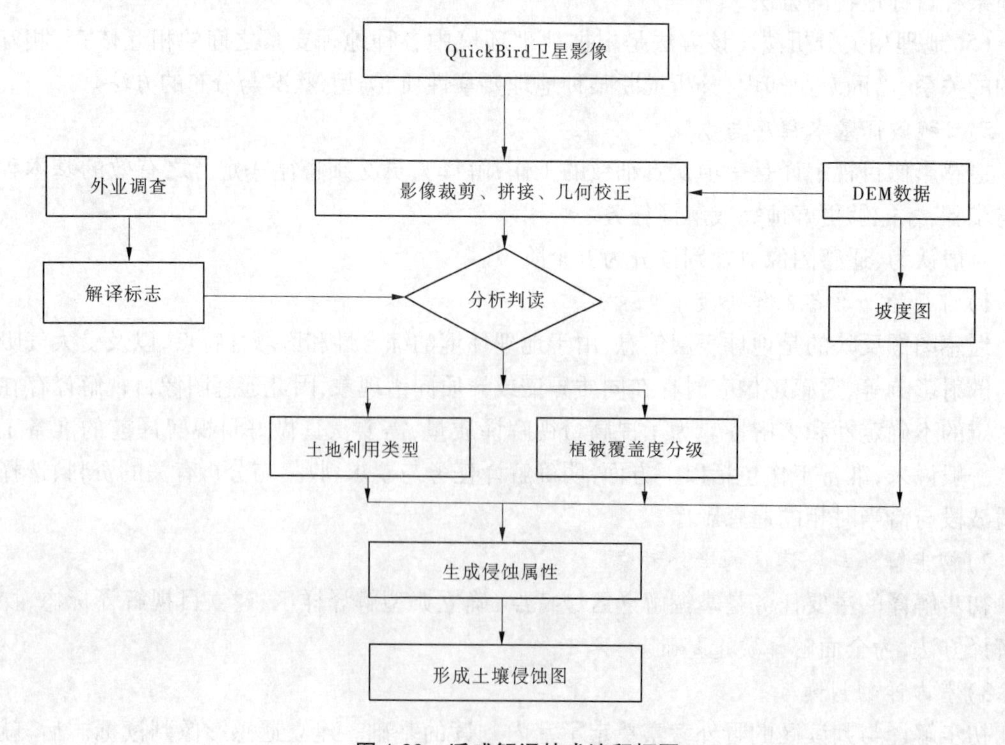

图4-23　遥感解译技术流程框图

(二)信息源

本次遥感调查的主要信息源有王茂沟流域的QuickBird卫星影像、1:1万的DEM和地形图等。

QuickBird卫星影像拍摄于2004年9月9日,分辨率为0.61 m的真彩色影像,可直观地从影像中解译出各种土地利用类型、植被覆盖度等信息,能够较好地满足小流域水土保持遥感调查的要求。

QuickBird为8 bit真彩色卫星影像,在解译前进行了文件格式转换、色彩调整等处理,然后在ArcInfo中进行解译。

1:1万DEM数据栅格分辨率为5 m,利用ArcInfo软件的空间分析生成栅格数据形式的坡度图,再将栅格数据转为矢量数据,利用它执行ArcInfo的Union命令,将坡度数据与其他数据进行叠加。

(三)影像解译标志的建立及图斑编码

影像解译标志是内业解译的依据,在解译工作开始之前,必须结合影像到实地建立影像色调、纹理结构、颜色、形状与土地利用类型、植被覆盖度的对应关系,这样才可在室内准确地从影像中进行判读,保证解译数据精度(见表4-9)。本次外业工作主要有以下内容。

表4-9　王茂沟流域QuickBird卫星影像解译标志

序号	土地利用类型	影像特征				QuickBird影像	照片
		色调	形状	阴影	纹理结构		
1	淤地坝	黄绿色	长条状,前大后小	没有阴影	比较细腻且均匀	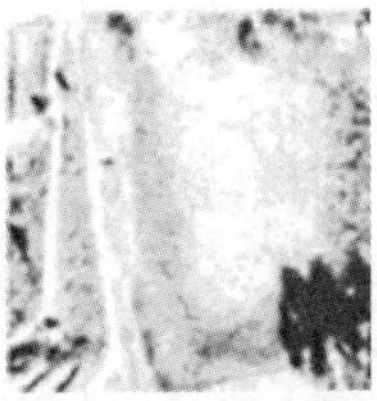	
2	梯田	黄绿色为主、间有暗色	有梯田的层状	沿梯田埂有阴影	比较细腻,且为几何状	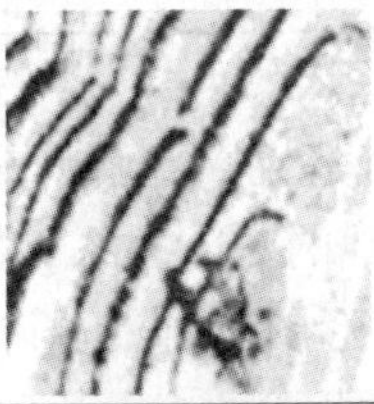	
3	乔木	褐色为主	多为梨状、头状等	有阴影	粗糙,单株突出、片状均匀	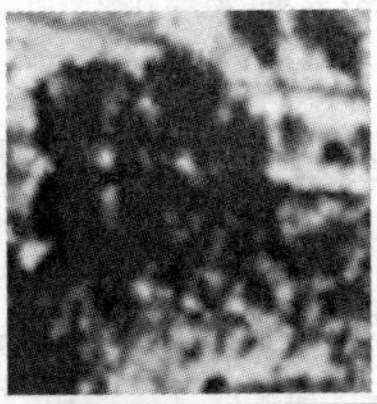	
4	灌木	褐色为主	多为头状、坑状	阴影少	粗糙,没有几何状	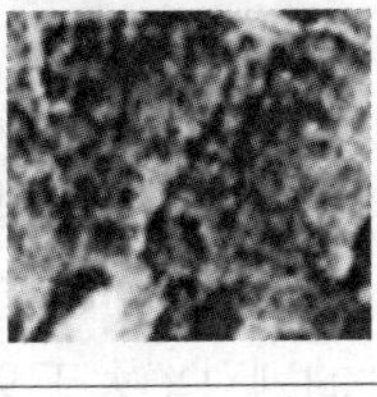	

续表 4-9

序号	土地利用类型	影像特征				QuickBird影像	照片
		色调	形状	阴影	纹理结构		
5	经济林	暗褐色为主	多为簇状、点状	有阴影	粗糙，分布均匀		
6	荒地	绿、褐色，受太阳光的影响	多为点状	没有阴影	粗糙，分布不均		
7	居民点	整体白色、浅色、暗色	一般为条形、矩形等	局部有阴影	为规则的几何状，且纹理较细腻		
8	水地	整体以黄绿色为主，也有暗色	以长方形、正方形为主	无阴影	纹理比较粗糙，为规则的几何状		

(1)通过外业调查建立影像解译标志。拍摄相应的野外实况照片，利用 GPS 准确定位并建立影像特征与实地的对应关系，供内业解译参考。

(2)利用 1∶1万地形图进行外业调绘，为内业解译建立判读的认识基础。

(3)进行重点淤地坝调查，采用下式计算侵蚀模数，为内业判读提供参考数据。

$$M_s = V_s/FN \tag{4-8}$$

式中：M_s 为平均侵蚀模数；V_s 为淤积量；F 为控制面积；N 为淤积年限。

(4)通过收集资料和走访当地群众进行社会经济状况调查。

图斑编码的方法如下：根据王茂沟流域的实际情况，本次解译采用五位编码，第一、二位码为土地利用类型，第三位码为坡度，第四位码为植被覆盖度，第五位码为侵蚀强度。

(四)影像解译

采用人机交互解译法。质量控制要求如下：

(1)影像处理后，图像清晰，色调均一，反差适中，阴影、云彩或其他斑痕不影响应用。影像精细纠正后，误差控制在 3 个像元内。

(2)解译图斑属性的判对率大于 90%。

(3)图斑边界线的走向和形状与影像特征之间的允许误差为1个像元。

(4)农田、林地等最小图斑面积为100个像元,荒草地为400个像元。条状图斑短边长度不小于5个像元。

影像解译的步骤如下:

第一步,综合判读。根据野外建立的解译标志、影像以及相关资料在ArcInfo下综合判读,按照土地利用类型和植被覆盖度分级情况勾绘图斑,并赋前三位码。农田的植被覆盖度定为4级。

第二步,添加坡度属性码。在ArcInfo的空间分析模块下,利用DEM生成矢量坡度图,再与综合判读图叠加,添加坡度属性码。水面、梯田、坝地以及川台地坡度定为0°~5°。

第三步,添加侵蚀强度属性码。根据前四位码(即土地利用类型、植被覆盖度和坡度),人工交互为每个图斑添加侵蚀强度属性码。人工判别的标准见表4-10。

表4-10 水力侵蚀强度分级参考指标

地类		地面坡度				
		5°~8°	8°~15°	15°~25°	25°~35°	>35°
非耕地林草覆盖度(%)	60~75	轻度	轻度	轻度	中度	中度
	45~60	轻度	轻度	中度	中度	强度
	30~45	轻度	中度	中度	强度	极强度
	<30	中度	中度	强度	极强度	剧烈
坡耕地		轻度	中度	强度	极强度	剧烈
梯田、坝地、川台地、水面、居民地等		微度(坡度均为0°~5°)				

(五)侵蚀强度等级判读精度验证

小流域的土壤侵蚀模数可以通过解译成果中所有划分单元(图斑)的面积和土壤侵蚀强度推算出来。将推算出来的土壤侵蚀模数与野外实地调查获得的土壤侵蚀模数比较,即可验证解译成果中划分单元(图斑)的土壤侵蚀强度赋值的总体精度。

在推算过程中,各侵蚀强度等级对应的侵蚀模数参考指标采用部颁标准——《土壤侵蚀分类分级标准》(SL 190—96),计算时取中值。

通过验算,解译成果侵蚀模数计算结果为6 206 t/(km^2·a),而1999年黄河流域遥感普查项目对王茂沟流域进行野外实地调查获得的侵蚀模数为8 700 t/(km^2·a)。经过2000~2005年韭园沟示范区建设,王茂沟流域的坡面治理度达到73.2%,沟口监测2000~2005年流域共计输出泥沙10 t/km^2。因此,我们认为土壤侵蚀模数为6 206 t/(km^2·a)是比较准确的(见表4-11)。而现在采用的1973年编的《榆林地区实用水文手册》(内部资料),由于时间较早,地形地貌、植被、气候等影响水土流失的因素发生了变化,因此应该对已经使用了30多年的水文手册进行必要的修订。

本次遥感影像解译中,不仅影像分辨率高,同时使用了夏态的QuickBird影像,而且采用了DEM生成坡度图和人机交互判定侵蚀强度等技术,使影像判读过程中的误差大大降低,客观性增强,判读准确率有很大提高,增强了王茂沟流域淤地坝建设的科技含量,具有一定的示范作用。

表 4-11 遥感解译侵蚀强度等级判读精度验算结果

遥感解译结果		解译结果土壤侵蚀量计算(t/(km² · a))			流域侵蚀模数(t/(km² · a))		
侵蚀强度等级	面积(km²)	侵蚀模数参考指标	侵蚀强度标准	侵蚀量	本次遥感解译结果	1999 年遥感项目野外实际测量	1973 年编的《榆林地区实用水文手册》
微度	0.44	200	1 000	440.00			
轻度	1.56	1 000	2 500	3 900.00			
中度	0.69	2 500	5 000	3 450.00			
强度	2.02	5 000	8 000	16 160.00			
极强度	1.16	8 000	10 000	11 600.00			
剧烈	0.10	15 000	15 000	1 500.00			
合计	5.97			37 050.00	6 206	8 700	18 000

通过本次遥感调查,建立了一套 QuickBird 影像解译标志和王茂沟流域遥感解译图形、图像属性库,并制作了王茂沟流域影像图、水土保持措施现状图、坡度图,以及骨干坝、中型淤地坝现状及规划布设图等水土保持系列图件。从解译结果可以看出,流域右岸植被覆盖较好(为流域的阴坡)、土壤侵蚀相对较轻,其他区域的土壤侵蚀严重,小流域的土壤侵蚀模数为 6 206 t/(km² · a),基本符合流域的实际。

(六)提取坝系专题信息

利用建立的解译标志,对坝系内淤地坝的数量、位置、面积,坝地利用状况,流域内可利用水资源进行解译,并建立了空间数据库等,得到了必要的坝系专题信息。

(1)坝系内淤地坝的数量。根据影像资料,在建立的解译标志的基础上,确定了王茂沟流域内共有 22 座淤地坝。可以很清楚地看到骨干坝的坝顶、坝坡、溢洪道以及坝顶道路等信息,淤地坝的坝顶也能比较清楚地解译出来。

(2)淤地坝的位置。在确定淤地坝数量的同时,可以确定坝系内淤地坝的平面位置,利用位置图就可以判断坝系内淤地坝布置的合理性,以及单元坝系内淤地坝布局的合理性。

(3)淤地坝的面积。根据遥感影像可以清楚地判读出沟底线即沟坡与淤地平面的交线,从而得出淤地坝的面积。各淤地坝的面积如表 4-12 所示。

(4)坝地利用状况。通过建立的遥感解译标志,从遥感影像中可以分辨出坝地的土地利用状况,如林地、农地、水面、荒地等,为流域的坝系规划和土地利用规划提供科学的依据。

(5)流域内可利用水资源的确定。从影像中可以清楚地判读出流域内的蓄水塘坝,设计规划人员无需进入沟道,就可以判断出塘坝内水资源的面积,通过多通道影像的合成或 DEM 数据的分析,判断出水资源数量的多少,为流域水资源的科学利用提供了依据。

(6)建立了空间数据库。根据遥感影像利用地理信息系统技术,建立起淤地坝空间数据库,为流域坝系信息系统的建立提供了空间数据。

表4-12　小流域坝系遥感监测结果

编号	坝名	坝高(m)	控制面积(km^2)	淤地面积(hm^2)
1	王茂庄1#坝	19.8	2.89	3.18
2	王茂庄2#坝	30.0	2.97	3.18
3	黄柏沟2#坝	15.0	0.18	0.40
4	康河沟2#坝	16.5	0.32	0.37
5	马地嘴坝	8.0	0.50	1.62
6	关地沟1#坝	23.0	1.14	2.93
7	死地嘴1#坝	8.93	0.62	1.03
8	黄柏沟1#坝	13.0	0.34	0.39
9	康河沟1#坝	12.0	0.06	0.43
10	康河沟3#坝	10.5	0.25	0.33
11	埝堰沟1#坝	13.5	0.86	0.72
12	埝堰沟2#坝	6.5	0.18	1.99
13	埝堰沟3#坝	9.5	0.46	1.23
14	埝堰沟4#坝	13.2	0.24	0.57
15	麻圪凹坝	12.0	0.16	0.71
16	何家峁坝	5.2	0.07	0.42
17	死地嘴2#坝	16.0	0.14	2.58
18	王塔沟1#坝	8.0	0.35	0.62
19	王塔沟2#坝	4.0	0.29	0.63
20	关地沟2#坝	10.5	0.10	0.24
21	关地沟3#坝	12.0	0.05	1.51
22	背塔沟坝	13.2	0.20	0.71

第四节　RS与DEM的淤地坝淤积量计算方法

在我们的研究中充分利用现代的新技术对小流域坝系进行监测，本节采用RS解译得到的坝系面积图，应用ERDAS IMAGINE软件对淤地坝坝系淤积量进行计算。

一、概述

（一）淤积范围图的制作

淤积范围的确定（监测时间前后）是暴雨洪水发生前后的淤积对比过程，它包括三个步骤：

(1)在淤积监测前淤地坝面积的界定。

(2)淤积后淤地坝面积的界定。

(3)将上述两面积图叠加求面积范围与面积。

(二)数字高程模型(DEM)的制作与淤积厚度的计算

利用该区1∶10 000的地形图制作的数字高程模型(DEM),与淹没范围图叠加,可以获取淹没水深分布图,也可用来进行洪水演进,得到淹没水深分布与淹没范围图。

利用ERDAS软件的VirtualGIS分析功能中的Water Layer层(洪水淹没分析)来计算淤地坝的淤积面积和淤积体积。

在VirtualGIS窗口中可以叠加洪水层(Overlay Water Layers),进行洪水淹没状况分析,即亦可以利用此功能进行淤地坝的淤积面积和淤积体积的计算。系统提供了两种分析模式(Fill Entire Scene和Create Fill Area)进行操作。

二、利用Fill Entire Scene模式查看淤积情况

在Fill Entire Scene模式中,对整个可视范围增加一个洪水平面,水位的高度可以调整以模拟洪水的影响范围。

(一)打开淤地坝所在流域DEM

打开ERDAS软件,单击VirtualGIS模块,单击File\Open\DEM,打开要分析的流域DEM。

(二)创建淤积层(Create Water Layer)

在VirtualGIS菜单条中,单击File\New\Water Layer,弹出Create Water Layer对话框(见图4-24)。在这个创建淤积层对话框中,可以确定的参数为:确定文件存放的目录wmg;确定文件名称为wmg.fld;单击OK按钮(关闭Create Water Layer对话框,创建淤积层文件)。

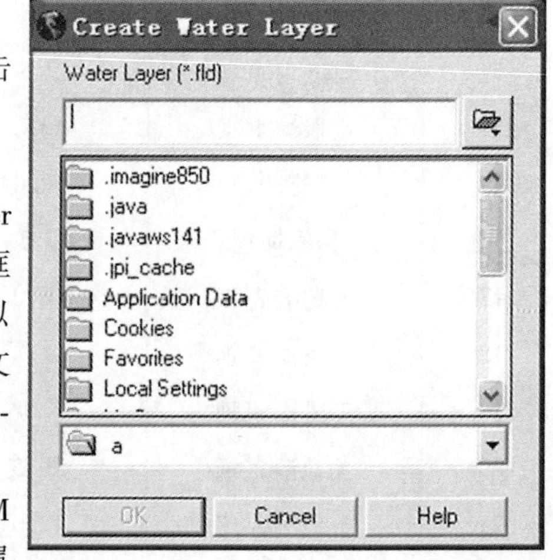

图4-24　Create Water Layer对话框

淤积层文件建立以后,自动叠加在流域DEM层的VirtualGIS视景之上,由于淤积层中还没有属性数据,所以现在VirtualGIS视景还没有什么变化。不过,在VirtualGIS菜单条中已经增加了一项Water菜单,其中包含了关于淤积层的各种命令和参数设置。

(三)用Fill Entire Scene编辑淤积层

在VirtualGIS菜单条中,单击Water\Fill Entire Scene命令,视景之上叠加一个具有默认属性的淤积层(见图4-25)。对于VirtualGIS之上叠加的充满整个视景的洪水层,可以进一步编辑属性。

1. 调整淤积层的厚度

在VirtualGIS菜单条,单击Water\Water Elevation Tool命令,打开淤积层厚度对话框(见图4-26)。

在淤积层厚度(Water Elevation)对话框中,可以确定的参数为:调整淤积的厚度(Elevation),即淤积顶端高程值为700 m。调整淤积厚度增量(Delta)为1 m。同时设置自动应用

模式,选中 Auto Apply 复选框(VirtualGIS 窗口中的洪水层水位将相应自动变化),可以根据淤积厚度看其淤积的情况。

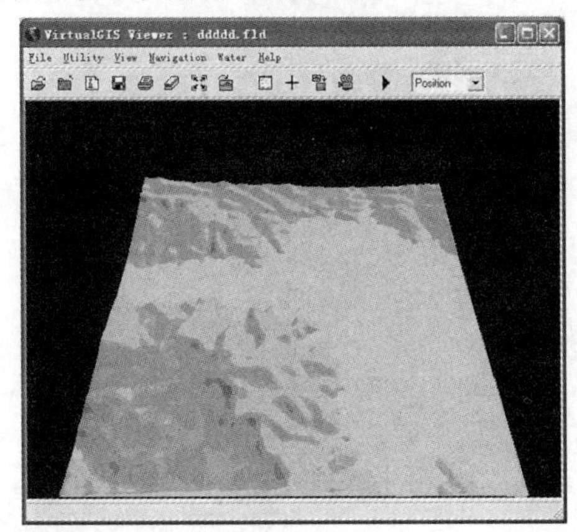

图 4-25　淤积层在流域中的显示

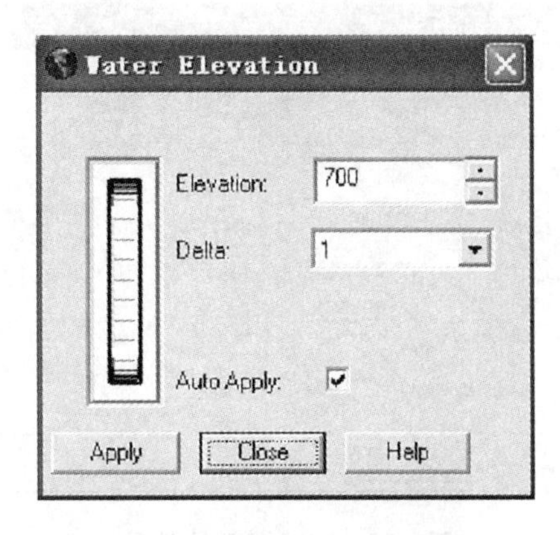

图 4-26　淤积层厚度选择

2. 设置整个的显示环境

1)设置整个图像的显示背景

在 VirtualGIS 中点击鼠标右键,弹出属性菜单(见图 4-27),选择现场属性(Scene Properties)中 Background 标签卡(见图 4-28),选择 Background Type 类型为 Solid Color 类型,利用 Background Color 选择颜色。

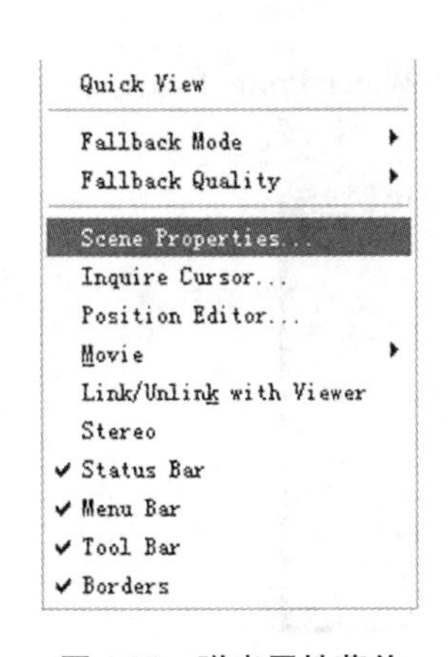

图 4-27　弹出属性菜单

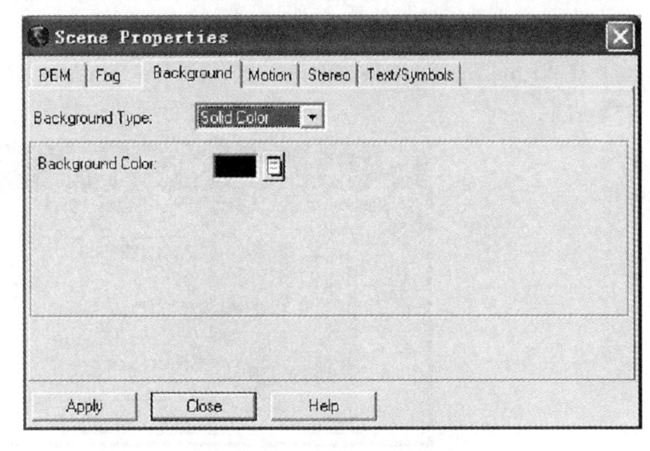

图 4-28　背景显示属性菜单

2)设置 DEM 显示

在现场属性(Scene Properties)下,选择 DEM 标签卡(见图 4-29)。其中 Exaggeration 文本框,可以夸张 DEM 的高程值,显示出高度突出的山脉,当选择正值时,如大于 1 时山比原来要高许多;当选择负值时显示将相反,低的地方变高,高的地方变低。Terrain Color 可以选择 DEM 的显示色彩。

3)设置淤积区显示

单击 Water\Display Styles 命令,打开 Water Display Styles 对话框(见图 4-30)。可以选择的参数有:设置淤泥表面特征(Surface Style)为 Solid(固定颜色);另外两种特征为 Rippled

(水波纹)和 Textured(图像纹理)。设置淤积层颜色(Water Color)为黄色。设置淤泥映像,选中 Reflections 复选框。

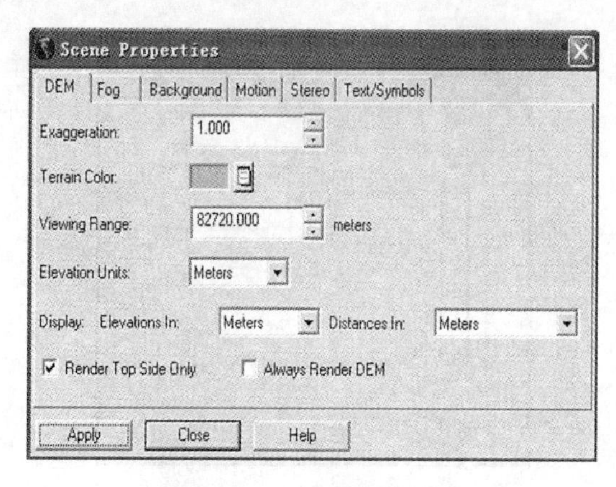

图 4-29 DEM 显示属性图

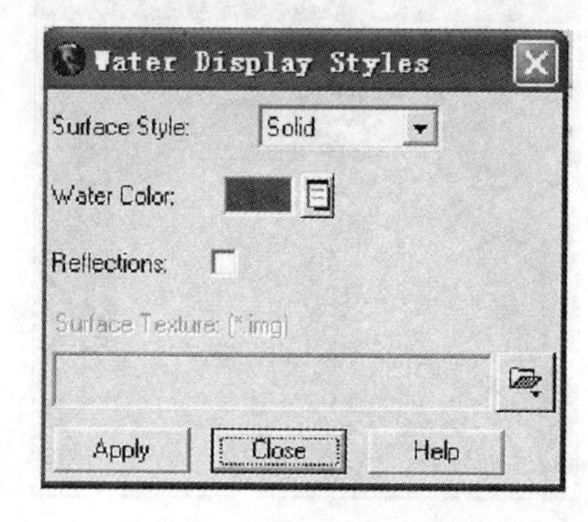

图 4-30 淤积区显示属性图

三、利用 Create Fill Area 模式计算淤地面积和淤积体积

利用本项功能可以选择流域内某一淤地坝,通过分析就可以得到该淤地坝不同高程的淤地面积和淤积体积,即等于得到坝高与淤地面积、坝高与淤积库容的关系。

其中打开淤地坝控制流域 DEM 和创建淤积层同前文所述,这里就不再重复。

(一)选择淤积层

在 VirtualGIS 菜单条,单击 Water\Create Fill Area 命令,打开 Water Properties 对话框(见图 4-31)。

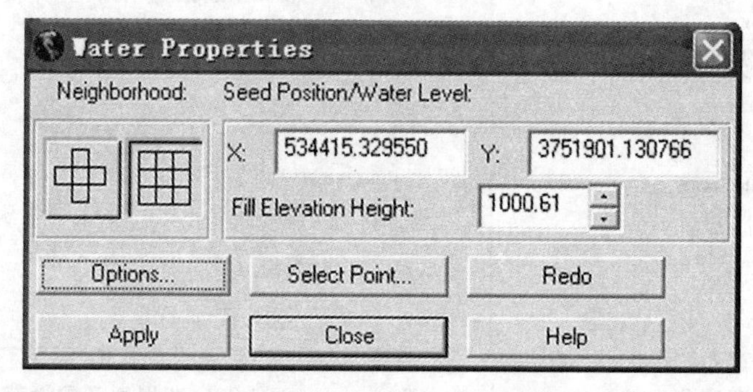

图 4-31 Water Properties 对话框

在选择区域淤积属性对话框中,可以选择需要计算淤地坝面积和体积的区域。

1. 选择填充选项

单击 Options 按钮,打开 Fill Area Options 对话框(见图 4-32)。在对话框中选择设置产生岛选择项,选中 Create Islands 复选框。单击 OK 按钮,关闭填充面积选项对话框,为选择单个淤地坝做好了选择。

2. 选择淤地坝的位置

单击 Select Point 按钮,并用鼠标在要想选择的淤地坝坝址位置单击一点,该点的 X、Y

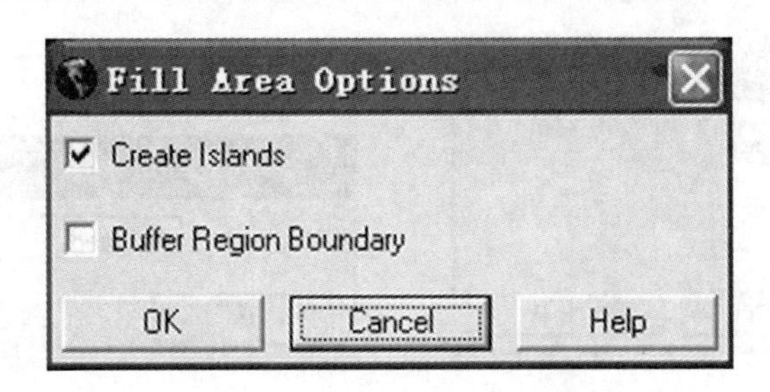

图 4-32　填充面积选项对话框

坐标与高程将分别显示在 Fill Area Options 对话框中。

调整淤积层填充高程(Fill Elevation Height):1 000.61 m。单击 Apply 按钮(应用淤积层设置参数,产生淤积区域并计算出淤地面积和淤积体积)。重复执行上述操作,可以产生多个淤积区域。

(二)淤地面积和淤积体积

对于上面计算的淤积区域结果,可以通过如下步骤来管理和编辑属性,查看面积与体积表。

在 VirtualGIS 菜单条单击 Water\Fill Attributes 命令,打开 Area Fill Attributes 窗口(见图 4-33)。

Area Fill Attributes

File　Utility　Help

Areas	Volume	Surface Area	Fill Mod	Color	Reflections	Texture File
1	3019081127929.31	66.16	Rippled			
2	8989628941593.87	112.35	Texture			
3	18360648530278.48	159.72	Solid			
4	30713037893128.18	201.97	Solid			

图 4-33　Area Fill Attributes 窗口

Area Fill Attributes 窗口由菜单条和淤积属性表(Attributes Cellarray)组成,表格中显示的每一条记录对应一个淤积区域,每一条记录都包含淤积体积(Volume)、淤地面积(Surface Area)、淤积区域填充模式与填充颜色等属性信息。其中,淤积体积和淤地面积的单位可以改变,填充模式与填充颜色也可以调整,具体如下。

1. 改变淤积体积和淤地面积的单位

在 Area Fill Attributes 菜单条单击 Utility\Set Units 命令,打开 Set Volume/Area Units 对话框(见图 4-34)。

在 Set Volume/Area units 对话框中,设置淤积体积单位(Volume)为 Cubic Meters(m^3),设置淤地面积单位(Area)为 Hectares(hm^2),单击 OK 按钮,关闭 Set Volume/Area Units 对话框,应用新设置的单位,属性表格中的体积和面积统计数据将按照新设置的单位显示。

2. 修改淤积区域填充模式

在 Area Fill Attributes 窗口属性表单击 Fill Mode\Rippled 命令,打开 Set Fill Mode 对话框(见图 4-35)。修改淤积区域填充模式(Fill Mode):Rippled。单击 OK 按钮,关闭 Set Fill Mode 对话框,应用新设置的填充模式,VirtualGIS 三维视景中的淤积区域将按照新的设置模式显示。

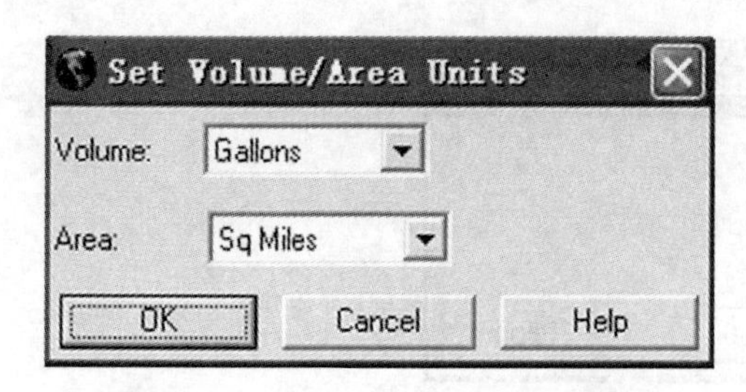

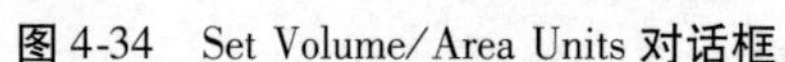
图 4-34　Set Volume/Area Units 对话框

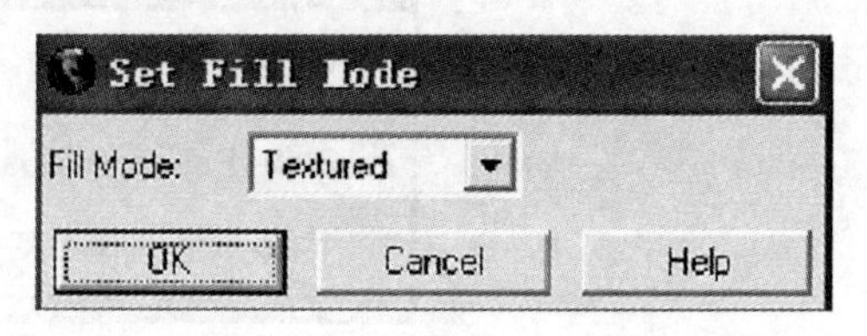

图 4-35　Set Fill Mode 对话框

3. 设置淤积区域填充颜色

在 Area Fill Attributes 窗口属性表单击 Color 按钮，弹出常用色标。单击 Other 按钮，打开 Color Chooser 对话框（见图 4-36）。

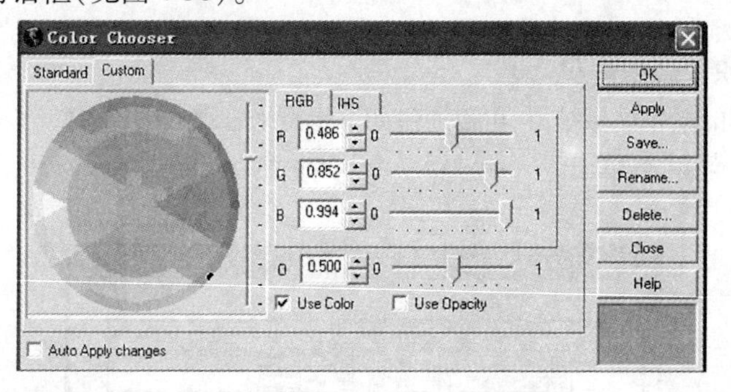

图 4-36　Color Chooser 对话框

在 RGB 模式中改变 RGB 数值(0 ~ 1)，达到调整颜色的目的，也可以拖动 RGB 数值后面的滑块达到同样的效果。

在 IHS 模式中改变数值(0 ~ 1)，达到调整颜色的目的，也可以拖动 IHS 数值后面的滑块达到同样的效果。

选择使用透明颜色，选中 Use Opacity 复选框。定量设置颜色的透明程度(O)为 0.5，也可以拖动 Opacity 数值后面的滑块达到同样的效果。单击 Apply 按钮，应用新设置的填充颜色，淤积区域将按照新设置的颜色显示。

第五章　GPS 在小流域坝系监测中的应用

第一节　GPS 基本概念及原理

一、GPS 基本概念

GPS 即全球定位系统(Global Positioning System),是美国从 20 世纪 70 年代开始研制,历时 20 年,耗资 200 亿美元,于 1994 年全面建成,具有在海、陆、空进行全方位实时三维导航与定位能力的新一代卫星导航与定位系统。近 10 年我国测绘等部门的使用表明,GPS 以全天候、高精度、自动化、高效益等显著特点,赢得了广大测绘工作者的信赖,并成功地应用于大地测量、工程测量、航空摄影测量、运载工具导航和管制、地壳运动监测、工程变形监测、资源勘察、动力学等多种学科,从而给测绘领域带来一场深刻的技术革命。图 5-1 为 GPS 示意图。

全球定位系统是美国第二代卫星导航系统,是在子午仪卫星导航系统的基础上发展起来的,它采纳了子午仪系统的成功经验。和子午仪系统一样,全球定位系统由空间部分、地面控制部分和用户设备部分三大部分组成。

图 5-1　GPS 示意图

按目前的方案,全球定位系统的空间部分使用 24 颗高度约 2.02 万 km 的卫星组成卫星星座。24 颗卫星均为近圆形轨道,分布在 6 个轨道面上(每轨道面 4 颗),轨道倾角为 55°,运行周期约为 11 小时 58 分。卫星的分布使得在全球的任何地方、任何时间都可观测到 4 颗以上的卫星,并能保持良好定位解算精度的几何图形(DOP)。这就使 GPS 具有了时间上的连续性和全球定位的导航能力。

二、GPS 全球定位系统组成

GPS 全球定位系统由三部分组成:空间部分,即 GPS 星座;地面控制部分,即地面监控系统;用户设备部分,即 GPS 信号接收机。

GPS 的空间部分是由 24 颗工作卫星组成的,此外还有 4 颗有源备份卫星在轨运行。

地面控制部分包括 4 个监控站、1 个上行注入站和 1 个主控站。监控站设有 GPS 用户接收机、原子钟、收集当地气象数据的传感器和进行数据初步处理的计算机。监控站的主要任务是取得卫星观测数据并将这些数据传送至主控站。主控站设在范登堡空军基地。它对地面监控部实行全面控制。主控站主要任务是收集各监控站对 GPS 卫星的全部观测数据,利用这些数据计算每颗 GPS 卫星的轨道和卫星钟改正值。上行注入站也设在范登堡空军基地。它的主要任务是在每颗卫星运行至上空时把这类导航数据及主控站的指令注入到卫星上。这种注入对每颗 GPS 卫星每天进行一次,并在卫星离开注入站作用范围之前进行最后的注入。

用户设备部分即 GPS 信号接收机。其主要功能是能够捕获到按一定卫星截止角所选择的待测卫星,并跟踪这些卫星的运行。当接收机捕获到跟踪的卫星信号后,即可测量出接收天线至卫星的伪距离和距离的变化率,解调出卫星轨道参数等数据。根据这些数据,接收机中的微处理计算机就可按定位解算方法进行定位计算,计算出用户所在地理位置的经纬度、高度、速度、时间等信息。接收机硬件和机内软件以及 GPS 数据的后处理软件包构成完整的 GPS 用户设备。GPS 信号接收机的结构分为天线单元和接收单元两部分。接收机一般采用机内和机外两种直流电源。设置机内电源的目的在于更换外电源时不中断连续观测。在用机外电源时机内电池自动充电。关机后,机内电池为 RAM 存储器供电,以防止数据丢失。目前各种类型的接收机体积越来越小,质量越来越轻,便于野外观测使用。

三、GPS 全球定位系统定位的技术原理

GPS 基本定位原理是卫星不间断地发送自身的星历参数和时间信息,用户接收到这些信息后,经过计算求出接收机的三维位置、三维方向以及运动速度和时间信息,如图 5-2 所

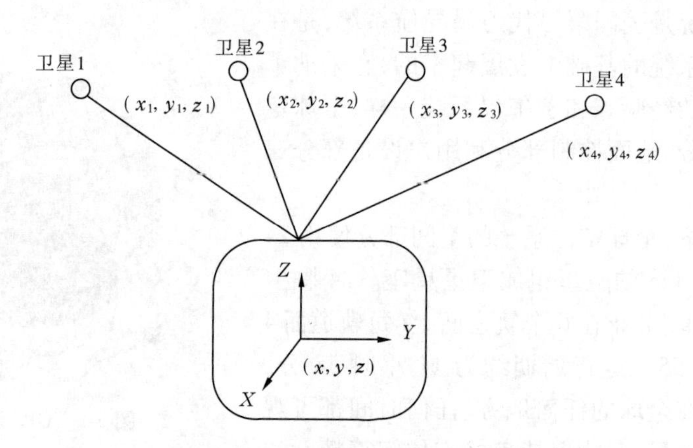

图 5-2　全球定位系统定位的技术原理示意图

示,其三维定位方程式如下:

$$[(x_1-x)^2+(y_1-y)^2+(z_1-z)^2]^{1/2}+c(V_{t_1}-V_{t_0})=d_1$$
$$[(x_2-x)^2+(y_2-y)^2+(z_2-z)^2]^{1/2}+c(V_{t_2}-V_{t_0})=d_2$$
$$[(x_3-x)^2+(y_3-y)^2+(z_3-z)^2]^{1/2}+c(V_{t_3}-V_{t_0})=d_3$$
$$[(x_4-x)^2+(y_4-y)^2+(z_4-z)^2]^{1/2}+c(V_{t_4}-V_{t_0})=d_4$$

上述四个方程式中待测点坐标 x、y、z 和 V_{t_0} 为未知参数。

四个方程式中各个参数意义如下:

x、y、z 为待测点坐标的空间直角坐标;x_i、y_i、z_i($i=1$、2、3、4)分别为卫星 1、卫星 2、卫星 3、卫星 4 在 t 时刻的空间直角坐标,可由卫星导航电文求得;V_{t_i}($i=1$、2、3、4)分别为卫星 1、卫星 2、卫星 3、卫星 4 的卫星钟的钟差,由卫星星历提供;V_{t_0} 为接收机的钟差;$d_i=c\Delta t_i$($i=$

1、2、3、4)；d_i(i=1、2、3、4)分别为卫星1、卫星2、卫星3、卫星4到接收机之间的距离；t_i(i=1、2、3、4)分别为卫星1、卫星2、卫星3、卫星4的信号到达接收机所经历的时间；c为GPS信号的传播速度(即光速)。

由以上四个方程即可解算出待测点的坐标x、y、z和接收机的钟差V_{t_0}。

四、GPS全球定位系统特点

GPS系统的特点主要有：高精度、全天候、高效率、多功能、操作简便、应用广泛等。

(一)定位精度高

应用实践已经证明，GPS相对定位精度在50 km以内可达10^{-6}，100～500 km可达10^{-7}，1 000 km可达10^{-9}。在300～1 500 m工程精密定位中，1小时以上观测的解其平面位置误差小于1 mm，与ME－5000电磁波测距仪测定的边长比较，其边长较差最大为0.5 mm，较差中误差为0.3 mm。

(二)观测时间短

随着GPS系统的不断完善、软件的不断更新，目前20 km以内相对静态定位仅需15～20 min；快速静态相对定位测量时，当每个流动站与基准站相距在15 km以内时，流动站观测时间只需1～2 min，然后可随时定位，每站观测只需几秒钟。

(三)测站间无须通视

GPS测量不要求测站之间互相通视，只需测站上空开阔即可，因此可节省大量的造标费用。由于无需点间通视，点位位置根据需要可稀可密，因此选点工作甚为灵活，也可省去经典大地网中的传算点、过渡点的测量工作。

(四)可提供三维坐标

经典大地测量将平面与高程采用不同方法分别施测。GPS可同时精确测定测站点的三维坐标。目前GPS水准可满足四等水准测量的精度。

(五)操作简便

随着GPS接收机不断改进，自动化程度越来越高，有的已达“傻瓜化”的程度；接收机的体积越来越小，质量越来越轻，极大地减轻了测量工作者的工作紧张程度和劳动强度，使野外工作变得轻松愉快。

(六)全天候作业

目前，GPS观测可在一天24小时内的任何时间进行，不受阴天黑夜、起雾刮风、下雨下雪等天气的影响。

(七)功能多、应用广

GPS系统不仅可用于测量、导航，还可用于测速、测时。测速的精度可达0.1 m/s，测时的精度可达几十毫微秒。其应用领域不断扩大。当初设计GPS系统主要是用于导航、收集情报等军事目的。但是，后来的应用开发表明，GPS系统不仅能够达到上述目的，而且用GPS卫星发来的导航定位信号能够进行厘米级甚至毫米级精度的静态相对定位、米级至亚米级精度的动态定位、亚米级至厘米级精度的速度测量和毫微秒级精度的时间测量。因此，GPS系统展现了极其广阔的应用前景。

第二节　常用的硬件及地形测绘软件

一、GPS 卫星接收机种类

GPS 卫星接收机种类很多,根据型号分为测地型、全站型、定时型、手持型、集成型;根据用途分为车载式、船载式、机载式、星载式、弹载式;按接收机的用途分类为导航型接收机、授时型接收机和测地型接收机三种类型。下面按用途分类进行介绍。

(一)导航型接收机

此类型接收机主要用于运动载体的导航,它可以实时给出载体的位置和速度。这类接收机一般采用 C/A 码伪距测量,单点实时定位精度较低,一般为 ±10 m,有 SA 影响时为 ±100 m。这类接收机价格便宜,应用广泛。根据应用领域的不同,此类接收机还可以进一步分为以下几种:

(1)车载型。用于车辆导航定位。

(2)航海型。用于船舶导航定位。

(3)航空型。用于飞机导航定位。由于飞机运行速度快,因此在航空上用的接收机要求能适应高速运动。

(4)星载型。用于卫星的导航定位。由于卫星的速度高达 7 km/s 以上,因此对接收机的要求更高。

(二)授时型接收机

这类接收机主要利用 GPS 卫星提供的高精度时间标准进行授时,常用于天文台及无线电通信中的时间同步。

1. 授时型接收机按载波频率分类

授时型接收机按载波频率分为单频接收机和双频接收机。

(1)单频接收机。单频接收机只能接收 L1 载波信号,通过测定载波相位观测值进行定位。由于不能有效消除电离层延迟影响,因此单频接收机只适用于短基线(<15 km)的精密定位。

(2)双频接收机。双频接收机可以同时接收 L1、L2 载波信号,通过利用双频对电离层延迟的不一样,可以消除电离层对电磁波信号延迟的影响,因此双频接收机可用于长达几千千米的精密定位。

授时型接收机按接收机通道数分为多通道接收机、序贯通道接收机和多路多用通道接收机。

GPS 接收机能同时接收多颗 GPS 卫星的信号,具有分离接收到的不同卫星信号,以实现对卫星信号的跟踪、处理和量测等功能的器件称为天线信号通道。

2. 授时型接收机按接收机工作原理分类

(1)码相关型接收机。码相关型接收机利用码相关技术得到伪距观测值。

(2)平方型接收机。平方型接收机利用载波信号的平方技术去掉调制信号来恢复完整的载波信号;通过相位计测定接收机内产生的载波信号与接收到的载波信号之间的相位差,测定伪距观测值。

(3)混合型接收机。这种仪器综合上述两种接收机的优点,既可以得到码相位伪距,也可以得到载波相位观测值。

(4)干涉型接收机。这种接收机将 GPS 卫星作为射电源,采用干涉测量方法测定两个测站间的距离。

20 余年的实践证明,GPS 系统是一个高精度、全天候和全球性的无线电导航、定位和定时的多功能系统。GPS 技术已经发展成为多领域、多模式、多用途、多机型的国际性高新技术产业。

(三)测地型接收机

测地型接收机主要用于精密大地测量和精密工程测量。这类仪器主要采用载波相位观测值进行相对定位,定位精度高,仪器结构复杂,价格较贵,常用于水土保持监测工作。

测地型接收机根据用途和精度,又分为静态(单频)接收机和动态(双频)接收机即 RTK。

目前,在 GPS 技术开发和实际应用方面,国际上较为知名的生产厂商有美国 Trimble(天宝)导航公司、瑞士 Leica Geosystems(徕卡测量系统)公司、日本 TOPCON(拓普康)公司、美国 Magellan(麦哲伦)公司(原泰雷兹导航),国内有上海华测导航、中海达、南方测绘等。

Trimble(天宝)公司生产的 GPS 接收机产品主要有 SPS751、SPS851、SPS781、SPS881、R8、R8GNSS、R7、R6 及 5800、5700 等。其作为美国军方控股企业,是世界上最早研究与生产 GPS 的部分企业之一,其中 SPS881、R8GNSS 为 72 通道 GPS/WAAS/EGNOS 接收机,它把三频 GPS 接收机、GPS 天线、UHF 无线电和电源组合在一个袖珍单元中,具有内置 Trimble Maxwell 5 芯片的超跟踪技术。即使在恶劣的电磁环境中,仍然能用小于 2. 5 W 的功率提供对卫星有效的追踪。同时,为扩大作业覆盖范围和全面减小误差,可以使用同频率多基准站的方式工作。此外,它还与 Trimble VRS 网络技术完全兼容,其内置的 WAAS 和 EGNOS 功能提供了无基准站的实时差分定位。SPS751、SPS851、SPS551 还具有接收星站差分改正信息的功能,最高单机定位精度可达到 5 cm。

Leica Geosystems(徕卡测量系统)公司是全球著名的专业测量公司,其不仅在全站仪、相机方面对行业产生了很大的影响,而且在测量型 GPS 的研发及 GPS 的应用上也做出了极大的贡献,是快速静态、动态 RTK 技术的先驱。其 GPS1200 系统中的接收机包括 4 种型号:GX1230 GG/ATX1230 GG、GX1230/ATX1230、GX1220 和 GX1210。其中,GX1230 GG/ATX1230 GG 为 72 通道、双频 RTK 测量接收机,接收机集成电台、GSM、GPRS 和 CDMA 模块,具有连续检核(SmartCheck +)功能,可防水(水下 1 m)、防尘、防沙。动态精度:水平 10 mm +1 ppm,垂直 20 mm +1 ppm;静态精度:水平 5 mm +0. 5 ppm,垂直 10 mm +0. 5 ppm。它在 20 Hz 时的 RTK 距离能够达到 30 km 甚至更长,并且可保证厘米级的测量精度,基线在 30 km 时的可靠性是 99. 99%。

日本 TOPCON(拓普康)公司生产的 GPS 接收机主要有 GR -3、GB -1000、Hiper 系列、Net -G3 等。其中,GR -3 大地测量型接收机可 100% 兼容三大卫星系统(GPS + GLONASS + GALIEO)的所有可用信号。其不仅仅是世界上最早研发出能同时接收美国的 GPS 与俄罗斯的 GLONASS 两种卫星信号的双星技术的厂家,也是现今世界上唯一拥有可以同时接收所有 GNSS 卫星的接收机技术的厂家。GR -3 有 72 个超级跟踪频道,每个通道都可独立追踪三种卫星信号,采用抗 2 m 摔落的坚固设计,支持蓝牙通信,内置 GSM/GPRS 模块(可选)。静态、快速静态的精度:水平±(3 mm+0.5 ppm),垂直±(5 mm+0.5 ppm);RTK精度:水平10 mm+1 ppm,垂直15 mm+1 ppm;DGPS精度:优于25 cm。值得一提的是,该款接收机于2007年2月在德国获得了2007年度iF工业设计大奖,这款仪器的外观打破了测量型GPS的常规模式,更具科学性与人性化设计。

南方测绘的GPS接收机产品主要有静态GPS9600、RTK S82、RTK S86、蓝牙静态GPS等。其中GPS9600型静态机主要用于控制测量,其静态测量的相对精度为静态精度:±(5 mm+1 ppm);高程精度:±(10 mm+2 ppm),同步观测45 min;RTK S82采用一体化设计,主要用于静态和动态测量,集成GPS天线、UHF数据链、OEM主板、蓝牙通信模块、锂电池,其RTK定位精度:平面±(2 cm+1 ppm),垂直±(3 cm+1 ppm);静态后处理精度:平面±(5 mm+0.5 ppm),垂直±(10 mm+1 ppm);单机定位精度:1.5 m(CEP);码差分定位精度:0.45 m(CEP)。

二、常用GPS接收机系统组成

常用GPS接收机系统组成主要包括静态GPS测量硬件系统和动态GPS测量硬件系统。近年来,国产静态GPS测量硬件系统一般采用南方9600北极星静态GPS测量系统,动态GPS测量硬件系统一般采用南方灵锐RTK S82GPS测量硬件系统。

9600北极星静态GPS硬件系统包括9600接收机(内配测量型天线及抑制多路径板)、原装进口OEM板和CPU、9600单片机内置采集器(内置采集软件)、可充电电池及充电器、铝塑三脚架、数据传输电缆。

南方灵锐RTK S82GPS测量硬件系统包括灵锐S82主机、灵锐S82电台、发射天线、扩展电源电缆、多用途通信电缆、移动站主机、移动站碳纤对中杆、手簿、数据链接收天线、三脚架及基座对点器、锂电池及电池充电器、手簿托架以及连接器和卷尺等。

三、GPS控制监测技术操作

(一)9600静态GPS控制监测技术操作

1. 概述

9600型GPS控制测量工作与经典大地测量工作相类似,按其性质可分为外业和内业两大部分。其中,外业工作主要包括选点(即观测站址的选择)、建立观测标志、野外观测作业以及成果质量检核等;内业工作主要包括GPS测量的技术设计、测后数据处理以及技术总结等。按照9600型GPS控制测量实施的工作程序,可分为以下几个阶段:技术设计、选点与建立标志、外业观测、成果检核与处理。工作程序如图5-3所示。

2. GPS测前准备

在进行GPS外业观测工作之前,应做好施测前的测区踏勘、资料收集、器材准备及人员组织、外业观测计划的拟订、地面网联测方案的制订等工作。

1)测区踏勘

根据项目测量要求和施工设计,进行测区内外业勘测和调查工作。主要了解测区内的交通道路、水系分布、植被、控制点分布(包括三角点、水准点、GPS点、导线点的等级、坐标、高程系统,点位的数量及分布,点位的保存状况等)、居民点分布等情况,以便为编写技术设计、成本预算等提供依据。

2）资料收集

结合 GPS 测量工作的特点并结合监测区内的具体情况，主要收集 1∶1万～1∶10 万比例尺地形图、交通图；城市乡村行政区划表；三角点、水准点、GPS 点、导线点、控制点坐标系统技术总结等有关资料以及有关的地质、气象、交通、通信及国家 GPS 技术测量规范等方面的资料。

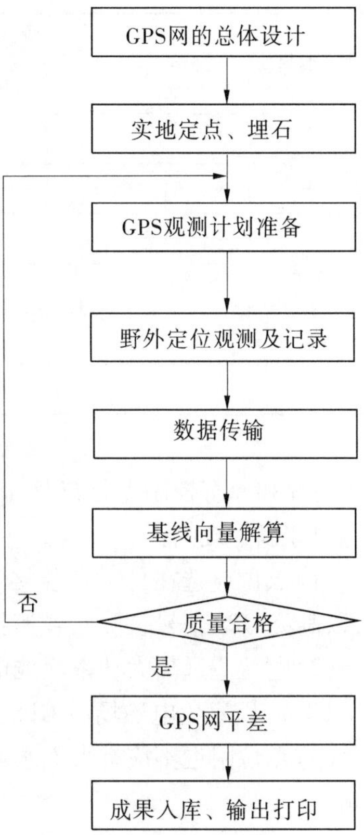

3）器材准备及人员组织

项目配备计算机 1 台，9600 型 GPS 1 套（3 台套），南方静态 GPS 处理测量软件（4.1 以上版本）及 AutoCAD R14 中文版 1 套。项目负责人 3 人，参加外业测量的人员由精通 9600 型 GPS 操作系统的技术业务人员组成，7～8 人。

4）外业观测计划的拟订

观测计划主要是针对 GPS 外业测量工作，观测开始之前，外业观测计划的拟订对于顺利完成数据采集任务、保证测量精度、提高工作效益都是极为重要的。

（1）编制 GPS 卫星的可见性预报图：在高度角 > 15°的限制下，输入测区中心某一站的概略坐标，输入日期和时间，应使用不超过 20 天的星历文件，即可编制 GPS 卫星的可见性预报图。

（2）选择卫星的几何图形强度：在 GPS 定位中，所测卫星与观测站所组成的几何图形，其强度因子可用空间位置因子（PDOP）来代表，无论是绝对定位还是相对定位，PDOP 值不应大于 6。

GPS网的总体设计
实地定点、埋石
GPS观测计划准备
野外定位观测及记录
数据传输
基线向量解算
质量合格
否
是
GPS网平差
成果入库、输出打印

图 5-3　9600 型 GPS 控制测量实施的工作程序

（3）选择最佳的观测时段：卫星≥4 颗且分布均匀，PDOP 值小于 6 的时段就是最佳观测时段。

（4）观测区域的设计与划分：当 GPS 网的点数较多、网的规模较大，而参加观测的接收机数量有限，交通和通信不便时，可实行分区观测。为了保证监测网的整体性、提高监测网的精度，相邻分区应设置公共观测点，且公共观测点数量不得少于 3 个。

外业观测完成后应填写表 5-1。

5）地面网联测方案的制订

GPS 监测网与地面监测网联测方案的制订，可根据监测区地形变化和地面控制点的分布而定。一般在 GPS 控制监测网中至少应重合观测 3 个以上已知的地面控制点（高程一般为水准高程）作为约束点。

3. GPS 控制选点

1）选点

由于 GPS 测量观测站之间不一定要求相互通视，而且网的图形结构比较灵活，所以选点工作比常规控制测量的选点要简便。但由于点位的选择对保证观测工作的顺利进行和保证测量结果的可靠性具有重要意义，所以在选点工作开始前，除收集资料，了解有关测区的

表 5-1 GPS 作业高度

时段编号	观测时间	测站号/名	测站号/名	测站号/名	测站号/名
		机号	机号	机号	机号
1					
2					
3					

地理情况和原有控制点分布及标架、标型、标石的完好状况，决定其适宜的点位外，选点工作还应遵守以下规则：

（1）点位应选在易于安装接收设备、视野开阔的位置。视场周围 15°以上不应有障碍物，以避免 GPS 信号被吸收或遮挡。

（2）电位应远离大功率无线电发射源，其距离不应小于 200 m，远离高压电线，距离不得小于 50 m，以避免电磁场对 GPS 信号的干扰。

（3）点位附近不应有大面水域或强烈干扰卫星信号接收的物体，以减弱多路径效应的影响。

（4）点位应选在交通方便、有利于其他观测手段扩展和联测的地方。

（5）点位应选在地面基础稳定、易于保存的地方。

（6）选点人员按技术设计进行踏勘，在实地按要求选定点位。

（7）网形应有利于同步观测及边点联结。

（8）当所选点位需要进行水准联测时，选点人员应实地踏勘水准路线，提出有关建议。

（9）当利用旧点时，应对旧点的稳定性、完好性及觇标是否安全可用进行检查，符合要求后方可利用。

2）标志埋石

GPS 网点一般应埋设具有中心标志的标石，以精确标志点位。点位标石和标志必须稳定、坚固以利于长期保存和利用。对于一般的控制网，只需要采用普通的标石，或在岩层、建筑物上做标志。利用原有旧点时，点名不宜更改，点号编排应便于计算机计算。

4. 外业观测技术要求

1）观测时依据的技术指标

为了能够使观测数据精确可靠，以免造成人力、物力、资金的浪费，实施前必须依照国家 GPS 的有关规范进行设计。各级 GPS 测量基本技术要求规范见表 5-2。

2）安置及启动仪器

在选好的观测站点上安放三脚架，小心打开仪器箱，取出基座及对中器，将其安放在脚架上，在测点上对中、整平基座。从仪器箱中取出接收机，将其安放在对中器上，并将其锁紧，再分别取出电池、采集器及其托盘，将它们安装在脚架上，见图 5-4。

表 5-2　各级 GPS 测量基本技术要求规范

项目	级别				
	A	B	C	D	E
卫星截止高度角(°)	10	15	15	15	15
同时观测有效卫星数	≥4	≥4	≥4	≥4	≥4
有效观测卫星总数	≥20	≥9	≥6	≥4	≥4
观测时段	≥6	≥4	≥2	≥1.6	≥1.6
基线平均距离(km)	300	70	10~15	5~10	0.2~5
时段长度(min)	≥540	≥240	≥60	≥45	≥40

注：①夜间可以将观测时间缩短一半，或者把距离延长一倍。

②观测时段长度为开始记录数据到结束记录数据的时间段。

③观测时段数≥1.6 是指每站观测一时段，至少 60% 的测站再观测一时段。

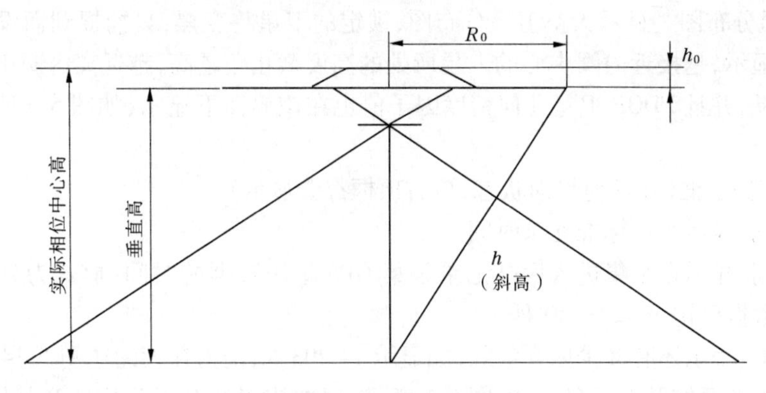

图 5-4　仪器安置示意图

安置好仪器后，应在各观测时段的前后各量测天线高一次，量至毫米。量测时，由标石(或其他标志)或者地面点中心顶端量至中线中部，即天线上部与下部的中缝(见图 5-4)。

采用下面公式计算天线高：

$$H = \sqrt{h^2 - R_0^2} + h_0 \tag{5-1}$$

式中：h 为标石或其他标志中心顶端到天线下沿的斜距（即客户用钢卷尺由地面中心位置量至天线边缘的斜距）；R_0 为天线半径(天线相位中心为准)，可取值为 99 mm；h_0 为天线相位中心至天线中部的距离，可取值为 13 mm。

所算 H 即为天线高理论计算值。两次量测的结果之差不应超过 3 mm，并取其平均值采用。实际输入仪器天线高时要求输入 h，即用钢卷尺由地面中心位置量至天线边缘的斜距。

5. 9600 型 GPS 文件系统野外数据采集及数据输入

1)初始界面中模式的选择

使用 PWR 键开机，打开 9600 主机电源后进入程序初始界面，初始界面如图 5-5 所示。

初始界面有三种模式可供选择：智能模式、手动模式、节电模式；还有一个数字递减窗口,至零后就将进入主界面,若不在智能模式、手动模式、节电模式三种方式中选择一种模式进入,则默认方式为智能模式主界面,也可按所对应键进入某一模式。

指示灯含义:显示屏上方三个指示灯,依次为电源灯、卫星灯、信息灯。若正在使用 A 电池,则电源灯为绿灯。若正在使用 B 电池,则电源灯为黄灯。若 A、B 电池均不足,则电源灯变为红色,此时应更换电池。未进入 3D 状态时,信息灯每闪烁 *N* 次红灯,则卫星闪烁 1 次红灯(*N* 表示可视的卫星数)。进入 3D 状态后开始记录,此时信息灯闪烁 *M* 次绿灯,卫星灯闪烁 1 次绿灯(*M* 表示采集间隔,即每隔 *M* 秒记录 1 次数据)。

图 5-5　9600 型 GPS 文件系统初始界面

2)软件界面

选择手动模式或智能模式后进入 9600 型 GPS 文件系统主界面。见图 5-6。

主界面分为以下三大部分:

(1)卫星分布图。显示天空卫星分布图,锁定的卫星将变黑,只捕捉到而没锁定的可视卫星为白色显示,越接近内圈中心的卫星所处的高度截止角越高,越远离内圈中心的卫星高度截止角越低,并且 PDOP 卫星几何精度因子值也在该界面下显示,如图 5-6 所示 PDOP 值为 2.3。

(2)系统提示框(在任何界面状态,该右项框都会显示)。

北京时间:显示当地标准北京时间。

记录时间:显示在采集进入后已记录采集 GPS 星历数据的时间,形式为分:秒,如显示 30:40,表示数据已记录 30 分 40 秒。

剩余容量:表示还有多少内存空间,如显示 14 203 K,则内存大约还剩下 14 MB。

采用的电源系统及电量显示:如图 5-6 所示,现在使用的电源系统是 B 号电池,电池的容量为 1/3。

(3)功能项。要进行功能项的操作请选择各功能项下面所对应的按键,如要进入"文件"功能的操作则选择 F1 键。

按 F1 键进入"文件"功能的操作,界面见图 5-7。

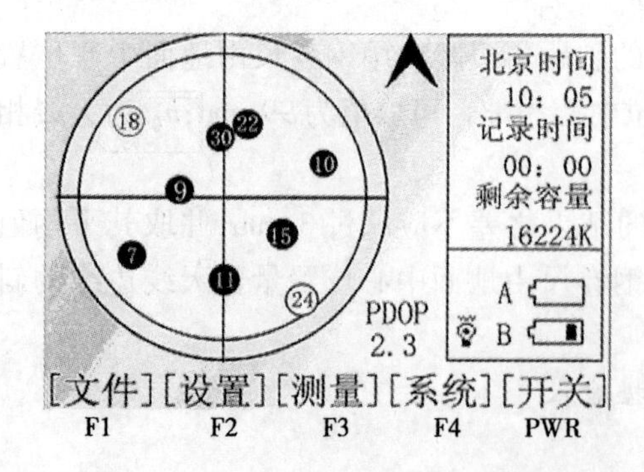

图 5-6　9600 型 GPS 文件系统主界面

点名	开机时间		结束时间
➤ ****	02·08·20	16:50	16:52
****	02·08·20	16:53	18:14
****	02·08·23	09:51	18:14
****	02·08·23	08:53	10:15

文件总数 04　　页1

[⇩][⇧][↓][删除][返回]

F1　F2　F3　F4　PWR

图 5-7　9600 型 GPS"文件"子界面

在文件项里可查看已采集数据的存储情况。文件是按照采集时间的先后顺序来排列的，点名为“****”，是傻瓜采集方式采集的默认点名；开机时间和结束时间分别是××年××月××日 时:分和时:分。若是人工方式采集，文件名将显示用户输入的点名。

3）野外数据采集

打开主机电源后，初始界面有三种采集工作方式可供选择。我们采用手动模式，在该状态下需要人工判断是否满足采集条件，一般采集条件要求PDOP <4，定位状态为3D，在显示屏上看到满足条件后就可输入点号以及时段号。

（1）截止角、采样间隔设置。按F2键进入“设置”功能的操作，子界面见图5-8。F1用于设置采集间隔，出厂时默认为10，连续按F1键，设置采集间隔值由1 s到60 s可改（变化间隔为5 s）；F2用于设置高度截止角，出厂时默认为10，连续按F2键，设置高度截止角由0°到45°可改（变化间隔为5°）。F3用于设置剩余容量显示方式。有时间和内存两种显示方式，按F3键可切换两种内存显示模式：①剩余容量时间显示方式。显示剩下的内存还能存储多少采集时间的数据，若剩余容量显示438小时，则表示内存还能存储438小时的数据采集量。②剩余容量内存显示方式。显示剩下多少空间的内存，若显示16 024 K，表示还剩下约16 MB的内存空间。

图5-8　9600型GPS“设置”子界面

确定以上设置选择好后，要按F4键，否则退出后还是以前的设置而非当前设置值。

（2）数据的采集。在该模式下工作，采集过程不会自动进行，需要人为判断目前接收机状态是否满足采集条件，当满足条件时，按F3键进入“测量”功能界面，见图5-9。

（3）文件名输入。当满足条件时，按F3键进入“采集”文件名输入界面，见图5-10。输入完文件名、时段号及测站天线高后，按F4键确定，接收机就开始记录数据。

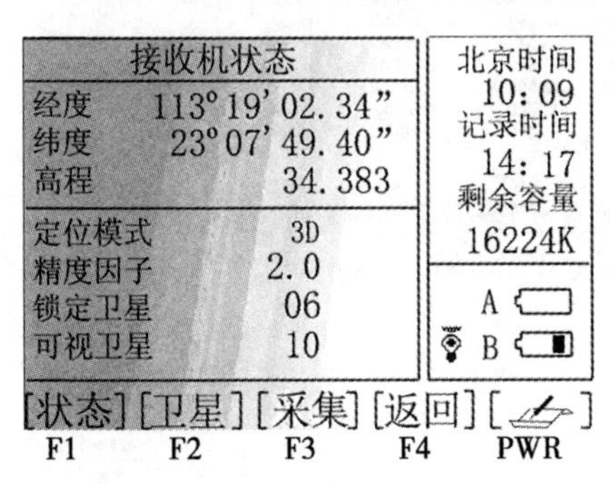

图5-9　9600型GPS“测量”功能界面

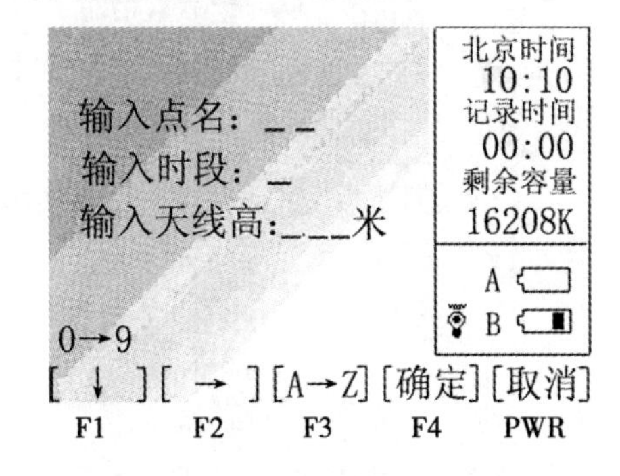

图5-10　9600型GPS“采集”文件名输入

（4）退出数据记录。有以下两种退出方法：①退回到主界面，然后长按PWR键关机；②在任何界面下同时按下F1 + F4快捷键关机，即可退出采集，且不会丢失数据。

人工模式与智能模式采集的区别在于：智能模式下接收机已经开始记录数据或正在记录数据，然后给这个正记录的数据起一个文件名；而人工模式下接收机还没有记录数据，给定文件名后才让接收机采集记录数据。

6. 野外监测数据传输

1）连接前的准备

保证 9600 型主机电源充足，打开电源；用通讯电缆连接好计算机的串口 1（COM1）或串口 2（COM2）；要等待（约 10 s）9600 型主机进入主界面后再进行连接和传输（初始界面不能传输）；设置要存放野外观测数据的文件夹，可以在数据通讯软件中设置。

2）通讯参数的设置

选择“通讯”菜单中的“通讯接口”功能，系统弹出如图 5-11 所示的通讯参数设置对话框。在通讯参数设置对话框中选择通讯接口 COM1 或 COM2，鼠标单击“确定”按钮。

图 5-11　通讯参数设置对话框

3）连接计算机和 GPS 接收机

打开南方测绘软件，在工具栏的下拉菜单中选择南方数据接收和数据下载，进入通讯界面，然后选择“通讯”菜单中的“开始连接”功能或直接在工具栏中选择连接。如果在第二步中设置的通讯参数正确，系统将连接计算机和 GPS 接收机，在程序视窗的下半部分显示 GPS 接收机内的野外观测数据，见图 5-12。如果通讯参数设置不正确，重复第二步的操作即可。

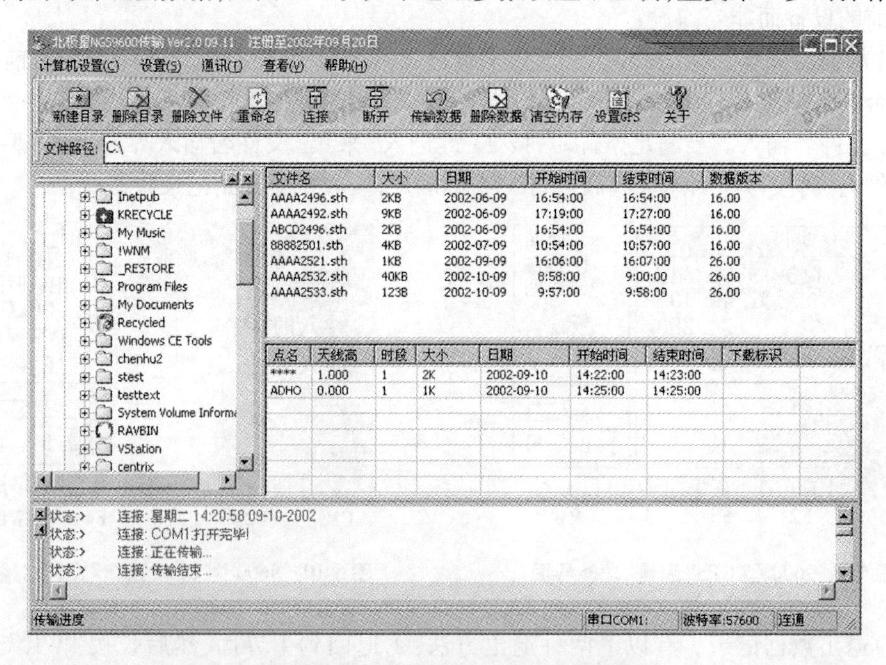

图 5-12　连接计算机和 GPS 接收机后的程序菜单

4）数据传输

选择“通讯”菜单中的“传输数据”功能，系统弹出如图 5-13 所示的对话框。在 GPS 数据传输对话框中选择野外的观测数据文件，鼠标单击“开始”。

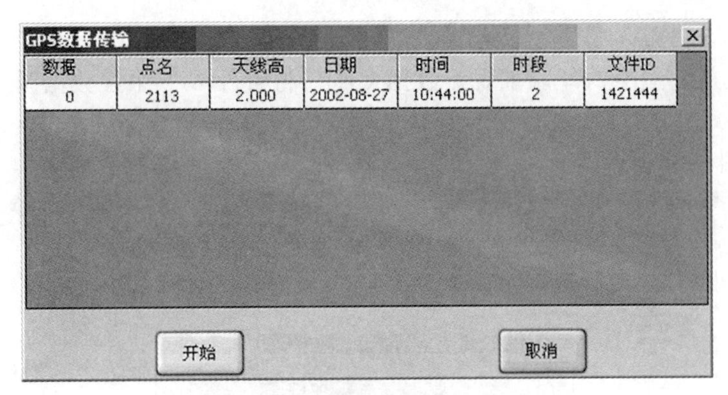

图5-13　GPS数据传输对话框菜单

5)断开连接

选择“通讯”菜单中的“断开连接”功能或直接在工具栏中选择断开图标,即可断开计算机和GPS接收机的连接。将数据保存在指定盘根目录下的文件夹中,然后断开连接。

7. GPS基线解算

1)控制测量基线解算

9600北极星GPSADJ基线处理与平差软件主要对GPS星历数据进行基线处理,并将结果进行约束整网平差,得出控制网最后成果。

2)软件启动

点击“南方GPS数据处理”桌面快捷方式进入基线处理软件,主界面由菜单栏、工具栏、状态栏以及当前窗口组成。

在当前窗口下点击“文件”菜单下的“新建”项目,弹出界面如图5-14所示,在对话框中按要求填入“项目名称”、“施工单位”、“负责人”,选择北京“54坐标系”、“3度带”,控制网选择“E”,基线剔除方式选择“自动”,然后点击“确定”。

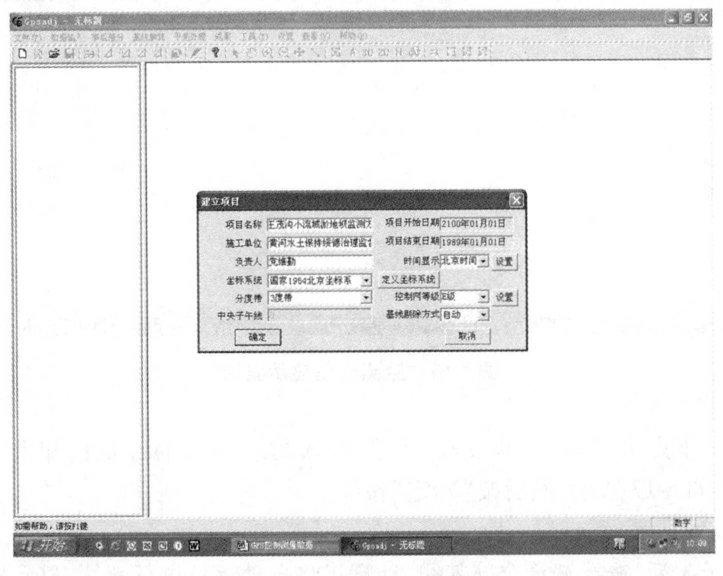

图5-14　“新建”项目菜单

3）增加 GPS 观测数据

在文件下拉菜单中选择“增加观测数据文件”，将野外 GPS 采集数据调入软件，选中野外观测的数据文件如图 5-15 所示，然后单击“确定”按扭，弹出数据录入进度条，调入完成后生成网图，如图 5-16 所示。

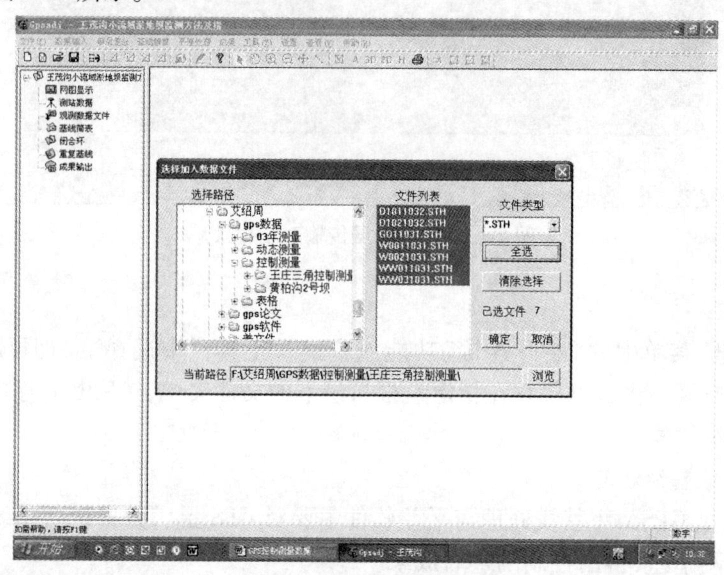

图 5-15　数据文件录入菜单

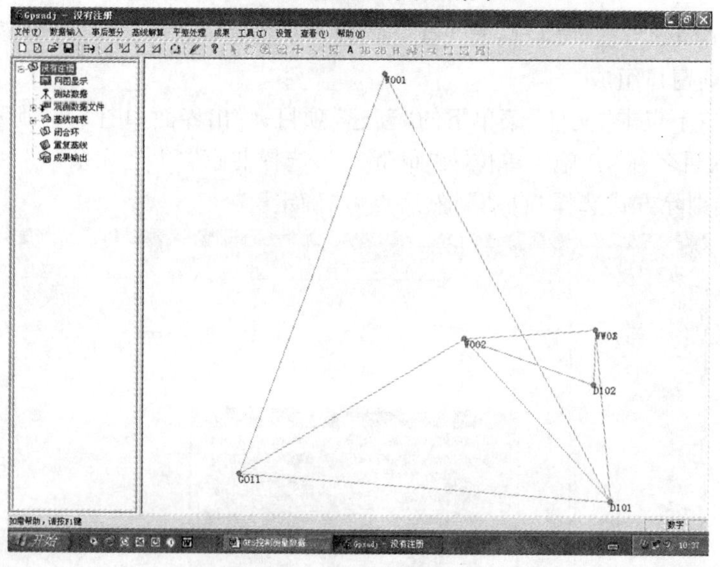

图 5-16　监测网图显示菜单

4）已知坐标录入

在当前窗口下点击“坐标数据录入”菜单，输入北京 54 坐标系的已知坐标点北向、东向及高程，界面图如 5-17 所示，然后按“确定”按钮。

5）基线解算

已知坐标录入后，选择解算全部基线，计算机将自动逐条进行解算，显示器显示进度条，等基线处理完全结束后，如图 5-18 所示，颜色由原来的绿色变成红色或灰色，基线固定解方

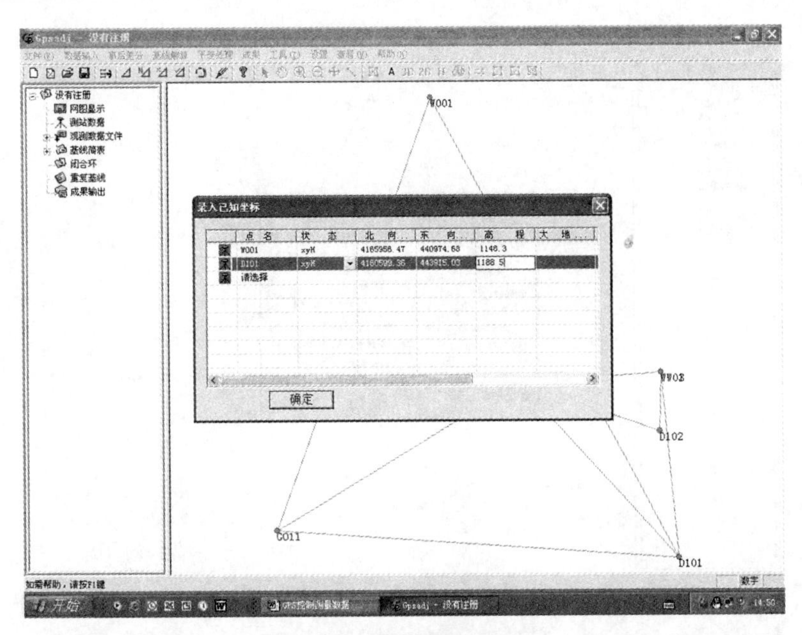

图 5-17　已知坐标录入菜单

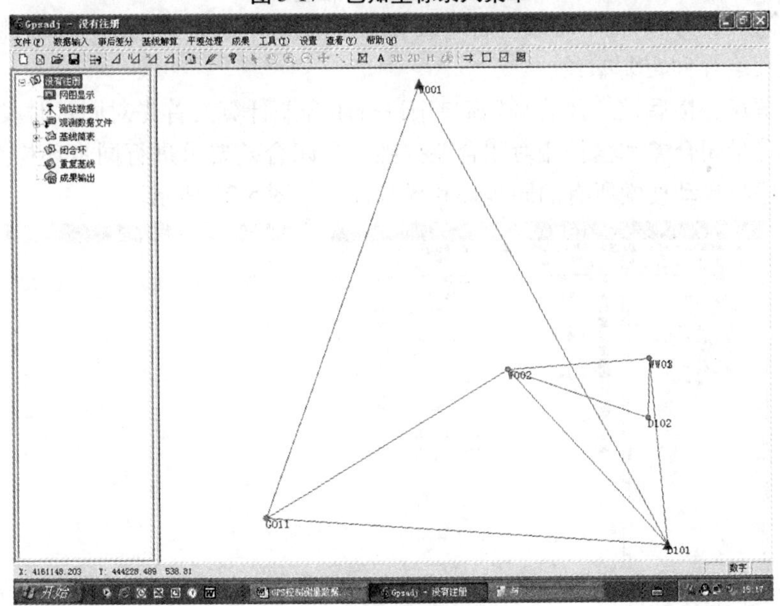

图 5-18　解算结果菜单

差比大于 2.5 的基线变红,小于 2.5 的基线颜色变灰。灰色基线方差比低,可以进行重解,选中的基线由实线变为虚线,按“解算选定基线”进行选定基线解算。

6) 剔除无效历元

选中不合格基线,如图 5-19 所示,在对话框的显示项可以对基线解算进行必要的设置。通过对高度截止角和历元间隔进行组合设置完成重解以提高基线的方差比。历元间隔左边第一个数字历元项为解算历元,第二个数字历元项为数据采集历元。当解算历元小于采集历元时,软件解算采用采集历元,反之则采用设置的解算历元。在反复组合高度截止角和历元间隔进行解算仍不合格的情况下,可点击状态栏基线表查看该条基线的详表,就可剔除无

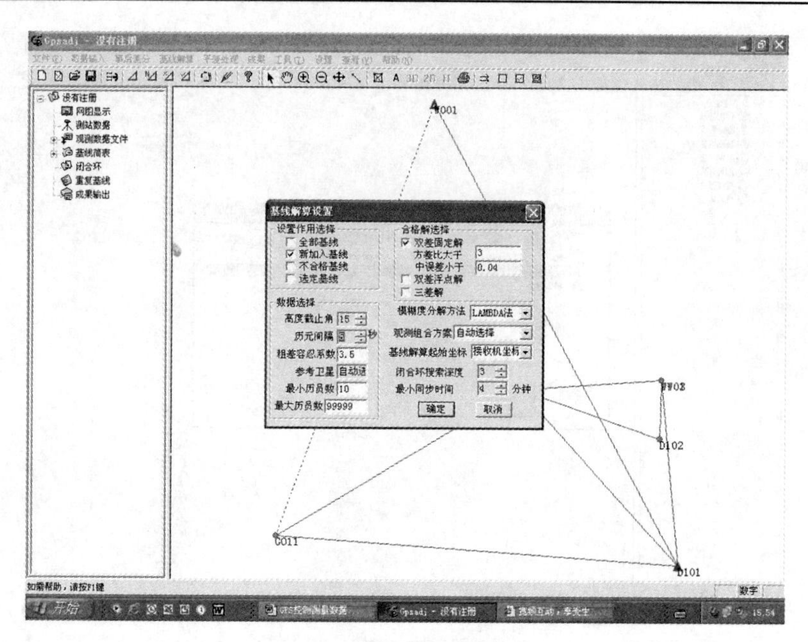

图 5-19　基线解算设置菜单

效历元，删除无效历元后重解基线。若基线仍不合格，应对不合格基线进行重测。

7）检查闭合环和重复基线

待基线解算合格后，在“闭合环”窗口中进行闭合差计算。首先对同步时段任一三边同步环的坐标分量闭合差和全长相对闭合差按独立环闭合差要求进行同步环检查，然后计算异步环。程序将自动搜索所有的同步环和异步环。如图 5-20 所示。

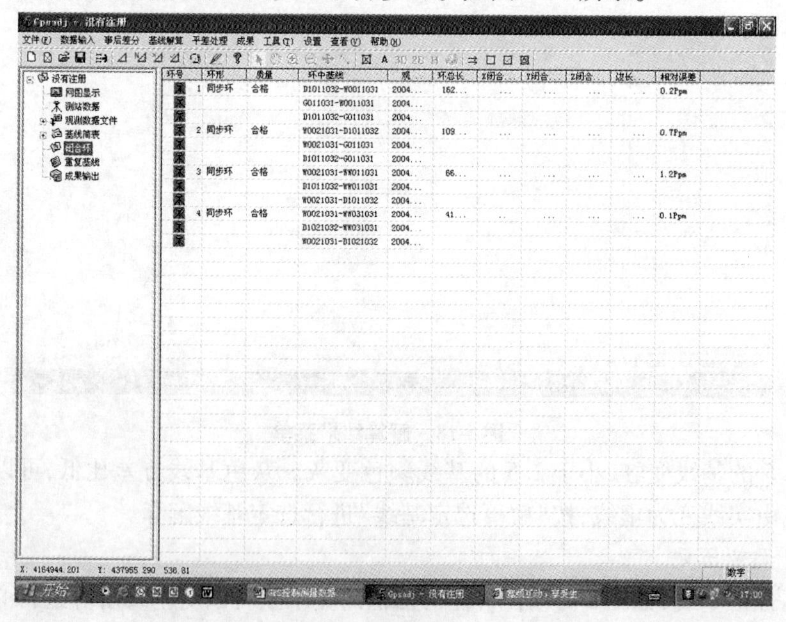

图 5-20　闭合环简表菜单

8）平差处理

进行整网无约束平差和已知点联合平差，按以下步骤依次处理。

（1）自动处理。基线处理完成后点击平差处理下拉菜单中的网平差计算功能，软件将会自动选择合格基线组网，进行闭合环差计算。

（2）三维平差。三维平差是进行 WGS－84 坐标下的自由网平差。

（3）二维平差。就是把已知点坐标代入网中进行整网约束二维平差，当已知点的坐标与坐标系相符时，软件可自动进行成果输出。如果所给已知点的坐标与坐标系误差太大，系统会提示已知点数据误差太大。在这种情况下，按“二维平差”是不能计算的，需要对已知数据进行核检。

（4）高程拟合。根据“平差参数设置”中的高程拟合方案对观测点进行高程计算。

8. 成果输出

在成果下拉莱单中有基线解输出、成果文本输出、Rinex 输出、成果输出设置、成果报告预览、成果报告打印、成果报告等，可以 Word 文档形式输出。

（二）南方灵锐 RTK S82GPS 动态监测技术操作

1. 基准站和移动站安装

1）基准站安装

（1）在基准站架设点安置脚架，安装上基座对点器，再将基准站主机装上连接器置于基座之上，对中整平。

（2）安置发射天线和电台，建议使用对中杆支架，将连接好的天线尽量升高，再在合适的地方安放发射电台，用多用途电缆和扩展电源电缆连接主机、电台和蓄电池。

（3）检查连接无误后，打开电池开关，再开电台和主机开关，并进行相关设置。

2）移动站安装

（1）连接碳纤对中杆、移动站主机和接收天线，完毕后主机开机。

（2）安装手簿托架，固定数据采集手簿，打开手簿进行蓝牙连接，连接完毕后即可进行仪器设置操作。

2. 按键操作说明

主机只有一个操作按键（电源键）（见图 5-21），其操作如下：

（1）开机。当主机为关机状态（没有指示灯亮）时，轻按电源键，主机会进入初始化状态。

（2）关机。当主机为开机状态（电源灯亮）时，按住电源键，听到蜂鸣器鸣叫三声之后，松开电源键。

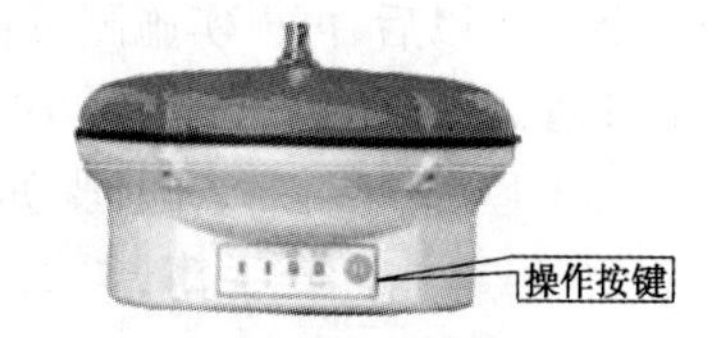

图 5-21　主机操作按键

（3）移动站主机处在开机状态时，如果持续 1 min 未能正常收到基准站的差分信号，则主机自动启动 AutoRover 功能，蜂鸣器将间隔几秒鸣叫一次，表示主机在自动切换电台通道，搜索差分信息。

3. 仪器设置

1）手工设置

不论基准站还是移动站，都可以通过手工来对工作模式进行设置，具体的方式如下：首先让接收机处在开机状态，刚开机的主机需要等一段时间，使接收机完成初始化过程，然后再进行操作。

切换动态：长按电源键，几秒之后，蜂鸣器首先会鸣响三声，接着沉寂 6 s（电源灯也熄灭），再接着鸣响一声，这时才松开电源键，主机变为关机状态，再开机，主机的工作模式将被设置为动态。

切换静态:长按电源键,几秒之后,蜂鸣器首先会鸣响三声,接着沉寂 6 s(电源灯也熄灭),再接着鸣响两声,这时才松开电源键,主机变为关机状态,再开机,主机的工作模式将被设置为静态。

蓝牙初始化:长按电源键,几秒之后,蜂鸣器首先会鸣响三声,接着沉寂 6 s(电源灯也熄灭),再接着鸣响三声,这时才松开电源键,主机变为关机状态,再开机,主机的蓝牙完成初始化。

2)手簿设置

手簿能对接收机进行动态转静态的设置,但不能进行静态转动态的设置。

用手簿切换静态模式,能对静态采集参数进行设置,包括采集间隔、卫星截止角和开始采集的 PDOP 条件。而手动切换静态,静态采集参数则沿用默认的设置参数。

手簿设置步骤如下:按“设置”→“仪器设置”→“静态设置”,系统会直接进入一个静态参数设置框,将参数填入,按“确定”,程序会自动退出,仪器静态设置完毕。

注意:基准站设置时,手簿和主机连接需要使用连接线;移动站可以用蓝牙连接,也可以使用连接线,连接时注意端口的设置。

3)天线高的量测方法

仪器尺寸:接收机高 94 mm,直径 180 mm,密封橡胶圈到底面高 65 mm,天线高实际上是相位中心到地面测量点的垂直高。

动态模式天线高的量测方法有直高和斜高两种量取方式。

(1)直高。地面到主机底部的垂直高度 + 天线相位中心到主机底部的高度。

(2)斜高。测到橡胶圈中部,在手簿软件中选择天线高模式为斜高后输入数值(见图 5-22)。

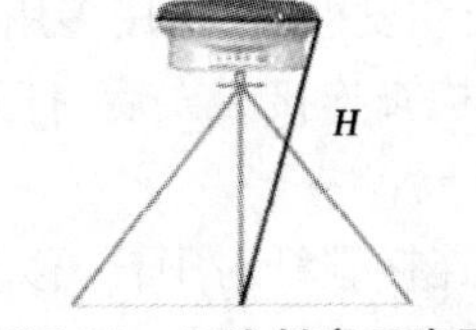

图 5-22 天线斜高示意图

4. GPS 手簿操作

GPS 动态监测主要是利用手簿配合移动站进行测量操作的。基准站和移动站按照上述安装完成以后,可以实施测量操作。实施碎部测量操作前要进行手簿工程之星 2.0(以下简称工程之星)RTK 野外测绘软件操作。

工程之星界面操作步骤如下:

(1)首先打开手簿,界面显示如图 5-23 所示。然后按“工程之星”,显示主菜单,如图 5-24所示。

(2)显示主菜单后,手簿与自动站通过蓝牙自动连接,并显示新旧基站自动改变提示(见图 5-25)。直接退出即可。

(3)查看基站。首先点击主菜单下的望远镜,如图 5-26 所示,然后点击点位,如图 5-27 所示,再点击基站,如图 5-28 所示。根据菜单上“差分格式”栏目,查看基站的 ID 编号是否是自己的基站号,确定进站主机为自己的主机编号后,可以退出该菜单进行测量准备。

(4)新建工程。进入主菜单(见图 5-29),点击“工程”栏目下的“新建工程”菜单,显示新建作业界面(见图 5-30)。然后输入作业名称,一般以监测时间进行设置,接着点击向导,显示参数设置向导界面(见图 5-31),可以选择北京 54 或国家 80 坐标,这些都可以进行转化,点击椭球设置“北京 54”后单击“确定”。而后菜单显示“投影参数设置”菜单(见图 5-32),进行中央子午线设置,一般根据当地资料输入具体参数。选择“下一步”显示“四参数

图5-23　手簿界面图

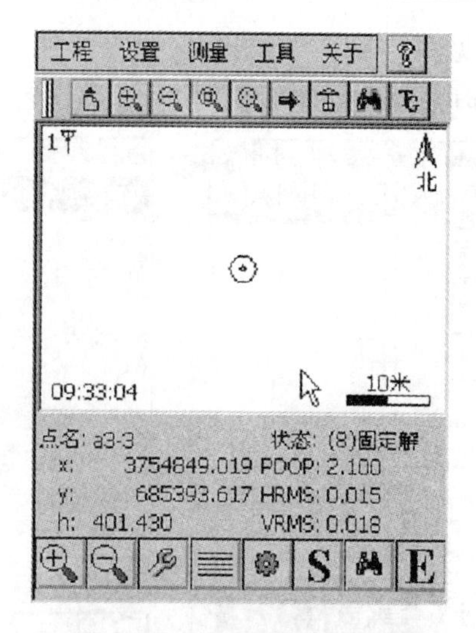

图5-24　工程之星主菜单

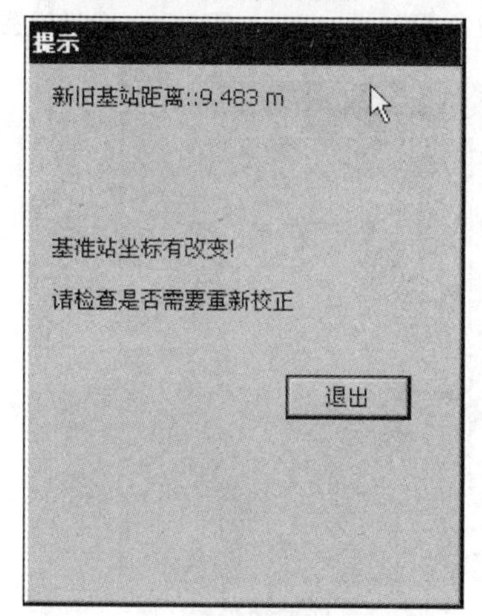

图5-25　新旧基站自动改变提示

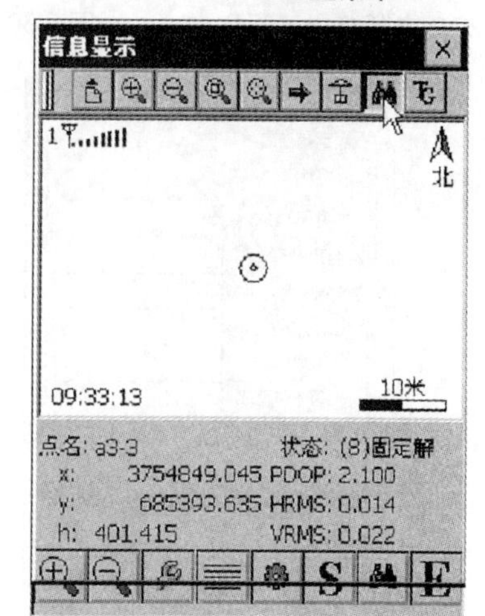

图5-26　信息显示窗口

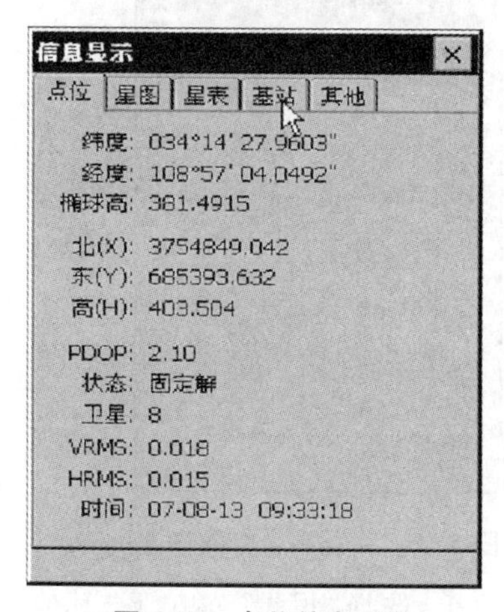

图5-27　点位信息显示

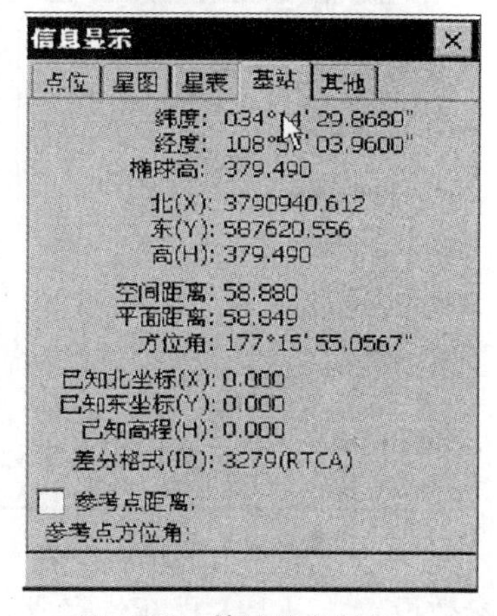

图5-28　基站信息显示

设置”(见图 5-33)、“七参数设置”(见图 5-34)。以上当地没有具体参数时,均直接点击“下一步”即可,然后显示“高程拟合参数设置”(见图 5-35),直接点击“确定”。

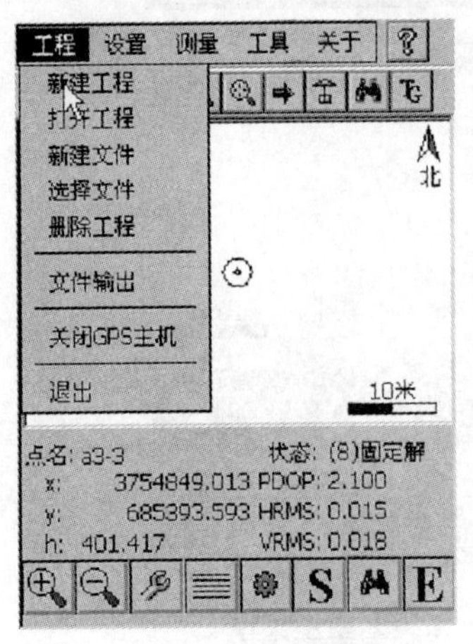

图 5-29　主菜单中工程栏

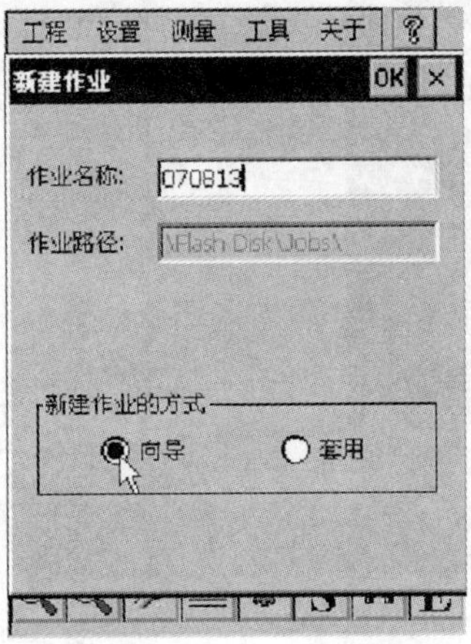

新建作业界面图片：

图 5-30　新建作业界面

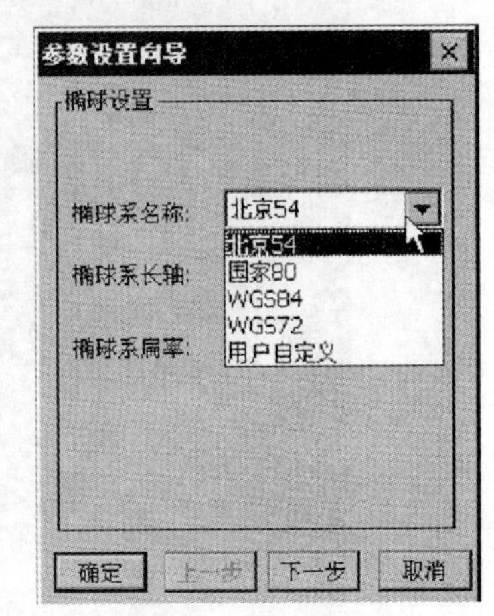

图 5-31　参数设置向导

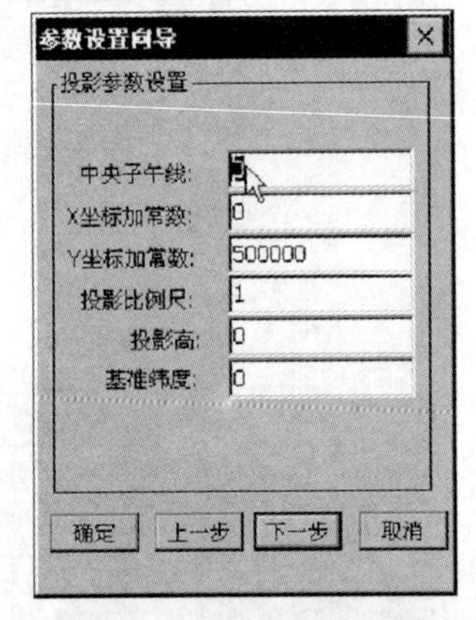

图 5-32　投影参数设置

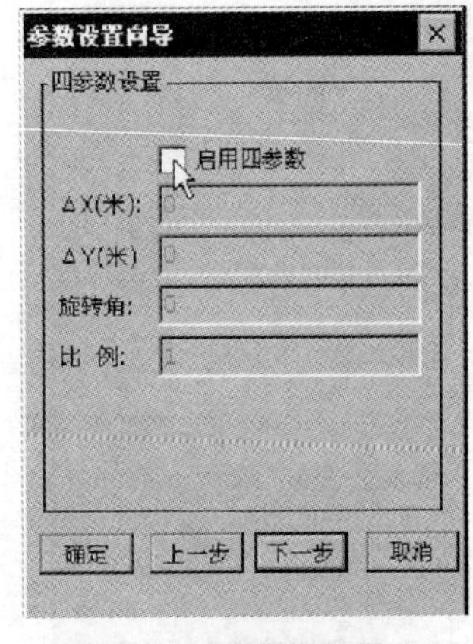

图 5-33　四参数设置

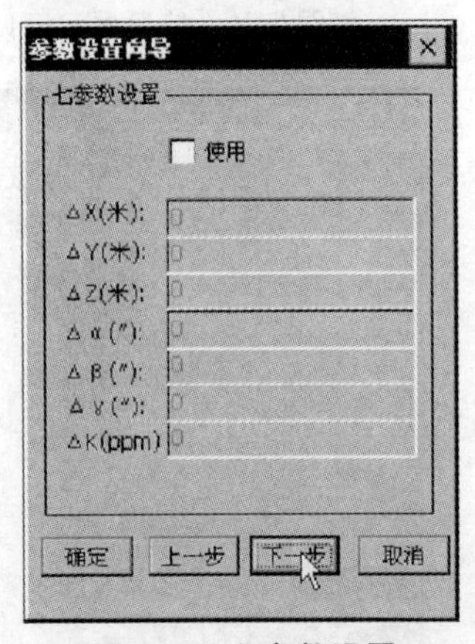

图 5-34　七参数设置

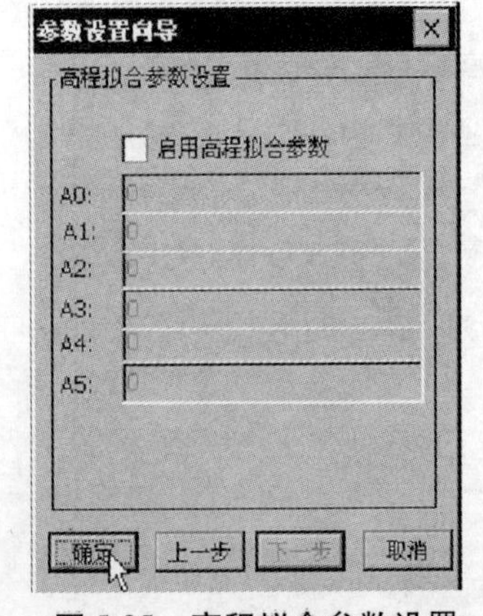

图 5-35　高程拟合参数设置

(5)参数设置。以上工程新建完成后,显示主菜单,选择“设置”菜单下“其他设置”(见图 5-36),选择其中的“移动站天线高”,显示输入移动站天线高对话框(见图 5-37),选择

“杆高”,输入 2.0 m。然后按“OK”键。

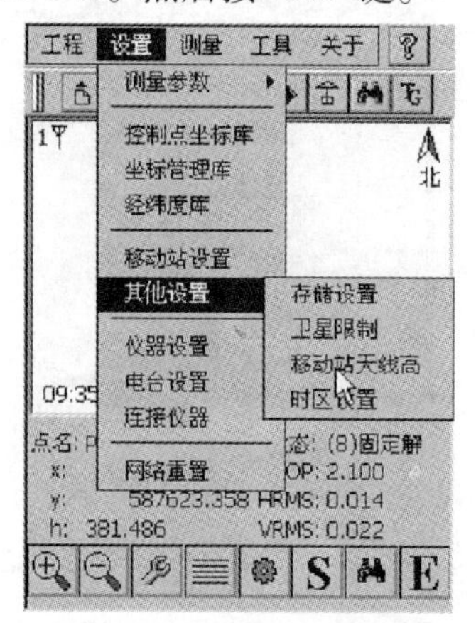

图 5-36　其他设置

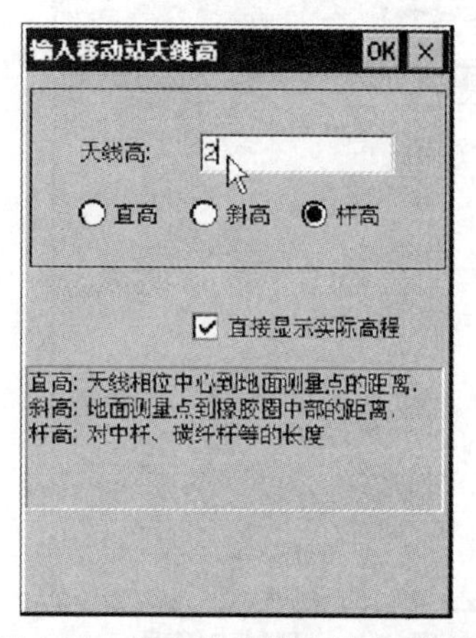

图 5-37　输入移动站天线高对话框

(6)测量准备(已知点校准)。以上步骤完成后,显示主菜单(见图 5-38),按“S”测量键,将移动站放置第 1 个已知点上,必须保持碳纤对中杆和手簿上的“气泡”均居中,然后输入点名“a1—1”,如图 5-39。采集第 1 个已知点坐标数据,按“确定”,在该已知点上用同样方法继续采集两次数据,输入点名为“a1—2”和“a1—3”。采集完成后,在主菜单下按手簿上的“B”键,连续两次,显示如图 5-40 所示。查看第 1 个已知点坐标库中对应坐标是否偏差过大,如果偏差在厘米级要求范围内,按“×”关闭键。然后进入第 2 个已知点,用同样的方法采集数据,同样的方法采集 3 次数据,分别输入数据“a2—1”、“a2—2”和“a2—3”,再查看对应坐标值偏差,满足要求后,进入第 3 个已知点采集数据,分别输入数据“a3—1”、“a3—2”和“a3—3”,满足要求即可。

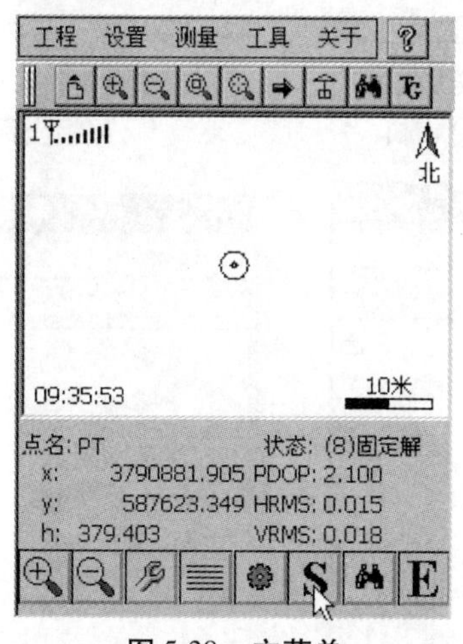

图 5-38　主菜单

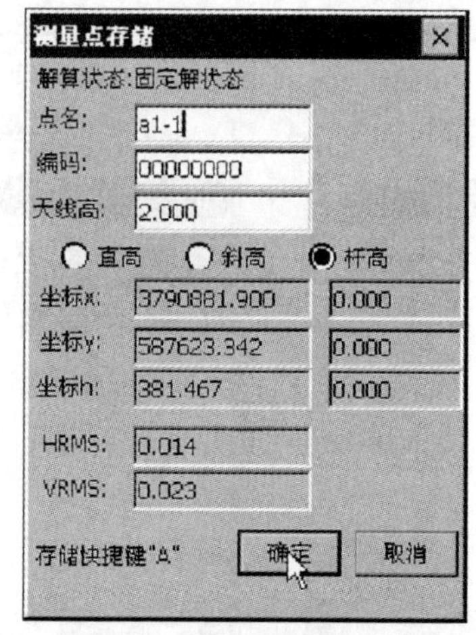

图 5-39　测量点存储

(7)求转换参数。已知点坐标采集完成后,进入主菜单,点击“设置”中的“控制点坐标库”(见图 5-41),显示如图 5-42。然后点击“增加”键显示如图 5-43,输入第 1 个点名“a1”,点击“OK”键,显示如图 5-44,点击“从坐标管理库选点”显示如图 5-45,然后点击“导入”显示如图 5-46,点击“增加”显示如图 5-47,选择 RTK 文件,点击“确定”显示如图 5-48,按“OK”键显示如图 5-49。选择第 1 个已知点“a1”中接近平均的数值,点击“确定”,显示如

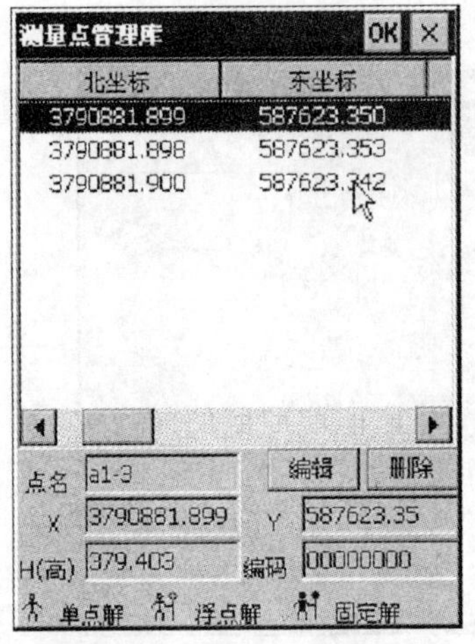

图 5-40　测量点管理库

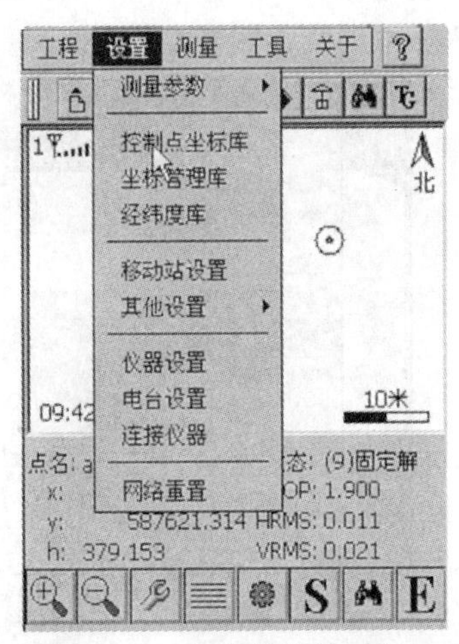

图 5-41　主菜单中设置栏

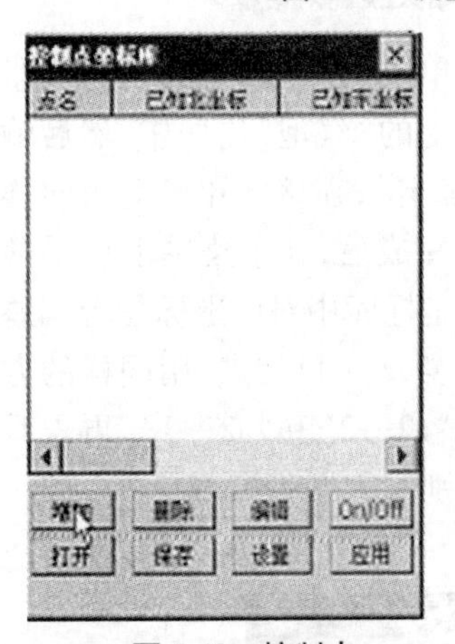

图 5-42　控制点坐标库窗口

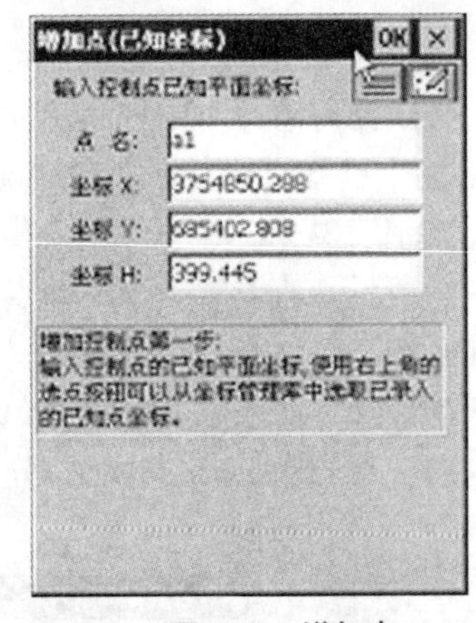

图 5-43　增加点(已知坐标)窗口

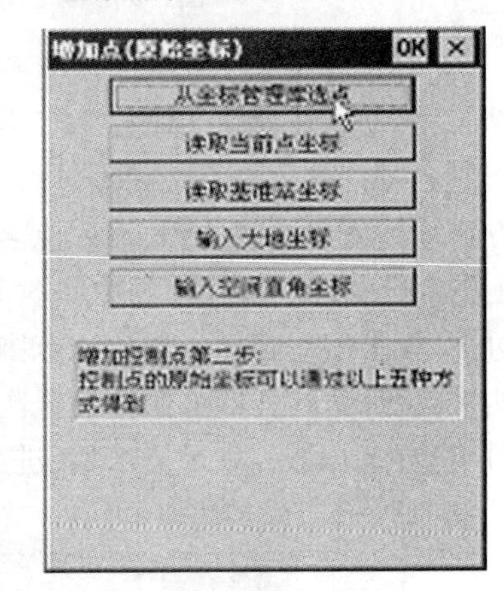

图 5-44　增加点(原始坐标)窗口

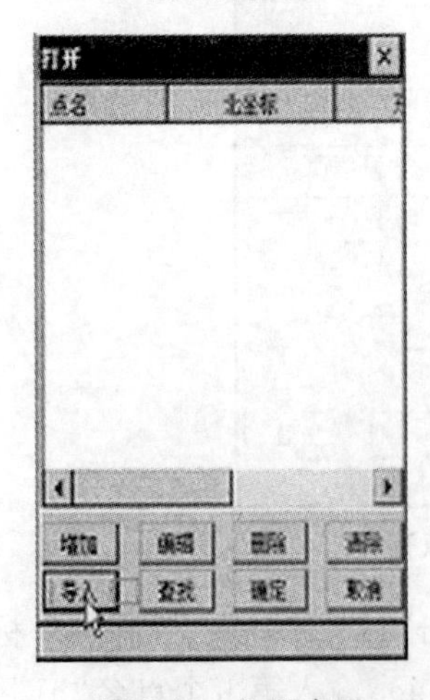

图 5-45　打开窗口

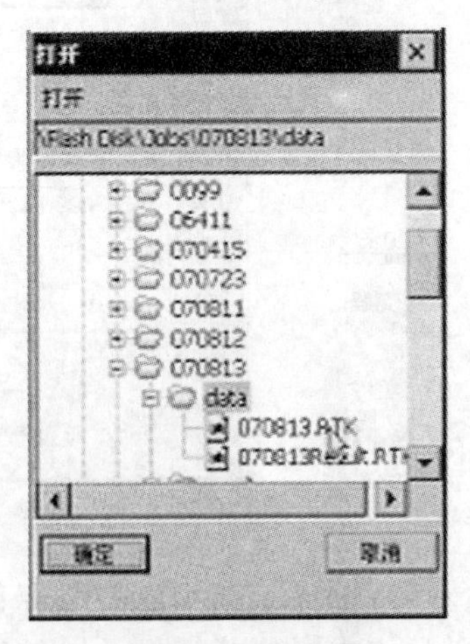

图 5-46　点击“导入”后显示窗口

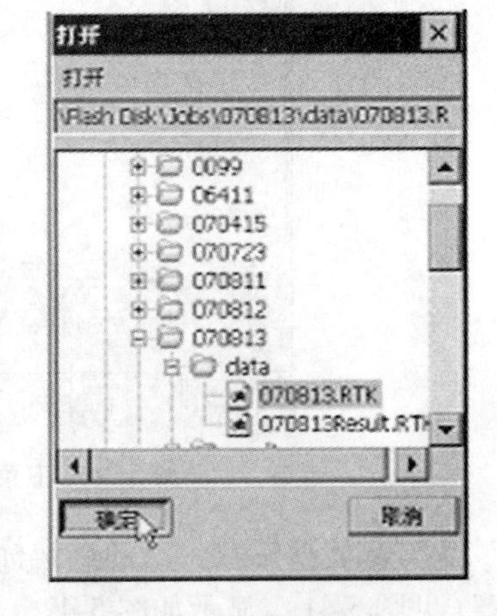

图 5-47　点击“增加”后显示窗口

图 5-50,按“OK”键显示如图 5-51。依次类推增加第 2 个、第 3 个坐标点数值,如图 5-52 ~ 图 5-60,出现如图 5-61 即第 3 个坐标库文件,然后点击“保存”显示如图 5-62,输入保存文

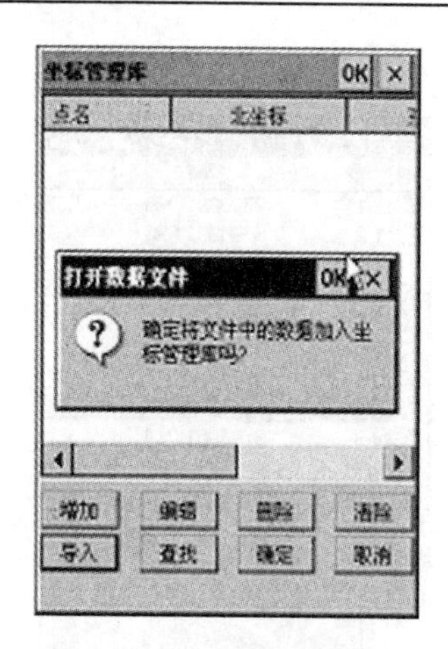

图 5-48　坐标管理库窗口

图 5-49　选择库点数据

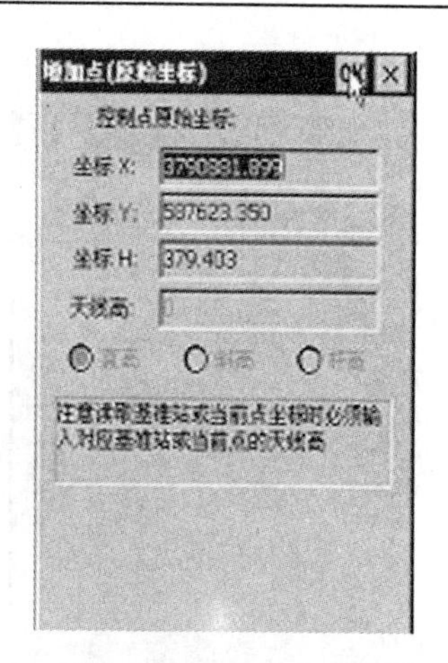

图 5-50　显示坐标数据窗口

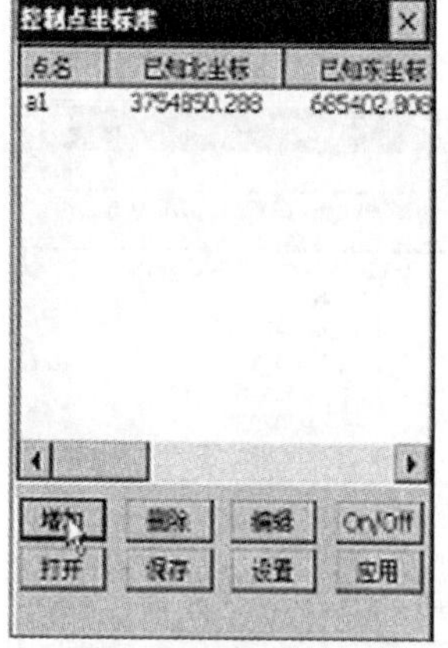

图 5-51　导入已知坐标点数据

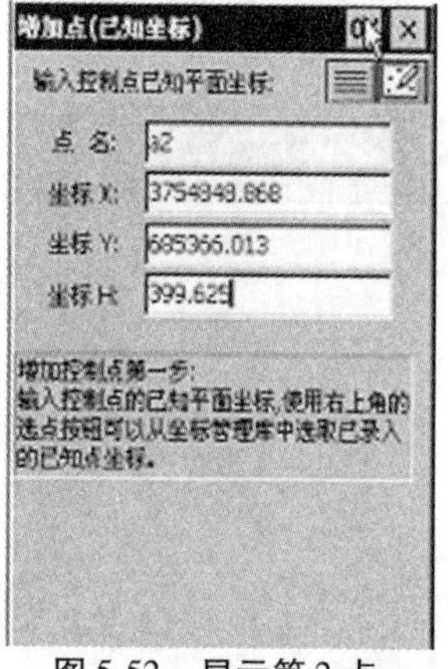

图 5-52　显示第 2 点坐标数据

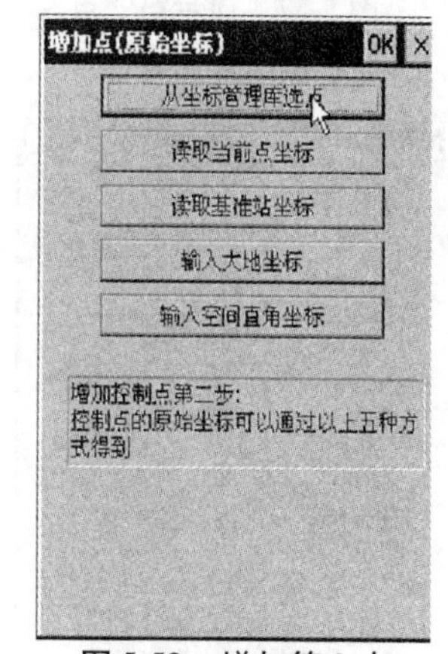

图 5-53　增加第 2 点坐标窗口

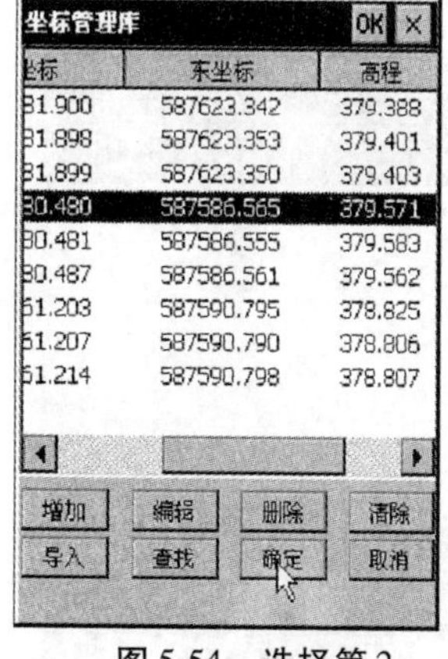

图 5-54　选择第 2 点坐标

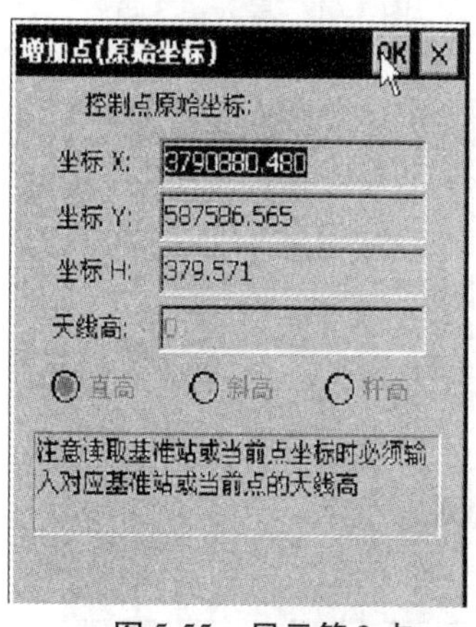

图 5-55　显示第 2 点数据窗口

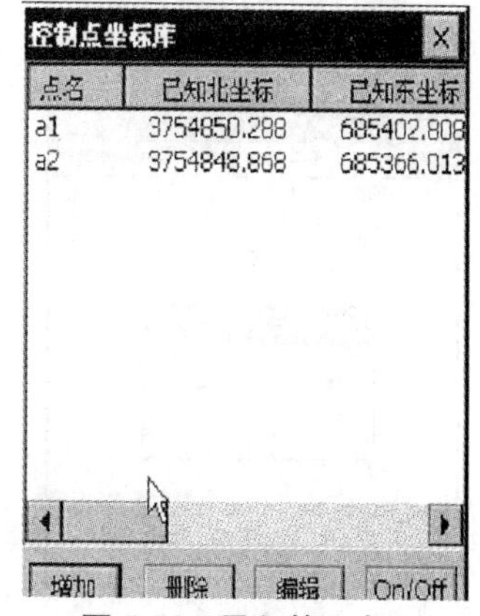

图 5-56　导入第 2 点坐标数据

件，一般按照监测时间日期起名，点击“确定”后显示如图 5-63，点击“OK”键显示如图 5-64，按“应用”，然后点击“查看”键显示如图 5-65，查看求出的转换参数，显示如图 5-66，点击“转换”显示如图 5-67，查看比例尺，如图显示为无限接近 1，即 1. 000 181 177 7，然后按“取消”，进入主菜单，就可以进行测量。

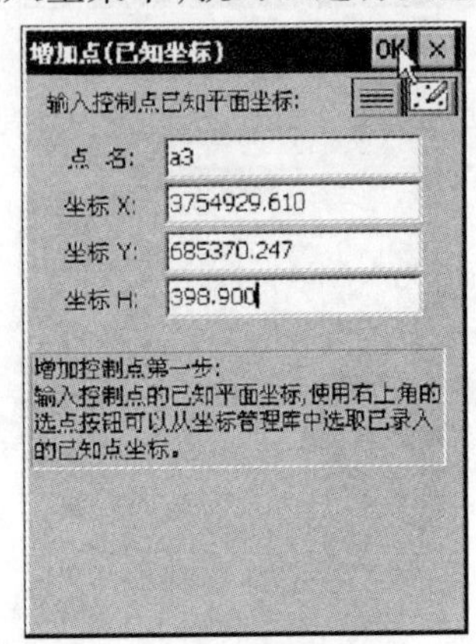

图 5-57　显示第 3 点坐标数据

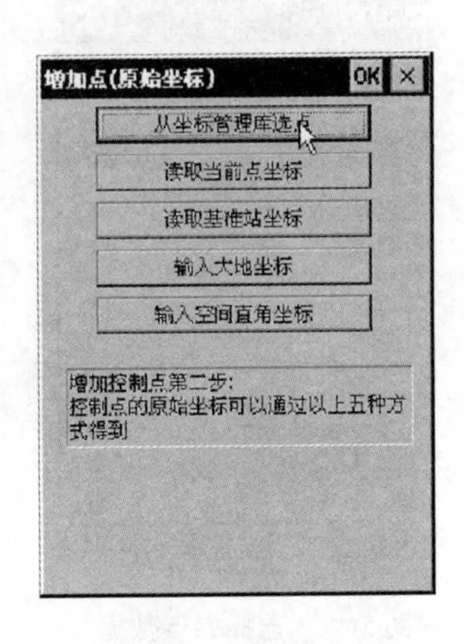

图 5-58　增加第 3 点坐标窗口

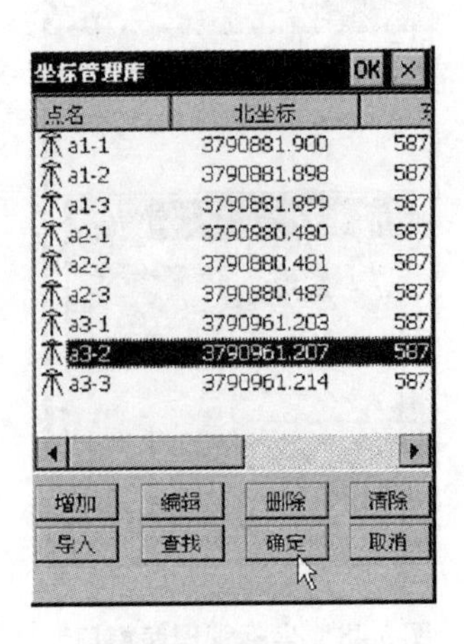

图 5-59　选择第 3 点坐标窗口

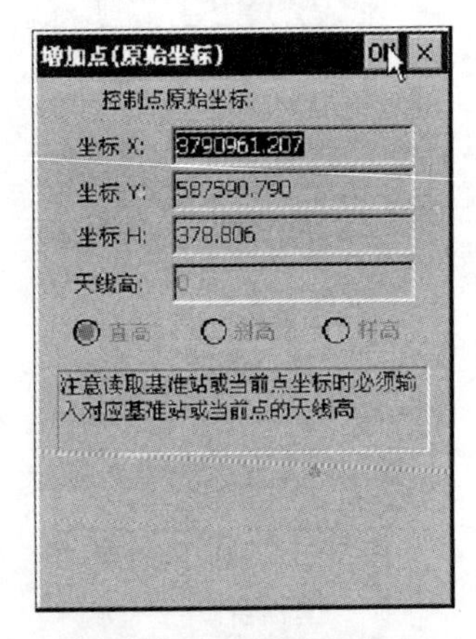

图 5-60　显示第 3 点坐标数据窗口

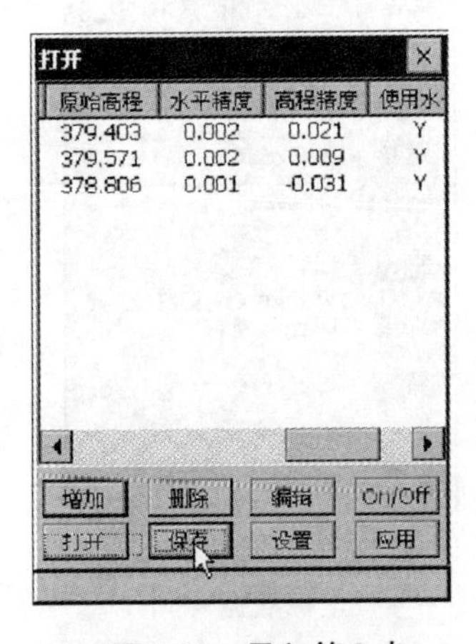

图 5-61　导入第 3 点坐标数据

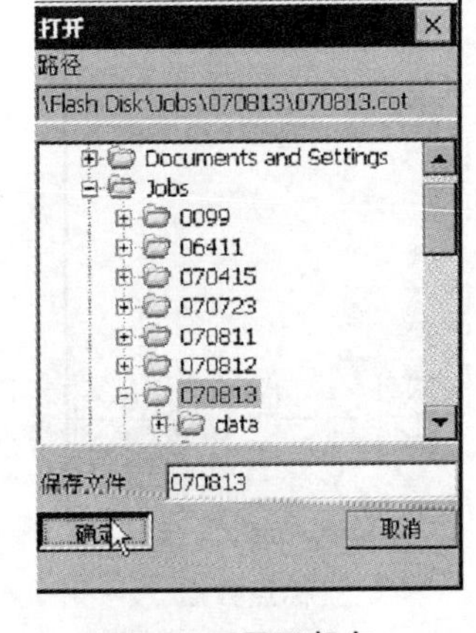

图 5-62　显示起名文件窗口

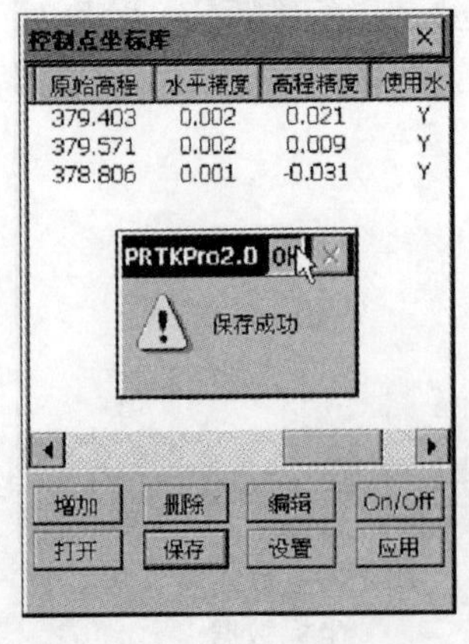

图 5-63　确定坐标库文件窗口

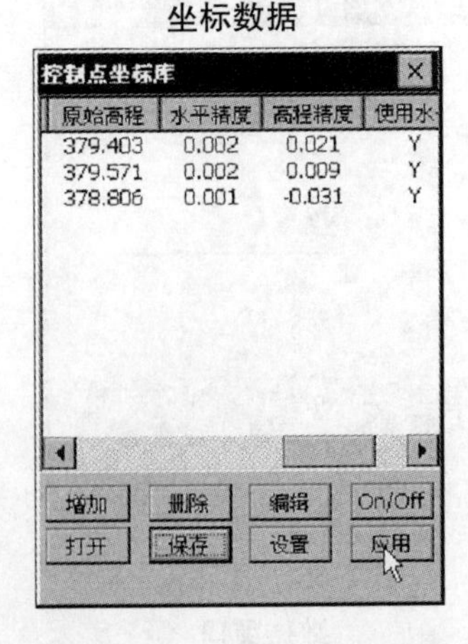

图 5-64　显示新坐标库窗口

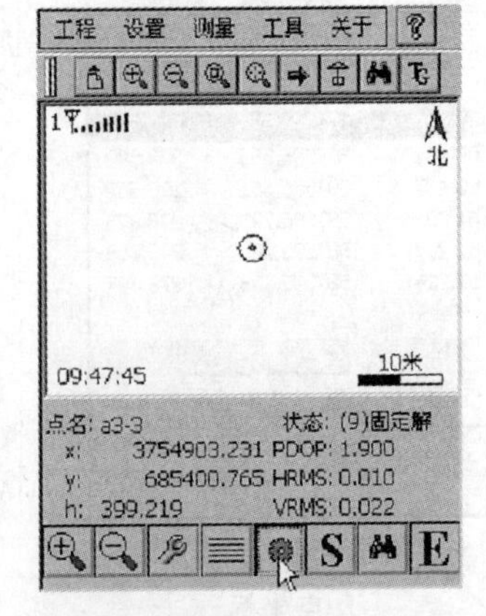

图 5-65　主菜单窗口

(8)测量。转换参数完成后，进入主菜单可实施测量，点击测量键，将移动站放置在需要监测的点位，等移动站碳纤对中杆气泡居中后点击“测量”，显示如图 5-68，将点名改为"1",点击"确定",为第1个监测点,然后到第2、第3、第4个监测点等,操作同上,从第2个监测点开始点名自动累加。等测量完毕后,关闭移动站电源、主机电源、电频等设备。

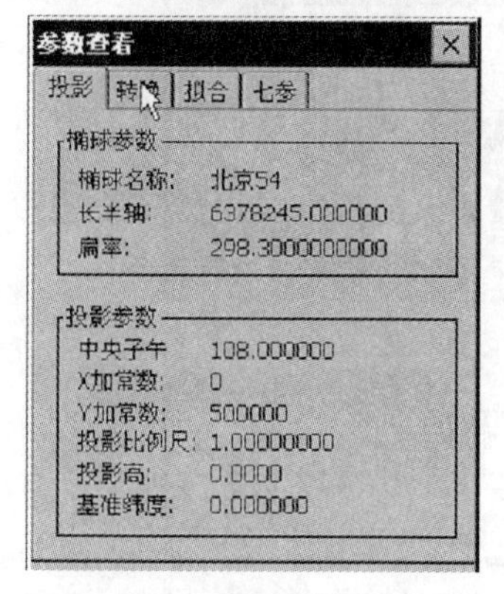

图5-66　参数转换窗口

图5-67　确定参数转化窗口

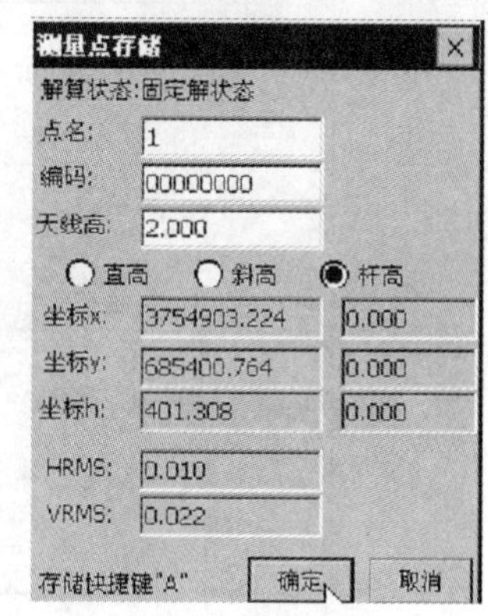

图5-68　测量窗口显示

四、CASS6.0地形测绘软件操作

通过GPS实施动态监测后,形成的数据为RTK文件格式,若要进行CASS6.0以上版本地形测绘软件处理,首先应在上述的"GPS工程之星"GPS"手簿"上,将RTK文件格式转换为DAT文件格式,具体操作如下。

(一)文件输出和转换

首先打开手簿电源,选择手簿上的"工程"中的"项目"并点击"文件输出",在数据格式里面选择需要输出的格式,如图5-69所示,点击"转换",显示如图5-70,点击"确定",显示如图5-71,按"转换"后显示如图5-72,点击"OK"后就生成了CASS6.0地形测绘软件可以处理的数据。

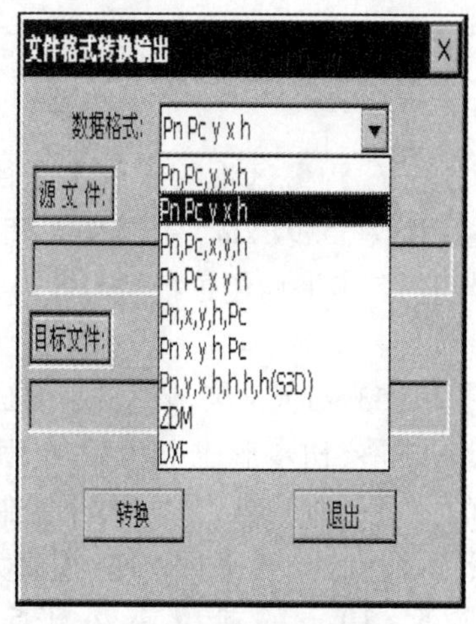

图5-69　选择需要输出的格式

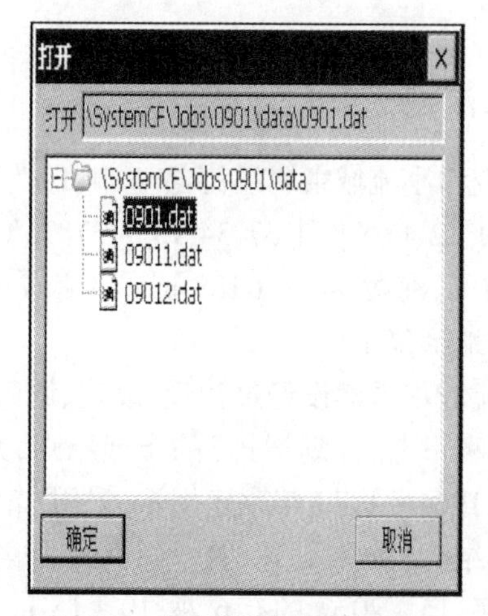

图5-70　点击"转换"后显示窗口

(二)CASS6.0地形测绘软件处理

在CASS6.0软件界面上打开文件转换后的DAT文件,输入高程点距离(自定);然后由数据文件建立DTM,打开DAT文件,根据提示建立好三角网(可据实际情况修改三角网);再点击"生成等高线"就形成了监测微地形地貌下各监测点三维坐标数据;最后根据需要进

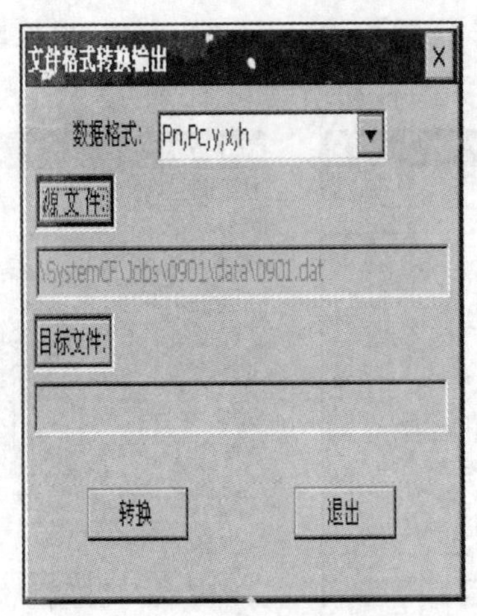

图 5-71 文件格式转换输出窗口

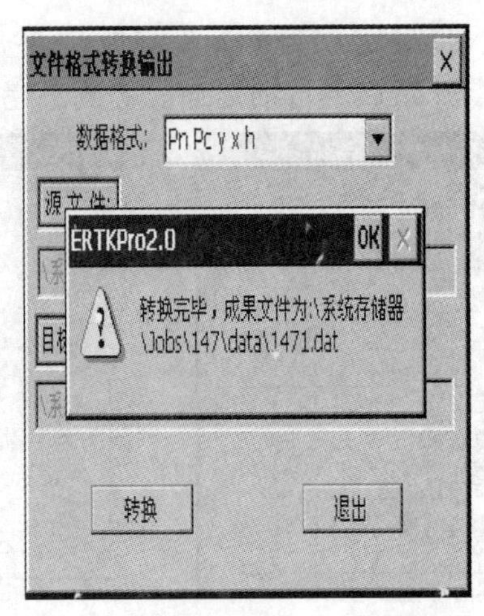

图 5-72 按"转换"后显示窗口

行分析等。

第三节 GPS 在坝系监测中的应用技术

GPS 技术在水土保持监测中，宏观方面可建立 GPS 控制网，在控制网的基础上，进行控制点测量，为卫星遥感技术的定向提供加密点，也可以用于宏观区域和重点区域水土保持信息的采集、提取；在微观方面，可利用 GPS 技术监测水土保持措施图斑内容、几何量算、措施质量等，如梯田、淤地坝、乔木林、灌木林、人工种草等措施的监测。同时，可以进行水土流失的监测，如沟头前进、沟底下切、沟岸扩张的速度，甚至可以监测典型样点的水土流失量等。

一、流域概况

王茂沟小流域隶属绥德县韭园乡，为典型的黄土丘陵沟壑区地貌。位于东经 110°20′26″～110°22′46″，北纬 37°34′13″～37°36′03″，流域控制面积 5.97 km²，主沟长 3.75 km，平均比降 2.7%，海拔 940～1 188 m。该流域水土流失严重，多年平均侵蚀模数 1.8 万 t/km²，梁峁起伏、地形复杂。

该流域坝系建设经过初建、改建、调整三个阶段。1953～1963 年，依据"小多成群，小型为主，上种下蓄，计划淤排"的布坝原则，共建淤地坝 42 座，初步形成了坝系，布坝密度为 7 座/km²；1964～1979 年改建坝系，采用"轮蓄轮种"的方法；1979 年，依据"骨干控制，小坝合并，大小结合"的原则，将坝库调整为 45 座，其中淤地坝 40 座，骨干坝 5 座，坝高大于 20 m 的有 5 座，15～20 m 的有 6 座，10～15 m 的有 17 座，5～10 m 的有 12 座，小于 5 m 的有 5 座，形成了比较完整的坝系。

流域内坝系现有淤地坝 22 座，其中骨干坝 2 座，中型淤地坝 5 座，小型淤地坝 15 座，总库容 320.82 万 m³，已淤库容 176.18 万 m³，可淤地 40 hm²，已淤地 30.3 hm²，人工填平造地 3.0 hm²。现有拦洪能力的淤地坝 13 座，其中剩余库容大于 50 万 m³ 的 1 座，10 万～50 万 m³ 的 2 座，小于 10 万 m³ 的 10 座。

二、小流域 GPS 坝系控制网的建立

(一)作业依据及基础资料

1. 测量仪器

(1)监测投入 9600 型 GPS 仪器 1 套(3 台套),其静态相对定位精度为 ±(5 mm +1 ppm),动态水平精度优于 1 m,高程精度为 ±(10 mm +2 ppm)。

(2)采用软件是南方测绘仪器公司的 9600 型 GPS 测量系统 GPSADJ 专用基线处理与 CADR14 平差软件。

(3)普通水准仪、DJ6 -1 光学经纬仪各 1 台。

2. 作业依据

(1)《全球定位系统(GPS)测量规范》(CH 2001—92)。

(2)《王茂沟流域 GPS 控制网测量技术设计书》。

(3)《1:5 000、1:10 000 地形图航空摄影测量外业规范》(GB/T 1397—92)。

(4)《国家三角测量和精密导线测量规范》。

3. 基础资料及坐标系

(1)王茂沟流域 1:10 000 的地形图。

(2)王茂沟流域内国家三角点东山圪塔三级点、流域外国家三角点魏家焉二级点。

(3)坐标系统采用 WGS -84 坐标系进行无约束平差,然后采用 1954 北京坐标系,高程采用 1956 黄海高程。

(二)控制网的建立

1. 选点埋石

GPS 控制网的平面观测于 2004 年 3 月起,项目组对王茂沟及其附近的国家三角点进行勘测,共勘测 5 个点,最后确定流域内东山圪塔一个国家三级控制点,流域外魏家焉一个国家二级控制点,两控制点相距 6.7 km,两标石完好无损。为了便于王茂沟流域淤地坝监测,我们在王茂沟黑免焉、1 号和 2 号坝增设了三个控制点,高舍沟增设一个控制点。

根据监测设计要求,流域内共埋设 D 级 GPS 点标石 3 座,流域附近埋设 1 座。标石规格为 20 cm×20 cm×100 cm。GPS 点位选在土质坚实、交通便利、方便使用,便于长期保存的地方。

2. GPS 野外观测测量

GPS 控制网的平面观测于 2004 年 4 月 10 ~12 日完成。GPS 淤地坝现状碎部测量于 2004 年 4 月 23 日完成。

GPS 技术规定,为了使观测数据精确可靠,以免造成人力、物力、资金的浪费,应依照国家 GPS 的有关规范进行设计实施(见表 5-3)。

表 5-3　基本技术规定

项目	技术指标	项目	技术指标
卫星高度角	≥15°	时段长度	45 min
有效观测卫星数	≥4	数据采样间隔	15 s
观测时段数	2	7GDOP	≤4

观测方案按设计书的要求进行,利用魏家焉和王茂沟东山圪塔国家三角点与 4 个 GPS 点联合构网进行观测,网中最长边 6.2 km,最短边 0.7 km,平均边长 3.3 km。作业基本技术指标见表 5-4。

表 5-4　作业模式及基本技术指标

项目	技术指标	项目	技术指标
两次量取天线高差	≤3 mm	作业模式	静态
对中精度	≤1 mm	观测方法	点连接

(三)基线解算

1. 软件需求

基线解算采用南方测绘软件 GPSADJ4.0 基线处理软件。把野外采集的原始数据 STH 观测文件转换为标准的 RINEX 观测文件,此文件可在不同的路径下任意选择。读入观测文件后进行向量解算及网平差。

2. 误差选取

基线解算时参考 1992 年国家 GPS 测量规范,按以下要求进行解算:

(1)星历采用广播星历。

(2)采用"码和相位"解算。

(3)电离层采用计算模型。

(4)对流层采用标准模型。

(5)卫星高度角采用 15°。

(6)采样频率 5 s。

基线边长相对中误差要求见表 5-5。

表 5-5　基线边长相对中误差要求

等级	平均距离(km)	A(mm)	B(ppm)	最弱边相对中误差
二等	9	≤10	≤2	1/120 000
三等	5	≤10	≤5	1/80 000
四等	2	≤10	≤10	1/45 000
一级	1	≤10	≤10	1/20 000
二级	<1	≤10	≤20	1/10 000

3. 闭合环检验

所有基线组成闭合环,闭合环总数 4 个,同步环总数 4 个,闭合环最大节点数 3 个。各坐标分量闭合差的限差按下式规定:

$$W_x \leqslant 3\sqrt{n}\delta,\ W_y \leqslant 3\sqrt{n}\delta,\ W_z \leqslant 3\sqrt{n}\delta,\ W_s \leqslant 3\sqrt{3n}\delta,\ \delta = \sqrt{a^2 + (bD)^2}$$

式中:$a = 10$;$b = 5$。

闭合环相对闭合差 0 ~ 1 ppm 3 个,1 ~ 2 ppm 1 个,优于国家规范的等级限差。

4. 平差计算及结果

GPS基线向量网首先进行了WGS-84坐标系三维自由网平差。在平差计算时，利用魏家焉（W001）和王茂沟东山圪塔（D101）国家54北京坐标系3°分带三角点为起算点进行二维约束平差计算，中央子午线经度采用111°，观测日期：2004年4月12日。经平差计算获得已知点和测量点数据结果（见图5-73）。

点号	坐标X	坐标Y	高程(m)	x y h
D101	4 160 599.360	443 915.030	1 188.500	* * *
W001	4 165 956.470	440 974.680	1 148.300	* * *
D102	4 162 068.430	443 695.968	1 000.600	
G011	4 160 935.347	439 114.341	913.061	
W002	4 162 641.486	442 017.372	951.337	
WW01	4 162 756.243	443 715.217	1 006.438	
WW03	4 162 756.248	443 715.217	1 006.441	

图5-73　已知点和测量点数据结果

（四）解算结果分析

通过上述基线计算，对网平差解算进行列表分析，检验计算的合理性以及计算精度，见表5-6和表5-7。

表5-6　同步闭合环

环号	环总长(m)	相对误差(ppm)	ΔX(mm)	ΔY(mm)	ΔZ(mm)	Δ边长(mm)
1	16 293.39	0.2	0.862	2.833	1.668	3.399
2	10 986.911	0.7	0.286	-2.753	-7.678	8.162
3	6 675.029	1.2	1.368	-6.530	-4.790	8.214
4	4 165.603	0.1	0.018	0.244	-0.214	0.325

表5-7　坐标及拟合高程

点　号	坐标X(m)	坐标Y(m)	高程(m)
D101	4 160 599.360	443 915.030	1 188.500
W001	4 165 956.470	440 974.680	1 148.300
D102	4 162 068.430	443 695.968	1 000.600
G011	4 160 935.347	439 114.341	913.061
W002	4 162 641.486	442 017.372	951.337
WW01	4 162 756.243	443 715.217	1 006.438
WW03	4 162 756.248	443 715.217	1 006.441

从以上平差结果和基线解算精度看，GPS平面测量最弱边相对中误差为0.84 ppm，平差计算精度远远优于设计书和国家相应GPS测量规范的要求。说明本次GPS网布网合理，观测安排科学，数据处理和平差严密。解算成果网如图5-74所示。

三、小流域GPS沟道工程动态监测

动态后差分采用两台GPS接收机同时作业观测，其中一台作为基准站，另一台作为流

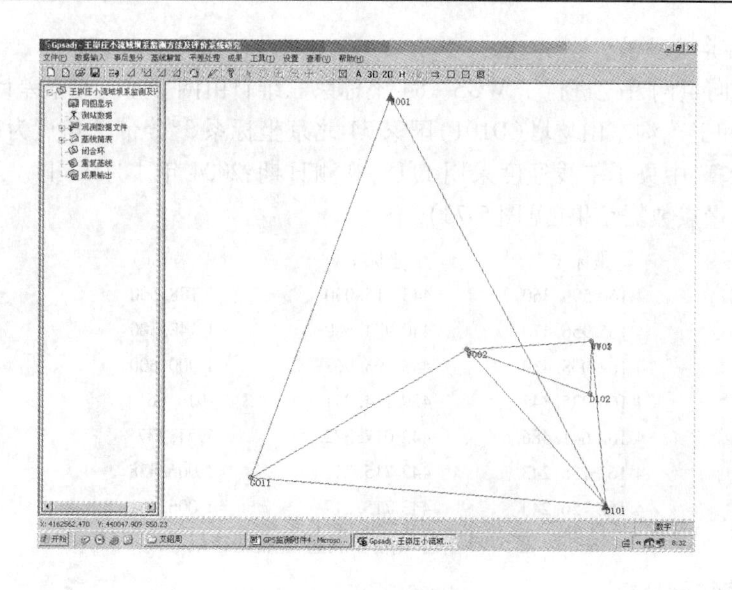

图 5-74　解算成果网

动站,流动站与基准站相距小于 15 km。流动站在起始点静止初始化 10 min,然后从起点开始,流动站在运动过程中,按预先设定的时间间隔自动观测,自动记录数据。在移动过程中保持同步观测 4 颗以上的卫星,并且保持连续跟踪,在待测点观测 1 个以上的历元(默认值 5 s),实现了“STOP AND GO”的测量过程,定位精度(相对基准点)可达 1 cm。观测工作结束后,将储存在采集器的数据文件传输到计算机中进行后处理。处理后直接输出坐标成果并显示所有的航迹线。数据经过处理可方便地进入 CAD 进行图形编辑,数据成果可导入 MapInfo 等 GIS 系统,主要应用于勘界测量和面积测量。

为了摸清该流域目前的水土流失情况和淤地坝的淤积情况等,本次对流域内 22 座淤地坝的布局、数量、淤地面积、淤积分布、淤积量、坝地利用以及各淤地坝之间的关系等进行监测。结合流域坝系特征,将流域分为上、中、下 3 个断面,在各断面选取有代表性的王茂沟 1 号、2 号骨干坝,黄柏沟、马地嘴中型淤地坝和何家峁、王塔沟小型淤地坝共 6 座进行监测。

(一)9600 型 GPS 技术指标及范围

1. 技术指标

(1)L1,C/A 码。

(2)单机定位 5 ~15 m。

(3)内存:2 MB/16 MB 可选。

(4)动态水平精度:±(0.1 ~1)m。

(5)静态精度:5 mm +1 ppm。

2. 应用范围:

(1)国土资源部地籍处:土地权属调查,对于国土资源管理的数字化将起到积极作用。

(2)国土资源部地矿处:地矿资源调查,提高矿权管理工作水平,实现矿权登记坐标标准化、管理自动化、数字化。

(3)水利部门:江河、水库水面区域调查,库容调查,水土保持水土流失调查。

(4)农场:土地面积测量,作物规划,农场范围的确定。

(5)交通部:公路、铁路、各种管线普查。

(6)林业部门:各种植被覆盖面积的调查,林业资源调查。

(7)海洋管理部门:海洋区域面积测量,海洋资源调查。

(8)大规模小比例尺的电子地图的绘制。

(二)GPS 动态监测实例

1. 投入仪器设备及人员组成

本次共投入 9600 型 GPS 两台,其动态相对定位精度为 ±(0.1 ~1)m。计算机 1 台,汽车 1 辆。

本次作业明确 1 名技术负责人负责全面工作,共有作业人员 8 人,其中高级工程师 1 名、工程师 2 名、助理工程师 3 名、技师 1 名、技术员 1 名、司机 1 名。

2. 数据采集

(1)建立基准站:利用在王茂沟小流域建立的控制网点建立一个基准站,等基准站主机进入数据记录状态后,移动站进入测量区。

(2)设置采集条件:设置采样间隔一般设置成 5 s,表示每 5 s 采集一个卫星历元;设置高度截止角,出厂时默认为 10,截止角由 0° ~45°可改(变化间隔为 5°);设置采点次数,表示每 3 个点取一个平均值,若设置成采样间隔 5 s,采点次数 3 次,则每一个点上需测 15 s。

在初始界面下按 F4 键选择以“差分”方式进入采集界面。

当满足采集条件后,主机进入采集状态;在主机差分采集数据时,自动设置 1 台接收机,连续跟踪所有的可见卫星。

满足采集条件是指接收机状态中的定位模式达到 3D、静态因子小于 6、锁定卫星数多于 4 颗。

(3)移动站初始化:在测量区域内选择一固定点,在采集状态下初始化。初始化约需 5 min,初始化成功后 9600 主机的蜂鸣器会有长鸣提示。初始化结束后,即可进入测量状态,在到达测量的特征点、勘界点时开始测量,每一个点上约等待 10 s,等待至蜂鸣器长鸣后,即可移动到下一点进行采集,所采集数据将自动保存。

动态相对定位模式主要应用于地籍勘测和面积测量,课题组利用 GPS 差分动态相对定位模式的这一特点,用 10 天时间对王茂沟小流域的 22 座淤地坝汛前数量、淤积面积等基础数据进行收集。

3. 内业计算

后差分处理软件主要用于对南方后差分 GPS 系统采集的数据进行内业处理。观测工作结束后,将储存在采集器的数据文件传输到计算机中进行差分后处理。处理后直接输出坐标成果并显示所有的航迹线。数据经过处理可方便地进入 CAD 进行图形编辑,数据成果可导入 MapInfo 等 GIS 系统。

1)软件主要特点

软件主要是通过后差分 GPS 采集的数据,利用伪距差分原理来计算离散点位的位置坐标,并将所测区域闭合以求得测区面积。其主要特点如下:

(1)全中文 Windows 界面。

(2)能直接进行简单文本数据格式转换,直接得出坐标成果(若输入中央子午线及测区一个已知点坐标,还能获得当地直角坐标),也能直接利用 54 北京坐标系,获得自定义坐标系(椭球参数及中央子午线)。

(3)能导入到 CAD 中进行编辑,含边长及面积解算。

(4)该软件操作十分简单,只有三大步:

第一步,增加基准站及移动站数据。

第二步,输入当地参数及已知点约束后差分解算。

第三步,编辑成果,打印成果。

(5)直接输出坐标文本文件。

(6)坐标数据还可通过格式转换导入到 GIS 中作为地理信息数据。

(7)采用 Visual C + + 编写,计算速度快,同时对采集数据得出精度更高的三维差分解,平面水平精度小于 0.5 m。

2)数据录入计算

(1)数据传输。在测量完成后应将基站和移动站数据均传回计算机中进行后差分处理,设置通讯参数正确,系统将连接计算机和 GPS 接收机,在程序视窗的下半部分显示 GPS 接收机内的野外观测数据。

(2)增加观测数据。在软件中选择好坐标系和投影分度带后,把基准站和移动站数据 STH 文件同时加入软件中。

(3)解算。利用王茂沟控制网点的坐标,输入基准站已知值(直角坐标),实施差分解算即可得出成果。

(4)成果输出。主要是为了将计算成果导入其他软件,选择成果输出路径,保存格式为 TXT,在 CAD2000 软件可直接打开这个文件进一步编辑和计算。小流域坝系 GPS 差分监测结果见表 5-8,成果图见图 5-75。

表 5-8　小流域坝系 GPS 差分监测结果

编号	坝名	坝高(m)	控制面积(km^2)	淤地面积(hm^2)	泥面平均高程(m)	泥面距坝顶(m)	回淤长度(m)	淤积面纵比降(%)
1	王茂庄 1#坝	19.8	2.89	3.18	950.09	1.57	876.20	0.23
2	王茂庄 2#坝	30.0	2.97	3.18	989.79	12.2	560.0	0.21
3	黄柏沟 2#坝	15.0	0.18	0.40	992.73	1.82	155.51	0.28
4	康河沟 2#坝	16.5	0.32	0.37	1 003.6	3.62	158.59	0.30
5	马地嘴坝	8.0	0.50	1.62	998.26	4.82	296.67	0.29
6	关地沟 1#坝	23.0	1.14	2.93	1 012.58	8.62	472.88	0.26
7	死地嘴 1#坝	8.93	0.62	1.03	1 014.31	2.30	164.42	0.31
8	黄柏沟 1#坝	13.0	0.34	0.39	978.95	3.52	217.30	0.32
9	康河沟 1#坝	12.0	0.06	0.43	990.72	1.62	158.91	0.29
10	康河沟 3#坝	10.5	0.25	0.33	1 013.88	0.20	196.83	0.31
11	埝堰沟 1#坝	13.5	0.86	0.72	993.68	8.56	226.87	0.28
12	埝堰沟 2#坝	6.5	0.18	1.99	999.89	0.30	389.50	0.25
13	埝堰沟 3#坝	9.5	0.46	1.23	1 005.53	5.35	224.87	0.30

续表 5-8

编号	坝名	坝高(m)	控制面积(km^2)	淤地面积(hm^2)	泥面平均高程(m)	泥面距坝顶(m)	回淤长度(m)	淤积面纵比降(%)
14	埝堰沟4#坝	13.2	0.24	0.57	1 018.22	0.30	140.65	0.33
15	麻圪凹坝	12.0	0.16	0.71	10 116.67	0.20	233.62	0.27
16	何家峁坝	5.2	0.07	0.42	991.44	1.55	192.46	0.34
17	死地嘴2#坝	16.0	0.14	2.58	1 029.93	0.40	542.50	0.24
18	王塔沟1#坝	8.0	0.35	0.62	1 037.86	0.35	200.84	0.29
19	王塔沟2#坝	4.0	0.29	0.63	1 041.45	0.46	164.57	0.30
20	关地沟2#坝	10.5	0.10	0.24	1 021.18	1.50	120.00	0.33
21	关地沟3#坝	12.0	0.05	1.51	1 030.77	2.40	356.55	0.28
22	背塔沟坝	13.2	0.20	0.71	1 034.66	0.30	243.39	0.30
合计			5.87	25.79				

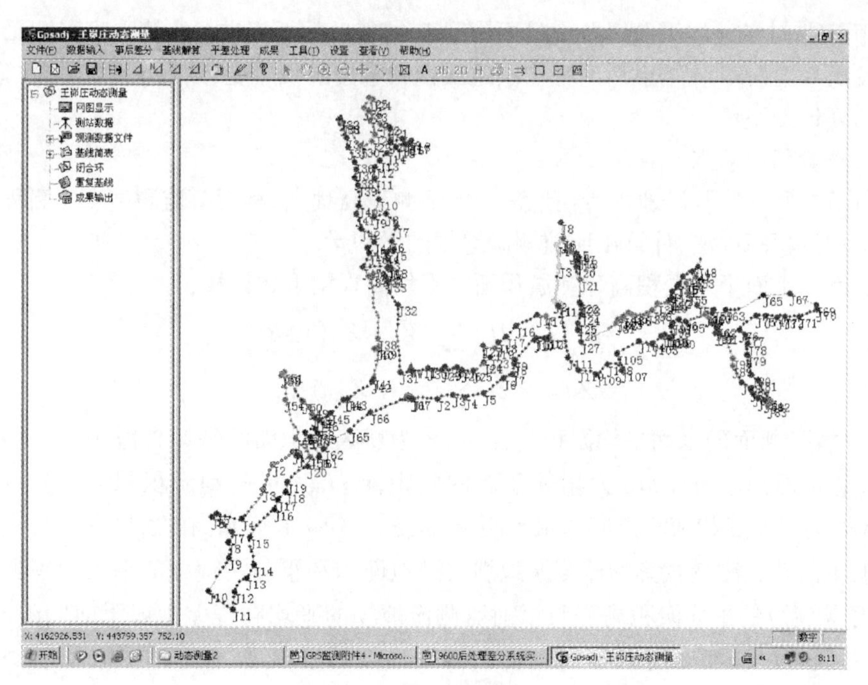

图 5-75 成果图

至此已得出勘测点的坐标值和网图,资料均可在当前窗口打印。需要该成果数据时,可以文本形式输出,也可以在其他软件中导入测量数据。

4. 地坝高程网点布设

1)高程网点布设

测量方法同控制测量。根据洪水泥沙在淤地坝内的淤积规律(坝前淤积较坝尾淤积薄),对流域内王茂沟1号、2号骨干坝,黄柏沟、马地嘴中型淤地坝和何家峁、王塔沟小型淤地坝共6座淤地坝进行GPS汛前、次暴雨(汛期)结束后的高程监测网点数据收集。课题组将各监测淤地坝分为上、中、下三个断面,在各断面布设高程控制监测网点,并在各高程监测点布设带有水位标尺的水泥桩(便于验证GPS监测数据),然后利用流域已建立的三角控制网点,测量上述6座监测坝各个淤积断面的控制网点高程。6座淤地坝监测高程网点布设同黄柏沟淤地坝高程监测网点布设(见图5-76)。

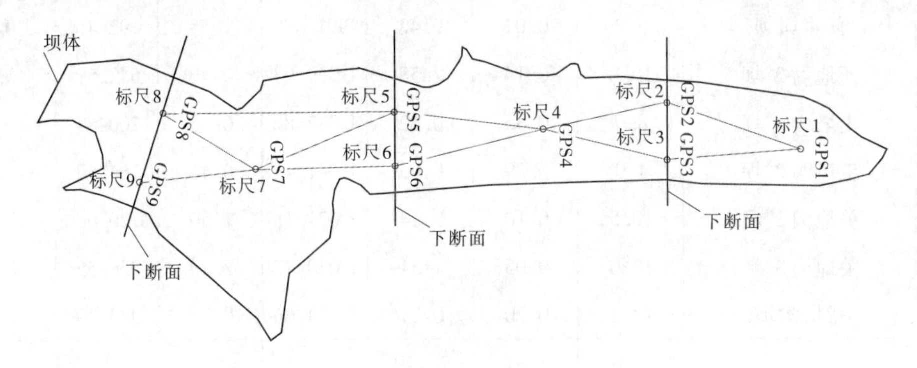

图5-76　黄柏沟淤地坝高程网点布设示意图

利用GPS对淤地坝汛前以及次暴雨(汛期)结束后的面积进行监测和高程测量,计算出汛前以及次暴雨(汛期)结束后的平均淤地面积和平均淤积厚度,然后计算出次暴雨(汛期)结束后的坝地淤积量。

2)监测数据的获取与计算

项目组在所选监测淤地坝所在地进行实地测量高程点,利用各监测站点的高程数据,然后采用平均淤积高程法,计算出所监测淤地坝的淤积量。

各断面的水面平均淤积高程和淤积面的平均高程用下式计算:

$$Z_i = 1/2B_i \sum (Z_j + Z_{j+1}) \Delta B_j \tag{5-2}$$

$$Z = 1/2L \sum (Z_i + Z_{i+1}) \Delta L_i \tag{5-3}$$

式中:Z_i 为第 i 断面的水面平均淤积高程,m;Z 为坝区淤积面的平均高程,m;Z_j 为第 i 断面第 j 测点的水面高程,m;ΔL_i 为相邻断面的间距,m;L 为坝前到淤积末端的长度,m,$L=\sum \Delta L_i$;ΔB_j 为同断面相邻测点间的水平距离,m;B_i 为第 i 断面水面的宽度,m,$B_i=\sum \Delta B_j$。

根据汛前动态测量收集的监测淤地坝的淤地面积和汛前淤地坝的平均淤积高程,然后用次暴雨(汛后)的平均淤积高程与汛前监测淤地坝的平均高程差乘以汛前监测淤地坝的淤地面积,就可以计算出次暴雨(汛后)监测淤地坝的淤积量,也即监测淤地坝的拦沙量。计算公式为:

$$W_{淤} = Z_i F_i \tag{5-4}$$

式中:$W_{淤}$ 为各监测淤地坝的淤积量;Z_i 为各监测淤地坝平均淤积高程;F_i 为各监测淤地坝的淤地面积。

3)高程网点解算数据

根据上述控制测量外业观测步骤和内业基线解算过程,课题组对王茂沟流域的6座监测淤地坝进行监测,汛前高程网点监测数据见表5-9。

表 5-9　王茂沟流域淤地坝汛前高程网点监测数据(监测日期:2004 年 5 月 20 日)　(单位:m)

坝名	高程属性	断面 1			断面 2			断面 3			断面间距(1)		断面间距(2)					
		Z11	Z12	Z13	Z21	Z22	Z23	Z31	Z32	Z33	L12	L23	B112	B123	B212	B223	B321	B323
王茂庄 1#	汛前	949.749	949.750	949.752	949.985	949.985	950.988	950.201	950.205	950.202	310	220	21	23	15	18	12	10
王茂庄 2#	汛前	989.598	989.600	989.601	989.788	989.790	989.790	989.992	989.992	989.995	180	160	28	31	22	20	11	12
马地嘴	汛前	998.102	998.102	998.105	998.255	998.253	998.253	998.410	998.410	998.413	52	68	20	22	13	15	8	7
死地嘴 1#	汛前	1 014.139	1 014.140	1 014.140	1 014.315	1 014.316	1 014.315	1 014.483	1 014.480	1 014.485	52	58	25	21	12	15	8	6
黄柏沟 1#	汛前	978.736	978.736	978.738	978.956	978.955	978.958	979.166	979.165	979.168	52	58	9	10	8	9	5	6
何家峁	汛前	990.527	990.525	990.526	990.712	990.715	990.716	990.915	990.913	990.912	50	56	15	16	8	9	5	5

第六章　与小流域坝系评价相关的理论及方法

第一节　可持续发展理论

一、可持续发展概念的提出与定义

20世纪70年代以来,人们越来越认识到,全球性的环境问题是超越国界,超越民族、文化、宗教和社会制度的。任何一个国家无论它如何强大都无法单独解决一个全球性问题。人类生存和发展的共同利益,要求国际社会在环境问题的挑战面前同舟共济、通力合作。于是,关于如何使人类持续发展下去的研究在全球各种科学团体、政府机构以及联合国内迅速开展。

可持续发展的概念,最早是一些生态学家在1980年发表的《世界自然资源保护大纲》中提出并予以阐述的。该大纲提出,把资源保护和发展结合起来,既使目前这一代人得到最大的持久利益,又要保持潜力,以满足后代的需要和愿望。可持续发展的概念在世界自然保护联盟1981年发表的另一个文件——《保护地球》中得到进一步的阐述。该文件把可持续发展定义为"改善人类生活质量,同时不要超过支持发展的生态系统的负荷能力"。1987年,挪威前首相布伦特兰夫人任主席时世界环境与发展委员会向联合国提交的《我们共同的未来——从一个地球到一个世界》著名报告中,首先提出并论证了可持续发展这一主题,并将可持续发展的概念明确定义为"在不危及后代人满足其环境资源需求的前提下,寻求满足当代人需要的发展途径(Sustainable development, that meets the needs of the present without compromising the ability of future generations to meet their own needs)"。换言之,可持续发展是既满足当代人需要又不危及后代人满足自身需要能力的发展。这一定义虽然与《世界自然资源保护大纲》中一致,但对其具体内涵的阐述中却从生态的可持续性转入了社会的可持续性,提出了消灭贫困、限制人口、政府立法和公众参与等社会政治问题。

我国学者对这一定义作了如下补充:

可持续发展既不是单指经济发展或社会发展,也不是单指生态持续,而是指以人为中心的自然与经济复合系统的可持续。

可持续发展是人类能动地调控自然－经济－社会复合系统,在不超越资源与环境承载能力的条件下,促进经济发展、保持资源永续利用和提高生活质量。"既满足当代人的需要,又不损害后代人满足其需要的能力"。

可以将三维复合系统的可持续发展目标用以下模型简单表示:

可持续发展目标函数

$$SD = f(X,Y,Z,T,L) \tag{6-1}$$

约束条件

$$|X+Y| < \min|Z|, |X|、|Y|、|Z| > 0 \tag{6-2}$$

式中:SD 为可持续发展目标;X、Y、Z 为经济、社会、生态子系统发展水平矢量,$X=(x_1,\cdots,x_n)$,$Y=(y_1,\cdots,y_n)$,$Z=(z_1,\cdots,z_n)$;T、L 为时间、空间矢量,表示可持续发展的不同阶段、地区。

模型含义:复合系统的可持续发展目标 SD 是经济子系统发展水平矢量 X、社会子系统发展水平矢量 Y 及生态子系统发展水平矢量 Z 的函数。可持续发展目标 SD 还与发展阶段和地区有关。经济、社会和生态子系统发展水平矢量又是该系统诸因子的函数。资源与环境发挥其最大承载能力的状态也就是其生态系统具有可恢复性的最低发育状态($\min|Z|$)。

经济可持续发展:只有保持快速的经济增长,并逐步改善发展质量,才能满足全体人员日益增长的物质文化需求,才有可能不断消除贫困,人们生活水平才会逐步提高,并且提供必要的能力和条件,支持其他方面的发展。

社会可持续发展:这是人类社会发展的终极目标。它要求控制人口数量,提高人口素质,改善人口结构;发展科学技术,大力发展教育,加强文化建设;提高人们生活质量,引导人们适度消费;促进精神文明建设,实现社会长治久安;推动政治体制改革,促进社会公平发展;实现民主管理,发动公众参与。

生态可持续发展:生态可持续发展水平的高低,一方面取决于生态资本存量的大小;另一方面受到生态环境变化及幅度的影响。为此,要保护整个生命与支撑系统和生态系统的完整性,保护生物多样性;解决水土流失、荒漠化等重大生态环境问题;保护自然资源,保持资源的可持续供给能力,预防和控制环境破坏和污染,积极治理和修复已遭破坏和污染的环境等。

上述三个子系统之间的相互关系是:经济发展支持生态发展,生态发展促进社会发展,社会发展引导经济发展。

二、可持续发展的内涵

布伦特兰夫人提出的可持续发展概念在1992年联合国环境与发展大会上得到共识。它包括了可持续发展的三个最基本原则:公平性原则、持续性原则和共同性原则。

公平性原则主要体现在三个方面。一是当代人的公平。可持续发展要求满足当代全球人们的基本要求,并予以机会满足其要求较好生活的愿望。二是代际间的公平。由于自然资源的有限性和稀缺性,每一代人都不应该为了当代人的发展与需求而损害人类世世代代满足其需求的自然资源与环境条件,正确的做法是给予世世代代利用自然资源的权利。三是公平分配有限的资源。应该结束少数发达国家过量消费全球共有资源的局面,而给予广大发展中国家合理利用更多的资源以达到经济增长的机会。公平性原则和国家间的主权原则是一致的。

持续性原则要求人类对于自然资源的耗竭速率应该考虑资源与环境的临界性,可持续发展不应该损害支持地球生命的大气、水、土壤、生物等自然系统。“发展”一旦破坏了人类生存的物质基础,“发展”本身也就衰退了。因此,持续性原则的核心是,人类的经济和社会发展不能超越资源和环境的承载能力。

共同性原则强调可持续发展一旦作为全球发展的总目标确定下来,对于世界各国来说,其所表现的公平性和持续性原则都是共同的。实现这一总目标必须采取全球共同的联合行动。

可持续发展的理论认为,人类任何时候都不能以牺牲环境为代价去换取经济的一时发展,也不能以今天的发展损害明天的发展。全球性环境问题的产生和尖锐化表明,以牺牲资源和环境为代价的经济增长和以世界上绝大多数人贫困为代价的少数人的富裕,都使人类社会走进非持续发展的死胡同。人类要摆脱目前的困境,必须从根本上改造人与自然、人与人之间的关系,走可持续发展的道路。要实现可持续发展,必须做到保护环境同经济、社会发展协调进行。保护环境和促进发展是同一个重大问题的两个方面。人类的生产、消费和发展,不考虑资源和环境,则难以为继;同样,孤立地就环境论环境,而没有经济发展和技术进步,环境的保护就失去了物质基础。

(一)可持续发展理论的基本含义

(1)可持续发展不否定经济增长(尤其是穷国的经济增长),但需要重新审视如何实现经济增长。

(2)可持续发展以自然资产为基础,同环境承载能力相协调。

(3)可持续发展以提高生活质量为目标,同社会进步相适应。

(4)可持续发展承认并要求体现出环境资源的价值。

(5)可持续发展的实施以适宜的政策和法律体系为条件,强调"综合决策"和"公众参与"。

(6)可持续发展认为发展与环境是一个有机整体。

(二)理论内涵

可持续发展理论的内涵,有学者认为要点如下:①可持续发展是发展与可持续的统一,二者相辅相成,互为因果。放弃发展,则无持续可言,只顾发展而不考虑可持续,长远发展将丧失根基。可持续发展战略追求的是近期目标与长远目标、近期利益与长远利益的最佳兼顾,经济、社会、人口、资源、环境的全面协调发展。②可持续发展涉及人类社会的方方面面,走可持续发展之路,意味着社会的整体变革,包括社会、经济、人口、资源、环境等诸领域在内,亦要如此。③发展的内涵主要是经济的发展、社会的进步。资源的高效与永续利用同经济发展与社会进步密切相关。资源的合理利用与环境良性循环下的经济发展,要紧紧依靠科技进步和人的素质的不断提高。④自然资源尤其是生物资源的高效与永续利用是保障社会经济可持续发展的基础;可再生资源特别是生物资源寓存于地球生态经济系统内,在经济开发与发展中,必须保护生物的多样性及自然生态环境,将可再生资源的开发利用速度限制在其再生速率之内。⑤自然生态环境是人类生存与发展的基础,如果像水、空气或土地这类最根本的自然生态环境要素遭污染而恶化,人类将无法生存,更谈不上发展。可持续发展战略就是谋求社会、经济、人口、资源、环境的协调发展,并在发展中寻求新的平衡。当然,这种平衡不仅局限在生态与环境上,还包括经济、社会、人口、资源等诸领域的内部及相互间的平衡。⑥控制人口过快增长,提高人口质量,改善人口结构,并在保护生态环境的前提之下发展经济。⑦消除贫困。贫困是可持续发展战略要根除的首要目标。在全球约两亿儿童不足温饱、十几亿劳动力无工作可做的今天,发展的首要目标是解决这些人所遇到的困境。⑧坚持可持续整体发展的全局观念,反对只注重单纯的、片面的或局部的发展,以至于把这类发展误认为可持续的整体发展。因此,要从大的方面考虑,并赋予现代观念,即指全人类的发展。⑨可持续发展既包括当代及后代的区际间协调,即此地区发展不应以损害彼地区为代价,也包括全面满足当代人与后代人基本需求这种代际间的协调。这就必须解决好资源在当代人与后代人之间的合理配置,既要保证当代人的合理需求,又要为后代人留下较好的生存与发展条件。应重视资源在各地区、各部门和每个人之间的合理分配,避免资源闲置与浪费。此外,还应采用能耗少和物耗小的新技术,推行资源与废弃物的循环利用;对可再生资源在开发利用的同时,采用人工措施促其增值;尽量采用替代资源,以减少稀缺资源的消耗,确保当代间、代际间的人与自然处于协调状态,生态处于持续平衡状态。

另有学者把可持续发展理论的内涵概括为:①目标。既保证经济高速发展,又保护生态环境,使社会经济同资源环境实现良性循环。不仅安排好当前的发展,又要为子孙后代着想,为未来发展创造好的条件。②体系。可持续发展是社会与自然关系的变革,是以保护资源与环境为前提对社会进行革新,需要建立可持续发展的社会体系。③过程。从当前开始直至目标实现。在整个过程中协调好人口、资源、环境、社会及经济发展间的关系。④思想。可持续发展是一个理想,理想目标的实现,首先要使人的思想观念有所转变,树立环境意识和生态观念,提倡节约,反对浪费。特别要克服"发展"中片面追求经济增长的思想,防止以牺牲环境为代价换取暂时的经济增长。⑤原理。主要体现在以下三方面:首先,强调社会公平。可持续发展的目标是要满足所有人的基本需求,向所有人提供实现美好生活愿望的机会。社会要从提高生产潜力、确保每人都有平等的机会两方面满足人民需要。其次,强调发展与环境的统一,即社会经济发展同资源环境统筹安排是可持续发展的基本原则。最后,强调生态与经济的协调是核心。经济是社会发展的基础,所以要以经济建设为中心。生态是人类社会和生命系统同自然环境的关系,解决环境与发展的统一问题就必须首先解决好生态与经济的协调发展问题。

(三)可持续发展理论的演替过程

可持续发展理论研究起源于西方一些发达国家,很快在许多国家引起重视。近20年来,理论研究非常活跃,涌现了一些影响较大的可持续发展理论著作。这些著作观点各异,主要有三种代表性观点,即悲观派、乐观派、协调派。

1. 悲观派

这种观点认为,经济发展与生态环境的对立是绝对的,只有停止地球上人口和经济的发展,才能维护全球生态环境的平衡。这种观点要求人们不要干预生态环境,放弃科学技术,放弃发展生产力,放弃对大自然的改造。

其代表作有:1972年罗马俱乐部公开发表的第一份研究报告《增长的极限》;英国生态学家爱德华·哥尔德·史密斯的《生存的蓝图》(1972)。

2. 乐观派

这种观点认为,持续的经济增长是人类福利增长的先决条件。为了求得经济的增长,不必顾及生态环境的恶化,即科学技术的不断进步会使生态环境自然而然地达到平衡稳定。

其代表作有:美国未来学家赫尔曼·卡恩的《世界经济的发展——令人兴奋的1978~2000年》和《即将到来的繁荣》;朱利安·西蒙的《没有极限的增长》(1981);美国物理学家甘哈曼的《第四次浪潮》。

无论悲观派,还是乐观派,都看到了当代人类面临着严重的生态环境问题,但观点都具有片面性。悲观派对科学技术进步的作用估计不足,只看到人类经济活动破坏自然生态环境的一面,而看不到人在正确的可持续发展理论指导下,经济增长和技术进步可以成为改善生态环境、协调人与自然关系的有利条件。乐观派则认为凭借技术进步和市场调节就能自然地解决严重的生态环境问题,而忽视了掌握和运用技术的人的作用,忽视了运用技术干预、影响生态环境的方式这一至关重要的因素。

3. 协调派

经过长期的争论,以上两种观点开始趋于相互沟通和接近,又派生出一种比较现实的观点,即协调派。这种观点主张经济与生态环境和谐发展,追求社会经济的持续稳定增长。

其代表作有:美国科学家莱斯物·R·布朗的《建设一个持续发展的社会》;罗马俱乐部总裁奥雷利奥·佩西晚年所著的《未来的一百页》;1972 年经济学家巴巴拉·沃德和生物学家雷里·杜博斯向联合国首届人类环境会议提交的一份对人类环境的最完整的报告《只有一个地球》及 1982 年为纪念人类环境会议十周年,巴巴拉·沃德所写的《立足于地球》。至此,可持续发展理论已基本形成。20 世纪 80 年代开始,协调派的可持续发展理论被整个经济发展研究领域普遍接受,并成为左右发展决策的强有力的理论体系。20 世纪 80 年代末 90 年代初有关环境保护的一系列国际协定的达成,更使各国看到了经济发展中全人类共同的根本利益。1992 年联合国环境与发展大会通过充分协商,通过了指导各国可持续发展的一系列纲领性文件。这标志着可持续发展理论在全世界范围内得到充分的理解和认可,从而使之成为全人类面向 21 世纪的共同选择。

可持续发展已成为人类的共识。发达国家和发展中国家之间尽管存在分歧,但在最高层次上却有一个切合点,这就是双方都希望环境和发展协调统一,使人类在地球上能够更好地生存和发展下去,实现人类的持续发展。

可持续发展已是我国的既定发展战略。我国作为一个拥有 13 亿人口的发展中国家,由于经济水平低下,以前我们主要追求经济的发展。改革开放以来,通过实现环境保护这一基本国策,环境与经济的协调发展取得了明显成效,受到国际上的广泛称赞,如“绿色长城”(防护林带)的建设。1992 年联合国环境与发展大会之后,国务院各部门着手研究制定我国的可持续发展战略,也就是《中国 21 世纪议程》。1994 年 7 月在我国和联合国开发计划署于北京联合召开的《中国 21 世纪议程》高级圆桌会议上,国务院宣布:为在我国推行可持续发展战略而制定的《中国 21 世纪议程》作为指导性文件。这标志着可持续发展已经被郑重地确定为中国长期发展的指导原则,成为我国走向 21 世纪的既定发展战略。

三、可持续发展思想的深远意义

在关于全球问题的科学探索中,可持续发展思想具有重要的理论意义和实践意义。它是在总结了人类以往处理环境与发展相互关系的经验和教训的基础上提出来的。可持续发展的理论首先同流行一时的、认为保护环境必须放弃发展的“社会生态悲观论”划清了界限,也与对世界环境盲目乐观者的论调泾渭分明。可持续发展把环境与发展、一代人的利益和子孙后代的利益结合起来,是人类唯一的生存和发展的战略。

可持续发展的关键在于处理好人口、资源、环境和发展的关系。人口、资源和环境是人类社会赖以生存和发展的基础,是构成可持续发展的基本要素,它们之间的关系是一种复杂的动态关系,相互影响。当今世界出现的环境污染和生态破坏归根结底都与人口增长过快有关,因为它必然造成对自然资源和环境的巨大压力。

人口、资源、环境作为可持续发展的要素是有机地联系在一起的,只有三者结合、整体优化,才能形成可持续发展能力。如果割裂三者之间的联系,就人口论人口,就资源论资源,就环境论环境，必然会导致非持续发展。

另外，可持续发展的模式，是一种提倡和追求“低消耗、低污染、适度消费”的模式，用它取代人类工业革命以来所形成的，发达国家迄今难以放弃而其诱惑力又使不少发展中国家积极效仿的“高消耗、高污染、高消费”的非持续发展模式，可以有效扼制当今一小部分人为自己的富裕而不惜牺牲全球人类现代和未来利益的行为。显然，可持续发展思想将给人们带来观念和行为的更新。

四、可持续发展的全球实践

“可持续发展”虽然有了比较规范的定义和解释，但是发达国家和发展中国家由于历史原因，在一些场合对可持续发展仍有不同理解。发达国家过分强调持续发展中的环境因素，用保护环境来限制发展中国家开发利用本国资源的主权；而发展中国家则强调只有促进持续发展才能逐步解决好环境问题，环境保护不应当成为发展资助方面的一种新形式附加条件。联合国环境规划署理事会为了解决双方对“可持续发展”理解上的分歧，于 1998 年 5 月通过和发表了《关于可持续发展的声明》，声明中肯定了发展中国家对其资源的拥有权，强调持续发展中的平等互利国际合作不能以环保作为资助发展的附加条件，在一定程度上反映了发展中国家的意志和利益。

1992 年在巴西里约热内卢召开的联合国环境与发展大会上，可持续发展的思想成为大会的指导思想，并通过一系列文件和决议，特别是《21 世纪议程》，把可持续发展的概念和理论推向行动。《21 世纪议程》从政治平等、消除贫困、环境保护、资源管理、生产和消费方式、科学技术、立法、国际贸易、公众参与能力与建筑等方面详细地论述了实现可持续发展的目标、活动和手段。从此后，可持续发展思想成了世界各国制定国策的指导思想。

五、可持续发展理论的实现机制

可持续发展理论作为一种新的发展观和发展战略，在提出后，得到国际社会的广泛认同，成为许多国家选择发展目标和制定发展规划的基本理念。它所要求现代人们的不仅仅是抽象的、观念上的变革，而是要切实作用于社会的发展，也即在实践中经历一个实现的过程。那么我们就有必要研究影响其与实践相结合的根本条件问题，也即该理论的实现机制。所谓机制，通常指一定的事物或对象系统的内在结构及作用过程。要探讨可持续发展观的实现机制，必须从其所涉及的人、自然及社会关系诸要素上分析。

（一）人和自然关系的和谐是实现可持续发展的前提条件

可持续发展观在人与自然的关系上，强调人在经济活动中应该尊重自然规律，达到人与自然的和谐相处与协调发展。显然，建构人与自然的和谐关系是实现可持续发展的前提。

就理论层面而言，人对自然责任意识的确立是问题的关键。这是因为，从人与自然相互作用的角度看，人的主体性不仅仅表现在对自然界的认识、改造方面，还表现在人对自然要承担责任。劳动实践使自然世界仍然是人生存所必须依赖的对象，人的活动一刻也不能离开自然世界。另一方面，自然世界是人改造索取的对象，人在自然面前具有巨大的主动性。人越来越要求以自己实践创造活动所产生的“可能世界”或“人化世界”去替代现存的固有的自然世界，去创造一个崭新世界，从而人与自然的关系越来越具有全新的意义：人的地位越是上升，人的责任和使命也就越显得沉重和巨大。既然自然是属于人的，受人的活动的影响，当然人就必须承担对它的责任。缺乏责任意识，主体必然表现出任性与盲目；相反，带着责任去利用开发自然，结果就大不相同了，这种开发是建设性的，决不是破坏性的。所以，人们对生态环境的关心，归根结底是对人类生存的可持续性的关心。

从实践层面上看，可持续发展是指人类经济、社会和自然的可持续性，但其根本要义是要求人们从传统工业文明的发展方式中解脱出来，转向新的文明的发展方式。“经济社会发展的可持续性必须以自然生态的可持续性为基础，因为现代经济社会系统是建立在自然生态系统基础之上的巨大开放系统，经济社会发展都是在大自然的生物圈中进行的”。任何经济社会活动，都要有作为主体的人和作为客体的环境，这两者都是以生态系统的运行与发展作为基础和前提条件的。现代经济社会发展必须以良性循环的生态系统及其生态资源持久稳定的供给能力为基础。因此，可持续发展观倡导没有破坏的发展，认为人类的发展不应削弱和破坏自然界多样性存在的发展能力，社会发展应考虑到自然界的承受力。人类在与自然界的物质变换过程中，应把自身置于生物圈相互依存的关联网络之中，在谋求发展的过程中促进生物圈的发展，达到人与自然互利共生和协同进化。没有自然界的正常进行，便难有人类社会的持续发展，把自然界当做“异族”去征服和改造，人类必将遭致自然界的无情报复。因此，人类必须在保护自然界持续性的前提下，以“最无愧于和最适合于他们的人类本性”的方式来开发和改造自然界。

（二）社会关系的协调是实现可持续发展的重要保证

现实世界两个最重要的关系是人与人之间的社会关系和人与自然之间的生态关系。人与自然的关系不是孤立的、抽象的，它总是处在一定的社会矛盾之中，总要以一定的社会关系为中介表现出来。马克思说：“为了进行生产，人们要发生一定的联系和关系，只有在这些社会联系和社会关系的范围内，才有他们对自然的关系，才会有生产。”人的社会关系以人与自然的关系为基础；后者以前者为前提。这两种关系相互联系和制约，是不可分割的。协调的社会关系是可持续发展观所关注的人与自然界这一基础性的关系有序、稳定地发展的重要保障。

调整社会关系的核心问题在于确立平等发展的理念。对于整体范围的人类，我们可从共时性和历时性两个角度来考察。从共时性的角度看，人类是由不同国家、地区和社会群体组成的，他们生活在同一个时代，共同拥有一个地球。从历时性角度看，人类由世代延续的代际人群组成，后代人在前代人遗留下来的既定自然环境和社会环境的基础上开始生存与发展。无论是共时性人类群体，还是历时性人类群体，在满足本群体的需要的同时，都担负着限制自己的需求而减少和避免影响他人发展机会的责任。解决二者辩证关系的原则就是确立平等发展的原则。

生活在同一时代的不同国家、地区和社会群体，在人口增殖、利用资源和环境进行生产时，最基本的要求是不危及其他国家、地区和社会群体生存和发展的需要。从人类生存和发展的共时链的角度看，如果每个国家、地区和社会群体之间都能以和谐相处、相互支持、共同进步的价值观指导其生存和发展，就能极大地促进社会的共时性可持续发展。

就人类纵向的历史发展而言，当代人应自觉担当起在不同代际之间合理分配资源（包括自然资源和社会资源）开发利用数额的责任。因为在自然资源和社会资源的代际分配中，本代人同后代人相比，处于一种唯一和无竞争的地位，后代人只能接受其前辈遗留下来的既成的自然资源和社会资源环境。对于不可再生的资源来说，本代人利用了，下代人就无法利用。如果本代人在利用资源的时候,由于过量开采而剥夺了后代人使用资源的权利,对他们的生存就会造成不应有的消极影响。对于可再生资源来说,如果由于本代人在利用其可再生资源时采用不适当的方式,破坏了可再生资源持续繁衍和成长的条件,也会对后代人生活产生消极影响。可见,正确处理代内和代际之间平等发展的社会关系问题是实现可持续发展的重要环节。

(三)人的观念更新和素质的提高是实现可持续发展的关键

社会可持续发展最终是落实到人的,是通过人来实现的,人的素质提高和相应的观念更新制约了我们以何种方式和多大程度上实施可持续发展理论。

新的发展观要求我们在思想上确立几个基本观念:一要树立自然本体观点,顺应自然的自然本体价值取向,强调人与自然的平等依存关系;二要借鉴传统思想,树立人与自然平等的态度;三要坚持资源有限论,树立控制人口、节约资源、保护环境的生态消费意识。

人的发展既是推动社会发展的动力,又是社会发展的终极目标,而人的发展又基于人的素质的改善和提高。所以,可持续发展的关键问题是人的素质问题。人的素质,是人在实践基础上不断形成和发展起来的从事社会活动的基本条件。一般而言,现代社会人的素质包含两个方面的内容,首先是树立劳动者科学的自然观和责任意识。科学的自然观要求人们必须从人类生存和发展的实际出发,利用和开发自然要尊重其客观必然性。而责任意识指对自然和他人的责任。前者表现为保护自然,关注实践对自然的影响;后者则表现为自己的行为不能损害他人的利益,在保证社会利益的前提下,谋求个人正当利益和社会整体利益的最佳结合。另外,大力提高人的生产能力和实践能力,也即智能性方面的因素,也是人的素质的重要内容。当今社会的发展已由“财富源于物质资源”转向“财富源于人力资源”的时代。掌握先进思想和技术的高素质的人才将起着决定性作用。传统的发展模式在追求经济增长过程中,只注重物的因素,只看重数量不看重质量。而今后的发展主要是依靠自身智慧资源的挖掘和素质的增强以及与之相关的观念的改变,也只有这样可持续发展理论的实践才能得到根本的保证。

第二节　坝系相对稳定理论

一、坝系与坝系相对稳定的概念及内涵

(一)坝系

坝系是指小流域沟道中由骨干坝、生产坝、塘坝等小多成群的坝群所组成的相互配合的工程体系。在坝系中,不同类型的单坝所起的作用不同,对坝系防洪拦泥起控制作用的坝称为骨干坝(或治沟骨干工程),以拦泥淤地、发展生产为主要目的的坝称为生产坝(或淤地坝),以蓄水、灌溉为主要目的的坝称为塘坝(或小水库)。受投资、自然条件等因素的限制,单坝的防洪保收、拦泥滞洪、防御洪水的能力较低,易造成工程损坏。而在坝系中,由于布设了控制性骨干工程,各坝按照分工要求联合运用,大大提高了小流域沟道工程的防洪保收、抗御自然灾害的能力。

(二)坝系相对稳定的概念

所谓坝系相对稳定,是指小流域坝系工程建设总体上达到一定规模,通过治沟骨干工

程、淤地坝和塘坝群的联合调洪、拦泥和蓄水,使小流域洪水泥沙得到充分利用,在较大暴雨(200 年一遇)洪水条件下,坝系中的治沟骨干工程的安全可以得到保证;在较小暴雨(10 年一遇)洪水条件下,坝地作物可以保收;坝地年平均淤积厚度小于 30 cm,需要加高的坝体工程量相当于基本农田岁修的单位工程量。坝系来水来沙与坝体加高达到一种相对稳定的状态,坝系可实现持续安全和高效利用。

在坝系相对稳定研究中,把小流域坝系中淤地面积与坝系控制面积的比值称为坝系相对稳定系数。

(三)坝系相对稳定的内涵

从坝系相对稳定的概念出发,对于一条小流域沟道坝系工程,要达到坝系相对稳定,必须同时满足以下条件:

(1)坝系安全条件。即保证坝系在一定设防标准洪水下安全运行的条件。坝系的防洪安全是由坝系中的治沟骨干工程承担的。因此,坝系的安全标准取决于坝系中治沟骨干工程的校核洪水标准。按现行的《水土保持治沟骨干工程暂行技术规范》(SD 175—186),治沟骨干工程的校核洪水标准,库容在 50 万 ~ 100 万 m^3 的工程为 200 年一遇 ~ 300 年一遇洪水,库容在 100 万 ~ 500 万 m^3 的工程为 300 年一遇 ~ 500 年一遇洪水。所以,坝系的防洪安全条件最低为 200 年一遇洪水。也就是说,坝系达到设计淤积高度后,流域中起控制作用的各治沟骨干工程的滞洪库容大于相应的校核洪水总量。

(2)坝系保收条件。即坝系在设计保收暴雨(10 年一遇)洪水作用下,能够保证坝地作物安全生长而不被洪水淹死的最低条件。也就是说,坝系达到设计淤积高度后,坝系在设计保收洪水作用下,坝地淹水深度小于作物最大耐淹深度。根据黄河中游地区黄土丘陵沟壑区第一副区的调查结果,坝地最大积水深度小于 70 cm 且坝地内清水通过放水建筑物在 3 天内排完时,坝地农作物仍能高产稳产。

(3)坝系加高工程量条件。即坝系中坝体年平均加高的工程量相当于农田基建的单位工程量。坝系达到相对稳定时,坝地还在淤积,当坝地的平均淤积厚度小于 30 cm 时,坝系中各单坝每年需加高坝体的工程量相当于一般基本农田的单位维修量,群众可自己加高维护,不需要列入基本建设项目,从而实现流域水沙的相对平衡和坝系工程的可持续利用。

(4)坝系控制洪水泥沙的条件。即坝系中的治沟骨干工程对小流域洪水泥沙的控制条件。当发生一般洪水时,泥沙淤积坝地,清水排泄;当发生坝系设防标准洪水时,洪水被拦截在骨干坝中,使泥沙不出沟。因此,丧失滞洪和拦沙能力的坝系不能称为相对稳定的坝系。

(四)坝系与相对稳定坝系的区别

(1)坝系涵盖了相对稳定坝系,相对稳定是坝系发展的更高阶段。

(2)坝系在设防标准内允许洪水泥沙排泄到系统之外,而相对稳定坝系在设防标准内可以将清水排出系统之外,不允许将洪水泥沙排泄到系统之外。

(3)坝系中各坝的相关性是通过坝系下游保护对象的安全生产或维持性运行来联系的,而相对稳定坝系中各坝的相关性是通过坝系下游保护对象的滞洪拦泥或可持续发展能力来联系的。

(4)只有相对稳定坝系才能够适用坝系相对稳定理论的方法进行坝系规划和相对稳定程度评价。

二、不同类型区坝系相对稳定系数的取值范围

(一)洪量模数对坝系相对稳定系数的影响

洪量模数对坝系相对稳定系数的影响主要表现在同一防洪保收标准条件下,不同地区洪量模数(即单位面积产生的洪水量)差别较大,对坝地作物的淹水深度差别也较大。如果作物的最大淹水深度一定,则洪量模数大的地区,作物保收要求的相对稳定系数要大一些。不同地区、不同防洪保收标准条件下,作物最大淹水深度为 70 cm 时,坝系防洪保收的相对稳定系数见表 6-1。

由表 6-1 可知,10 年一遇洪水的洪量模数为 1.8 万 ~4.8 万 m^3/km^2,满足防洪保收相应的坝系相对稳定系数为 1/40 ~1/15。可见,同样的防洪保收标准,同样的作物耐淹深度,由于不同地区的洪量模数不同,其要求的坝系相对稳定系数也不同,相差在 1 倍以上。

表 6-1 不同地区、不同防洪保收标准条件下坝系防洪保收的相对稳定系数

土壤侵蚀强度分区	土壤侵蚀模数(t/(km^2·a))	省(自治区)	县(旗)	小流域名称	侵蚀模数 M_s(t/(km^2·a))	$\alpha_{30\ cm}$	洪量模数(万 m^3/km^2)	α_w	α
剧烈侵蚀区	≥15 000	陕西	神木	中焉沟	36 000	1/10			1/26 ~ 1/10
				中嘴峁	22 000	1/20			
		内蒙古	准旗	西黑岱	18 000	1/22	27 700	1/25	
					15 000	1/26			
极强度侵蚀区	8 000 ~ 15 000	陕西	横山	赵石畔	13 000	1/30	22 100	1/32	1/39 ~ 1/15
				石老庄	13 000	1/30	21 300	1/33	
			安塞	马家沟	12 000	1/33	48 000	1/15	
		山西	石楼	东石羊	11 700	1/33	26 740	1/26	
			永和	岔口	10 419	1/38	27 700	1/25	
		内蒙古	清水河	正峁沟	10 010	1/39	36 790	1/19	
		陕西	宝塔	碾庄沟	10 000	1/39	36 000	1/20	
		山西	离石	阳坡	10 000	1/39	17 700	1/40	
		内蒙古	清水河	范四窑	8 800	1/44	39 100	1/18	
					8 000	1/49			
强度侵蚀区	5 000 ~ 8 000	内蒙古	达旗	合同沟	7 000	1/56	28 500	1/25	1/39 ~ 1/18
		宁夏	西吉	聂家沟	6 880	1/57	32 500	1/22	
		山西	神池	石潭沟	5 000	1/78	17 900	1/39	
		甘肃	渭源	唐家河	4 970	1/78	39 200	1/18	
		甘肃	定西	道回沟	5 000	1/78	37 600	1/19	

（二）侵蚀模数对坝系相对稳定系数的影响

侵蚀模数对坝系相对稳定系数的影响主要表现在不同地区土壤侵蚀模数差别较大，导致坝地年平均淤积厚度不同。如果年淤积厚度一定，则侵蚀模数大的地区，要求的相对稳定系数要大一些。不同地区不同淤积厚度时，坝系加高工程量要求的相对稳定系数见表6-1。

由表6-1可知，土壤侵蚀模数为5 000～18 000 t/(km^2·a)时，满足坝系加高工程量相应的坝系相对稳定系数为1/78～1/15。可见，同样的加高工程量，由于不同地区的土壤侵蚀模数不同，其要求的坝系相对稳定系数差别很大。目前治沟骨干工程分布范围的土壤侵蚀模数在5 000 t/(km^2·a)以上，局部地区土壤侵蚀模数高达30 000～40 000 t/(km^2·a)，满足坝体加高工程量相应的坝系相对稳定系数为1/13～1/10。

（三）不同类型区坝系相对稳定系数的取值范围

从黄河中游地区15条坝系统计分析我们可以看出：

在强度侵蚀区，坝系相对稳定的制约因素是防洪保收洪水的洪量模数，由于土壤侵蚀模数小，容易满足年淤积厚度30 cm的要求，坝系相对稳定系数完全由洪量模数控制。坝系相对稳定系数为1/39～1/18。

在极强度侵蚀区，一般在侵蚀模数小于13 000 t/(km^2·a)的地区，坝系相对稳定系数仍由洪量模数控制；在侵蚀模数大于13 000 t/(km^2·a)的地区，坝系相对稳定系数则由土壤侵蚀模数控制。坝系相对稳定系数为1/39～1/15。

在剧烈侵蚀区，土壤侵蚀模数成为制约坝系相对稳定的决定因素。坝系相对稳定系数为1/26～1/10。

三、坝系相对稳定理论

（一）坝系的安全条件

坝系防洪标准取决于坝系中治沟骨干工程单坝的最低校核洪水标准。坝系的安全条件只与坝系中起控制作用的治沟骨干工程的滞洪能力有关，与坝系相对稳定系数的大小无关。即坝系的防洪安全指标应用坝系中的治沟骨干工程校核洪水标准来检验，而不能用坝系相对稳定系数来判断。

（二）坝系的保收条件与加高工程量条件

坝系的保收条件与加高工程量条件与坝系相对稳定系数密切相关。坝系相对稳定系数的大小，取决于沟道坝系所在小流域的10年一遇洪水的洪量模数与土壤侵蚀模数的大小。

（三）不同类型区坝系相对稳定系数的临界值

一般来说，强度、极强度和剧烈侵蚀区坝系相对稳定系数的临界值分别在1/39～1/18、1/39～1/15和1/26～1/10。

（四）坝系控制洪水泥沙的条件

坝系相对稳定理论是建立在坝系对小流域洪水泥沙全面控制的基础上的，如果坝系失去对小流域洪水泥沙的控制作用，则不能用坝系相对稳定理论对坝系的相对稳定程度进行评价。可以对原坝系进行适当分解后，在坝系中对洪水泥沙有控制作用的单元内进行分析评价。

第三节　和谐理论

和谐理论是我国著名学者席西民教授在系统工程理论的基础上,结合中国哲学以及文化的特点,从社会经济活动和管理的客观性、科学性以及人类行为感受的主观性、情感性两方面出发,并借助"和谐"两字的字面含义对"和谐"进行的界定。该理论强调任何系统的健康发展首先强调"谐",指其组成、功能、机制、制度包括文化配置上的科学合理、比例得当,符合客观规律,并用这些科学、规律和法规等去处理这方面的问题;其次要"和",指创造一种内部氛围,使系统成员有良好的感受,即利用环境诱导、文化熏陶、自我主导、行为自律等手段把握活动中那些多样性的、难以简单用科学规则把握的方面,主要是主观的和行为及心理上的现象和问题;最后,要注意达到"谐"与"和"的有机结合和互动,从而实现"和谐"的理论。

淤地坝系统是人工的生态系统,必须有人为的干扰才能使这个人工系统由不和谐态转变为和谐态。

一、和谐的概念

和谐是指事物、事件协调地生存和发展的状态,包括人自身的和谐、人与人的和谐、人与社会的和谐、人与自然的和谐等。无论是中国还是西方国家,古代还是现代,人们都孜孜不倦地探索和谐的理念,并且将和谐管理看做一种管理思想、管理方式,是"文化人"时代的管理趋向。因而,和谐管理既有理论价值又有实践价值。

所谓"和"是指对立诸要素相互作用下实现中和、调和、和解、统一,是人及人群的观念、行为在组织中合意的嵌入;"谐",指调和、合之意,是指一切物要素在组织中合理的投入。"和"、"谐"二字组合起来,从不同的角度来看有不同的含义。

(一)"和谐"的社会含义

和谐是人与自然和谐共同发展,维护自然平衡,遵循自然规律;和谐是人与人融洽,社会承认个人、尊重个人、给予个人充分自由的发展空间;和谐是社会分工的合理和公平,分工比例恰当,每个个体都有追求幸福和自由的权利,同时也有为社会提供福利的义务;和谐是社会团体与团体之间、民族与民族之间、国家与国家之间平等、共同发展的协调关系。

(二)"和谐"的系统含义

和谐是各子系统内部诸要素自身、各子系统内部诸要素之间以及各子系统在横向的空间意义上的协调和均衡,即不同事物内在与外在关系的协调。

(三)"和谐"的生态含义

和谐是物种与物种之间、动物与动物之间、人与动物之间、人与环境之间的协调关系。

二、系统和谐度

系统和谐性是描述系统是否形成了充分发挥系统成员和子系统能动性、创造性的条件及环境,以及系统成员和子系统活动的总体协调性。和谐系统是由相互协调、补充的部分(元素、要素子系统)组成的系统,该系统能适应外部环境变化,保持良好并呈现很好发展态势。其整体功能始终大于组成部分在孤立状态下所产生的功能之和,反之称为不和谐系统。

在现实生活中,不和谐态的存在是绝对的,而和谐态则是相对的,和谐管理的目的即是使系统由不和谐逐步趋近和谐的状态。

一般来说,系统的不和谐态是绝对的,和谐态是相对的。现实系统总是处在理想和谐状态与绝对不和谐状态之间的某一状态 x,系统管理的目的是使系统处于理想和谐态。

我们用函数 $H_x = h(x)$ 来表示状态 x 的和谐程度,简称为和谐度。其数学表达式为:

$$H = h(h_1(\{p_i\},c),h_2(e),h_3(u),h_4(a)) \tag{6-3}$$

(一)$h_1(\{p_i\},c)$——构成和谐性

构成和谐性指系统要素及其构成的和谐性,主要表现在:①具有与系统功能相适应的构成要素,如人、财、物等;②各种要素要有合理的组合和匹配,具有一定的协调性;③一定的构成有一定的功能,但在某些情况下,不同的构成也有相同的功能,因而可选择最优构成来实现系统功能;④系统活动的主体——人的个体素质、观念、理想和态度以及人才结构适应于系统发展的要求。这四方面的实现可使系统达到构成和谐。类比人体来讲,即有一个健康的体魄,这是系统生存最基本的要求。

人体在每一瞬间都维持其氧气的吸取、心脏的跳动、血液的循环、食物消化、正常的分泌等活动间的均衡,并维持恒定的体温。一旦身体这种和谐遭到破坏,则意味着身体有病。

从运行角度看,企业等社会经济的行为也非常类似于人体,它们以消耗一定的能流和物流维持系统正常活动。如采购、生产、存储、分配、销售、维修、培训企业成员等。企业组织必须保持所有这些活动的均衡。只有各部分间保持和谐运行,企业才能获得最大效率,否则只能带"病"运转。然而,这些系统都是由许多相互依赖的部门和活动构成的复杂网状结构,采购的延误将导致生产拖后;销售不畅必然导致库存增加;货款未及时回收则资金紧张;工资或培训不当则工作受影响。这些功能之间的任一不协调都会有损于系统的"健康"。

但是,由于系统活动非常复杂,难免会出现漏洞和不和谐之处。这就需要及时发现并适时调整。但这一点除提高构成和谐性外,还需求助于组织和谐性和内部环境和谐性,以弥补防不胜防的漏洞。

(二)$h_2(e)$——组织和谐性

组织和谐性是就系统组织管理而言的,它强调如何通过组织手段实现以下目的:①合理确定系统功能并保证其顺利实现;②设置与系统功能相一致的高效的系统结构,使系统成员和子系统有机地结合起来,相互合作;③建立和形成控制系统,使领导作用有效发挥,保证系统稳定、协调运转,最充分地发挥总体力量。这种和谐性的基本特点是依赖于健全合理的系统组织体制和结构(当然是在构成和谐的基础上),使系统横向同一层次子系统和活动间相互协调、相互配合,纵向不同层次子系统及活动间有机结合,不仅保证物流的畅通协调,而且保证纵向和横向信息流的沟通。这两点是系统存在的基本价值,没有它们,系统功能、效率等就无法实现。类比人体讲,构成和谐指有健康的体魄,组织和谐指还必须有聪明的大脑和敏感健全的神经系统。这样才能及时发现问题并进行调整和重组。

系统常在其基本功能的关键点上建立协调和综合,增加必要的沟通环节或机构,目的就是完善组织功能,提高组织和谐性。但应认识到,这种协调增设新机构并不充分保证协调各种关系,有时反倒使机构臃肿,办事效率下降。从整体上讲不但没有提高系统运行效果,反而给正常运行造成了许多麻烦和阻力,这一点应引起重视。组织和谐的真正实现除完善组织结构、健全法规制度、加强合理的组织管理外,还在于形成人们合作的精神和态度(软控制)等,达到内部环境和谐。

(三)$h_3(u)$——内部环境和谐

内部环境和谐是就系统内部政策、系统成员思想态度及生活、工作环境而言的。主要表现在以下几个方面:①系统内部人际关系是否融洽;②系统成员思想是否稳定,并符合时代的需要;③系统成员是否有积极的工作态度,个体目标与系统目标是否有较高的一致性;④系统政策、内部风气与系统发展目标是否一致,能否调动各方面的积极性;⑤系统内部是否具有良好的工作条件和生活条件,对系统成员是否有较强的吸引力。构成和谐可由相互联系的活动通过系统网络的适当协调达到。当系统成员对别人工作有更多理解,并认识到相互协作和配合的重要性时方可达到组织和谐。内部环境和谐则是一种更高形式的和谐,其黏合因素是系统成员和子系统融化于系统中的感情和具有与系统发展相适应的理想,以及由此形成的系统精神和文化。这里的文化包括思想观念和意识形态的各个方面,如人们的思想观念、精神状态、生活方式、文化素质、社会心理、社会风尚等。构成和谐与组织和谐通过这种黏合剂结合为一有机整体,形成内部和谐。这正如一个人既有健康的体魄、聪明的大脑和敏锐的神经系统,又有远大的理想、高尚的情操以及发挥聪明才智的良好条件和环境,这种和谐的搭配将使他具有无穷的智慧和力量。

在工程师还没有找到消除汽车发动机摩擦力的妙策时,人们已经找到了减少组织摩擦的方法,这就是鼓舞良好的合作态度,以产生协作和配合。内部环境和谐正是寻求一种无形的力量,使系统有机地组织起来,相互合作,共同作战,最有效地发挥总体力量。而这一点的真正实现除合理的组织管理外,关键在于形成人们合作的精神和态度。孟子讲过,"天时不如地利,地利不如人和"。只要通过正确的政策,使"百将一心,三军同力",就可达到"人人欲战,所向无敌"。

(四)$h_4(a)$——外部和谐

外部和谐是就系统与外部环境关系而言的,有两层含义:

(1)外部环境本身的和谐性。如对企业来讲,外部环境的和谐包括政治社会秩序稳定,政策有利于企业提高活力和发展,原材料、金融和销售等市场竞争平等,财政、税收、服务等系统健全,体制、社会观念等符合市场经济发展的规律等。这样企业才能如鱼得水,否则企业发展将面临重重阻力。

(2)系统与外部环境的和谐性。它强调系统必须有较强的自适应机制,以维持其发展与外部环境相适应。外部环境和谐,系统发展与外部环境相适应,外部环境促使系统发展;否则,系统无法发展。如在目前的市场经济中,如果企业还按原来的老路走,只管生产,不管经营销售,必然在竞争中遭到失败。当外部环境不和谐时,系统发展则依赖于内部较强的和谐性,这样才能依自身较强的应变能力改变和弥补外部环境的不足,维持自身的发展。正如一个体格强壮、精神健康的人对环境有较强的适应能力和旺盛的生命力一样。

(五)h——总体和谐性

总体和谐性指系统要素及其组成和功能、物流和信息流、管理和控制、系统内部环境和外部环境的综合和谐。包括:①功能健全,组成合理,并与系统整体功能相适应;②形成健全合理的组织结构,两流畅通,保证系统整体协调性;③形成能充分发挥各子系统能动性和创造力以及系统总体功能的环境和气氛,使人尽其才,物尽其用,总体最优;④外部环境合理且系统形成了主动适应外部环境的能力和机制;⑤以上四方面相互匹配,形成和谐体。所以,总体和谐是包括构成和谐、组织和谐、内部环境和谐、外部和谐的更高层次的和谐。

目前，只有不多的系统真正重视和谐问题，将协作、配合、合作精神提高到理想和灵魂的核心价值高度。这些系统寻求这种和谐胜于其金钱指标，但并不仅作为获得更大利润的手段。系统成员中的合作和友谊，通过人们更深地感受到系统成员间的相互信任而大大增强。合作在这些系统中超越了工作的需要和效率的要求，和睦、亲近超过了仅表示礼貌和关系好的界限。系统成员中及系统成员和管理者间和谐的维持甚至不需专门的机构提倡它或同事间的压力强迫它。人们靠生活和工作中所信奉的一套价值观紧紧地团结在一起，和谐已经成为一种习惯，甚至已成为一种系统文化。当来访者进入这种系统时，会感到一种热情、友好的环境或有一种家庭的气氛。

因此，和谐度是对系统和谐性的度量，是反映客观事物的内外作用力与其发展方向是否协调一致的数量指标；是人们对某一事物或现象，在心理上、主观上或在经过科学的分析、计算基础上对其协调性、一致性评判的数量指标；是在特定的条件下，对一种状态或一个方案和谐性的度量；是以“和则”下的规划或主张与“谐则”下的被数学化了的运算结构为依据，对系统（或某一状态）和谐性的度量。

三、和谐理论的特点

（一）和谐理论体系建立在古今贯通、中西结合、文理互补之上

和谐理论不仅关注现代管理活动的特点和发展趋势，同时也吸收了中国古代管理思想的精华；既借鉴了西方先进的管理科学，也注意反映中国国情和民族文化传统，在体现理论的普适性的同时，又能针对中国自己的问题形成独具特色的解决方法；另外，既注意自然科学规律研究成果对管理研究的启发和借鉴，如物理和复杂系统研究的许多成果和思想的借鉴，也注意组织管理活动的人文特色，力求二者的有机整合，即研究过程的和谐性。

（二）和谐理论强调“总体论”和不断追求“完善”

和谐管理理论研究避开了传统上把组织分割成几块的功能研究法，而采用“要素—组织—内环境—外环境—总体”这样一个“总体论”的研究哲学，既见树木，又见森林。另外，打破了传统的管理“适度论”或“理性论”，提倡发展过程中不断追求“完善”，明确了管理科学和艺术两个方面在管理过程中各自的地位和作用及其如何互补问题，这有利于：①发现低层次上构成的不完善，通过系统自组织在高层结构中得以弥补；②可以更清楚地看到在同一层次间的横向关系，以及不同层次间递进的纵向关系，从而增加对组织系统特性分析时进行有序的比较；③在探索系统总体性的轨迹中，有利于通过层次间成长路径的分析发现优势资源及由之形成的核心能力；④由于透视了组织各层次及构成的相互关系，因而可采用从外部对组织的需要着手分析，逆推到要素构成层，有利于启动创新所需要的原动力；⑤尽管组织目标是追求和谐态，但组织永远都会处于非和谐状态，通过科学设计一步到位的理论是行不通的，适可而止的适度论也是不可取的，我们追求的是发展过程中时间点上的满意。

（三）在理论的功能上不仅注重回答为什么、是什么，更希望回答怎么样的问题

许多组织管理理论，由于它们关注研究对象的不同，所以适用于对组织基本特性的深入认识，但它们在理论框架结构上就显得较为松散，对于深层次上如何操作以达成目标方面论述不多，好像那些问题是留给“管理艺术”解决似的。例如，基于资源的战略管理理论，它的确拓展了我们对组织特性的认识：一个组织必须根据自身具体情况围绕优势资源，形成核心

能力，最终发展并保持永不衰竭的竞争优势。尽管资源观的有形资源与无形资源的划分基本上涵盖了组织所有的要素，然而这些要素如何相配合以形成竞争性的核心能力，并最终保证组织最佳绩效的实现却仍然是一个悬而未决的问题，且这也决非是一个“权变”所能解决得了的问题。相对而言，和谐理论不仅关注和谐管理思想及其具体的理论描述，更关注组织管理目标的实现，以及组织向和谐态的演化过程调控。

（四）在研究对象上除强调总体论外，特别重视组织系统中人的因素及未来社会管理中人力资源管理的特殊性和特别地位

因为组织中的人会根据自己的感知特性、动机驱使，对组织系统现实情况进行认知加工，以修正自己的行为方式，从而对管理制度、管理方式产生主观认知，并付诸行动。特别是在人类进入信息和知识经济时代，人力资源作为任何组织的主体，其作用和管理都会上升到首要地位，尽管“人本管理”已强调了组织管理中人的重要性，但如何将人和组织其他资源以及组织整体融为一体，实现总体和谐却缺乏分析，我们的着眼点正在于在实现组织总体和谐的过程中人的主体作用及调控机制的分析和设计。另外，为防止认知偏差和发挥人的能动性，和谐理论还强调“引导”和“控制”机制的建立，在适当的结构环境中，人便可以通过自组织与其他人产生微观模糊的调整以弥补契约不完备所遗留的空缺。

四、小流域坝系和谐性分析的必要性

因为小流域坝系具有治理水土流失，巩固退耕还林成果，改善生态环境，促进农业增产、农民增收、农业经济社会可持续发展以及减少入黄泥沙等作用，对黄河治理工作具有极大的意义，因此引起了水利部门的广泛关注和重视。

小流域坝系监测可以检验坝系的效果，可以科学、系统地评价小流域坝系实施的工作效果，总结坝系实施工作的经验与教训，为以后的小流域坝系的规划、设计、实施、监测、评价工作提供宝贵的资料，进一步提高淤地坝坝系工程的质量。在此基础上，我们从和谐的角度对淤地坝坝系工程进行分析，来判断整个淤地坝工程是否能使工程既安全又达到经济的满意效果，是否达到了“双赢”的结果。

由于小流域坝系工程的实施打破了原有的具有水土流失性质的系统，我们要努力使新建立的人工水土保持生态系统能够重建为更高级的和谐状态。而在此过程中我们会面临由于打破原有社会、经济、环境及自然资源的和谐状态而产生的不和谐的问题。即“和”、“谐”并举形成的和谐机制在组织运行过程中不断与和谐主题相互动，组织呈现出该主题下的一种动态演进的过程，不断向称之为“和谐态”的理想状态逼近，从而有效支持和谐主题的实现。

第四节　层次分析法

层次分析法（The Analytic Hierarchy Process，简称 AHP）是美国匹兹堡大学著名运筹学家汤姆斯·萨蒂（Thomes L. Seaty）于 20 世纪 70 年代提出的一种系统分析，特别是进行决策分析的方法。在短短的几十年里，它已经成功地运用于经济、技术、行为、社会及政治等各领域，取得了许多成果。1982 年引入我国后，迅速在我国兴起了研究的热潮，广泛应用于工程评价、资源分配、技术管理、企业管理、经济计划、教育规划、医疗诊断、武器评价等各方面。

其理论发展和应用前景十分广阔。

这种方法解决问题的基本思路是，先把复杂问题分解成各个组成要素，并将这些要素按支配关系进行分组以形成有序的递阶层次结构，然后通过两两对比判断的方式确定每一层次中各要素的相对重要性程度，最后在递阶层次结构内进行合成得到决策因素相对于目标层的重要性程度的总排序。该方法强调人的思维判断在决策过程中的客观性，并通过特定模型将人们的思维判断规范化。这实际是延伸了大脑分析综合的思维能力。因此，它处理的问题范围之广泛，是其他系统分析所不可比拟的。

用 AHP 解决任何一种问题，都存在着一个核心过程。对于简单的问题，这个过程只要进行一遍就可以了，对于复杂或者变形的问题，这个过程往往要在一定的逻辑规范下反复进行。只要掌握了这个核心过程，就可以举一反三，由浅入深，得心应手地解决各种问题。层次分析法的主要特征是，它合理地把定性与定量的决策结合起来，按照思维、心理的规律把决策过程层次化、数量化。

我们面临的问题往往是一个没有结构、看不到秩序的矛盾客体，含有大量的主、客观因素，许多要求与期望是模糊的，相互之间也存在一些矛盾，所以这种决策问题不是可以用单纯的数学模型来求解的，而层次分析法是处理这类问题最有效的方法。首先通过归纳演绎、初步的分析综合确定或加工形成若干与问题解决有关的概念，这些概念包括解决问题需要考虑的各种因素，它们既是全面的，又是有重点的。有时有些概念比较模糊，难以确切定义，但分析仍可进行；有时则需反复推敲，精心提炼，赢得专家或众人的赞同。这个概念化的过程往往和下面建立层次结构的过程交互进行，在结构框架中补充和丰富必要的概念。

层次分析法合理地把定性与定量结合起来，按照思维、心理的规律把决策过程层次化、数量化。它进行决策时需要经历四个步骤：建立系统的递阶层次结构、构造两两比较判断矩阵、层次单排序及其一致性检验和层次总排序及其一致性检验。

一、建立层次分析模型

利用层次分析法解决问题，首先是建立层次结构模型。这一步必须建立在对问题及其环境充分理解、分析的基础上。因此，这项工作应由运筹学工作者与决策人、专家等密切合作完成。作为一个工具，层次分析法模型的层次结构大体分成三类。

第一类：最高层，又称顶层、目标层。这层只有一个元素，一般是决策问题的预定目标或理想结果。

第二类：中间层，又称准则层。这一层可以有多个子层，每个子层可以有多个元素，它们包括所有为实现目标所涉及的中间环节。这些环节常常是需要考虑的准则、子准则。

第三类：最低层，又称措施层、方案层。这一层的元素是为实现目标可供选择的各种措施、决策或方案。

我们称层次结构中各项为结构模型的元素。在实际建模过程中有以下几点需要说明：

(1)除顶层和底层外，各元素受上层某一元素或某些元素的支配，同时又支配下层的某些元素。

(2)层次之间的支配关系可以是完全的，也可以是不完全的，即某元素只支配其下层的某些元素，有时甚至是隔层支配。

(3)递阶层次结构中的层数与问题的复杂程度有关，一般不受限制。

(4)为避免判断上的困难,每个层次中元素所支配的下层元素一般不超过9个。若实际问题中被支配元素多于9个,可将该层分成若干子层。

根据以上前三点特征,称此自上而下的支配关系所形成的层次结构为递阶层次结构。

二、构造两两比较判断矩阵

当一个递阶层次结构建立以后,需要确定一个上层元素 z(除底层外)所支配的下一层若干元素 $x_1,x_2,\cdots,x_m$ 关于这个 z 的排序权重。这些权重 $p_1,p_2,\cdots,p_m$ 常常表示为百分数,即满足 $0\leqslant p_j\leqslant 1$,且 $\sum_{j=1}^{m}p_j=1$。

要直接确定这些权重一般是很困难的,因为在此类决策问题中,各被支配元素相对于准则 z 往往只有一个定性的评价,如“好”、“差”等,所以对于多个元素的排序,直接确定是行不通的。

层次分析法提出用两两比较的方式建立判断矩阵。

设受上层元素 z 支配的 m 个元素为 $x_1,x_2,\cdots,x_m$,以 $a_{ij}(i,j=1,2,\cdots,m)$ 表示 x_i 与 x_j 关于 z 的影响之比值,于是得到矩阵:

$$A=\begin{bmatrix} a_{11} & a_{12} & \cdots & a_{1m} \\ a_{21} & a_{22} & \cdots & a_{2m} \\ \vdots & \vdots & & \vdots \\ a_{m1} & a_{m2} & \cdots & a_{mm} \end{bmatrix} \tag{6-4}$$

则称 A 为 $x_1,x_2,\cdots,x_m$ 关于 z 的两两比较判断矩阵,简称判断矩阵。

为了便于操作,Seaty 建议用1~9及其倒数共17个数作为标度来确定 a_{ij} 的值,习惯称之为9标度法。9标度法的含义如表6-2所示。

表6-2中的两个元素 x_i 与 x_j 分别表示两个进行比较的标准或在某一标准下比较的两个方案。由标度 a_{ij} 为元素构成的矩阵称之为两两比较矩阵。

9标度法的选择是在分析了人们的一般心理习惯并参考了心理学研究成果的基础上提出来的,被使用者普遍地接受。在实践中,9标度法易于操作,并且收到了比较好的效果。当然,如果需要也可以采用其他标度方法,可以扩大数值范围或缩小数值范围。当重要度的情况用量化的指标进行表示时,可以不设标度限制,而直接用指标数值之比来得到相应的 a_{ij} 值。

表6-2　判断矩阵9标度法含义

标度值	含义
1	表示元素 x_i 与 x_j 比较,具有同等的重要性
3	表示元素 x_i 与 x_j 比较,x_i 比 x_j 稍微的重要
5	表示元素 x_i 与 x_j 比较,x_i 比 x_j 明显的重要
7	表示元素 x_i 与 x_j 比较,x_i 比 x_j 强烈的重要
9	表示元素 x_i 与 x_j 比较,x_i 比 x_j 极端的重要
2、4、6、8	2、4、6、8分别表示相邻判断1~3、3~5、5~7、7~9的中值
倒数	表示元素 x_i 与 x_j 比较得判断 a_{ij},则 x_j 与 x_i 比较得判断 $a_{ji}=1/a_{ij}$

显然,用两两比较判断的办法产生的判断矩阵为:

$$A = (a_{ij})_{n\times n} \tag{6-5}$$

判断矩阵具有下列性质:

(1)对于任意 $i,j=1,2,\cdots,n$,有 $a_{ij}>0$。

(2)对于任意 $i,j=1,2,\cdots,n$,有 $a_{ji}=1/a_{ij}$。

(3)对于任意 $i,j=1,2,\cdots,n$,有 $a_{ii}=1$。

我们称具有上述性质的矩阵为正互反矩阵,有如下定义:

定义1 设 n 阶实数矩阵 $A=(a_{ij})_{n\times n}$ 满足对于任意 $i,j=1,2,\cdots,n$,有 $a_{ji}=1/a_{ij}$,则称矩阵 A 为正互反矩阵。

三、单一准则下元素相对排序权重计算及判断矩阵的一致性检验

在给定准则下,由元素之间两两比较判断矩阵导出相对排序权重的方法有许多种,其中提出最早、应用最广又有重要理论意义的特征根法受到普遍重视。这里主要介绍这种方法。

(一)单一准则下元素相对权重的计算过程

上面所述的两两比较判断矩阵在理论上应具有下列的一致性性质。

定义2 设 $A=(a_{ij})_{n\times n}$ 为 n 阶正互反矩阵,满足对任意 $i,j,k=1,2,\cdots,n$,有 $a_{ik}\cdot a_{kj}=a_{ij}$,则称 A 为一致性矩阵。

特征根法的基本思想是,当矩阵 A 为一致性矩阵时,其特征根问题

$$A_w = \lambda_w \tag{6-6}$$

的最大特征值所对应的特征向量归一化后即为排序权向量。

根据这个基本思想,求单一准则下元素相对排序权重的计算过程如下:

第一步,得到单一准则下元素间两两比较判断矩阵 $A=(a_{ij})_{n\times n}$。

第二步,求 A 的最大特征值 λ_{max} 及相应的特征向量 $u=(u_1,u_2,\cdots,u_n)^T$。

第三步,将 u 归一化,即对 $i=1,2,\cdots,n$,求:

$$w_i = u_i/\sum_{j=1}^{n} u_j \tag{6-7}$$

由上面过程得到的向量 $w=(w_1,w_2,\cdots,w_n)^T$ 即为单一准则下元素的相对排序权重问题。

(二)判断矩阵的一致性检验

首先介绍判断矩阵的有关理论结果。由前文已知两两比较判断矩阵是正互反矩阵,其首先是正矩阵。关于正矩阵概念及其重要的性质如下:

定义3 设 $A=(a_{ij})_{n\times n}$ 为 n 阶实矩阵,若有 $a_{ij}\geqslant 0(i,j=1,2,\cdots,n)$,则称 A 为非负矩阵,记 $A\geqslant 0$;若有 $a_{ij}>0(i,j=1,2,\cdots,n)$,则称 A 为正矩阵,记 $A>0$。

定理1(Perron定理) 设 n 阶矩阵 $A>0$,λ_{max} 及 $u=(u_1,u_2,\cdots,u_n)^T$ 分别为 A 的最大特征值及其相应特征向量。那么:

(1)$\lambda_{max}>0$,$u>0$(即 $u_i>0(i=1,2,\cdots,n)$)。

(2)λ_{max} 是单特征根。

(3)对 A 的任何其他特征值 λ 有 $\lambda_{max}>|\lambda|$。

根据定理1中(2)可知,特征向量 u 除可能相差一常数因子外是唯一的。

当 A 为一致性矩阵时,还有如下重要结论。

定理 2　设正互反矩阵 $A=(a_{ij})_{n\times n}$是一致性矩阵,那么:

(1)A^{T} 是一致性矩阵。

(2)A 是每一行均为任意指定的另一行的整数倍,因此秩 $r(A)=1$。

(3)A 的最大特征值 $\lambda_{max}=n$,其余特征值均为零。

(4)设 A 的最大特征值对应的特征向量为 $u=(u_1,u_2,\cdots,u_n)^{T}$,则有

$$a_{ij}=u_i/u_j \quad (i,j=1,2,\cdots,n) \tag{6-8}$$

定理 3　n 阶正互反矩阵 $A=(a_{ij})_{n\times n}$为一致性矩阵的充分必要条件是 A 的最大特征值 $\lambda_{max}=n$。

定理 3 能够用来判断正互反矩阵 A 是否为一致性矩阵。在实际操作时,由于客观事物的复杂性及人们对事物判别比较时的模糊性,很难构造出完全一致的判断矩阵。事实上,当矩阵不严重违背重要性的规律,即如甲比乙强,乙比丙强,不应产生丙比甲强的情况,人们在判断时多半还是可接受的。于是,Seaty 在构造层次分析法时,提出满意一致性的概念,即用 λ_{max}与 n 的接近程度来作为一致性程度的尺度。

设两两比较判断矩阵 $A=(a_{ij})_{n\times n}$,对其一致性检验的步骤如下:

(1)计算矩阵 A 的最大特征值 λ_{max}。

(2)求一致性指标 C. I. (Consistency Index):

$$C.I.=\frac{\lambda_{max}-n}{n-1} \tag{6-9}$$

(3)查表求相应的平均随机一致性指标 R. I. (Rondom Index)。平均随机一致性指标可以预先计算制表,其计算过程如下:

取定阶数 n,随机取 9 标度数构造正互反矩阵后求其最大特征值,共计算 m 次(m 足够大)。计算这 m 个最大特征值的平均值 $\tilde{\lambda}_{max}$,得到:

$$R.I.=\frac{\tilde{\lambda}_{max}-n}{n-1} \tag{6-10}$$

Seaty 以 $m=1\ 000$ 得到表 6-3。

表 6-3　层次分析法的平均随机一致性指标值

矩阵阶数	1	2	3	4	5	6	7	8	9	10	11	12	13
R. I.	0.00	0.00	0.58	0.90	1.12	1.24	1.32	1.41	1.45	1.49	1.51	1.54	1.56

(4)计算一致性比率 C. R. (Consistency Ratio):

$$C.R.=\frac{C.I.}{R.I.} \tag{6-11}$$

(5)判断。当 C. R. <0.1 时,即认为判断矩阵 A 具有满意的一致性,说明权数分配是合理的;否则,当 C. R. ≥0.1 时就需要调整判断矩阵,直到取得满意的一致性为止。

四、各层元素对目标层的合成权重的计算过程

层次分析法的最终目的是求得底层即方案层各元素关于目标层的排序权重。上面仅介绍了一组元素对其上一层某元素的排序权重向量,为实现最终目的,需要从上而下逐层进

行。各层元素对目标的合成权重为:

$$w^{(k-1)} = (w_1^{(k-1)}, w_2^{(k-1)}, \cdots, w_{n_k}^{(k-1)})^{\mathrm{T}} \tag{6-12}$$

再设第 k 层的 n_k 个元素关于第 $k-1$ 层第 j 个元素 $(j=1,2,\cdots,n_{k-1})$ 的单一准则排序权重向量为:

$$u_j^{(k)} = (u_{1j}^{(k)}, u_{2j}^{(k)}, \cdots, u_{n_kj}^{(k)}) \quad (j = 1,2,\cdots,n_{k-1}) \tag{6-13}$$

式中对应第 k 层的 n_k 个元素是完全的。当某些元素不受 $k-1$ 层第 j 个元素支配时,相应位置用零补充,于是得到 $n_k \times n_{k-1}$ 矩阵:

$$U^{(k)} = \begin{bmatrix} u_{11}^{(k)} & u_{12}^{(k)} & \cdots & u_{1n_{k-1}}^{(k)} \\ u_{21}^{(k)} & u_{22}^{(k)} & \cdots & u_{2n_{k-1}}^{(k)} \\ \vdots & \vdots & & \vdots \\ u_{n_k1}^{(k)} & u_{n_k2}^{(k)} & \cdots & u_{n_kn_{k-1}}^{(k)} \end{bmatrix} \tag{6-14}$$

可以得到第 k 层 n_k 个元素关于目标层的合成权重:

$$w^{(k)} = U^{(k)} w^{(k-1)} \tag{6-15}$$

分解可得:

$$w^{(k)} = U^{(k)} w^{(k-1)} \cdots U^{(3)} w^{(2)} \tag{6-16}$$

可以进一步写为分量形式,有:

$$w_i^{(k)} = \sum_{j=1}^{n_{k-1}} u_{ij}^{(k)} w_j^{(k-1)} \quad (i = 1,2,\cdots,n_k) \tag{6-17}$$

注意:$w^{(2)}$ 是第 2 层元素对目标层的排序权重向量,实际上是单准则下的排序权重向量。

各层元素对目标层的合成排序权重向量是否可以满足接受条件,同单一准则下的排序问题一样,需要进行综合一致性检验。

设 k 层的综合指标分别为一致性指标 $\mathrm{C.I.}^{(k)}$,再设以第 $k-1$ 层上第 j 元素为准则的一致性指标为 $\mathrm{C.I.}_j^{(k)}$,平均一致性指标为 $\mathrm{R.I.}_j^{(k)}$ $(j=1,2,\cdots,n_{k-1})$,那么:

$$\mathrm{C.I.}^{(k)} = (\mathrm{C.I.}_1^{(k)}, \mathrm{C.I.}_2^{(k)}, \cdots, \mathrm{C.I.}_{n_{k-1}}^{(k)}) w^{(k-1)} = \sum_{j=1}^{n_{k-1}} w_j^{(k-1)} \mathrm{C.I.}_j^{(k)} \tag{6-18}$$

$$\mathrm{R.I.}^{(k)} = (\mathrm{R.I.}_1^{(k)}, \mathrm{R.I.}_2^{(k)}, \cdots, \mathrm{R.I.}_{n_{k-1}}^{(k)}) w^{(k-1)} = \sum_{j=1}^{n_{k-1}} w_j^{(k-1)} \mathrm{R.I.}_j^{(k)} \tag{6-19}$$

利用上面两式可计算综合一致比率:

$$\mathrm{C.R.}^{(k)} = \frac{\mathrm{C.I.}^{(k)}}{\mathrm{R.I.}^{(k)}} \tag{6-20}$$

当 $\mathrm{C.R.}^{(k)} < 0.1$ 时,认为递阶层次结构在第 k 层以上的判断具有整体满意的一致性。

在实际应用中,整体一致性检验常常不予进行,主要原因是一方面对整体进行考虑是十分困难的;另一方面,若每个单一准则下的判断具有满意一致性,而整体达不到满意一致性,调整起来非常困难。这个整体一致性的背景不如单一准则下的背景清晰,它的必要性也有待进一步研究。

第七章　小流域坝系评价指标体系及和谐度构建

黄河流域水土保持小流域坝系监测是根据《水土保持监测技术规程》(SL 277—2002)、《水土保持生态环境监测网络管理办法》(水利部第12号令)和《黄土高原地区水土保持淤地坝建设规划》要求,依据《黄河流域水土保持小流域坝系监测导则》进行编制,是黄土高原小流域坝系工程中重要的内容。小流域坝系监测及时、准确、全面地反映了小流域坝系建设情况、水土流失动态及其发展趋势,通过评价来为水土保持流失防治、管理决策、黄土高原生态乃至全国生态建设提供依据。

黄河流域水土保持小流域坝系评价是指对黄河流域水土保持小流域坝系工程的水土保持和水土流失进行系统分析和综合评价,衡量其水土保持的得与失,坝系工程在水、土资源和生态环境方面的利与弊,特别是水土保持功能、作用的评价。

第一节　小流域坝系评价的范畴

一、小流域坝系评价的范畴

开展黄土高原水土保持小流域坝系评价应当紧紧围绕水土保持这个主体,在水土保持学科范围内进行。

关于"水土保持"(Soil and Water Conservation)一词,在中华人民共和国国家标准《水土保持术语》(GB/T 20465—2006)中明确将其定义为"防治水土流失,保护、改良与合理利用水土资源,维护和提高土地生产力,减轻洪水、干旱和风沙灾害,以利于充分发挥水、土资源的生态效益、经济效益和社会效益,建立良好生态环境,支撑可持续发展的生产活动和社会公益事业"。在《中国水利百科全书水土保持分册》(2003年修订版)中,对水土保持的定义与国标相同。

水土保持的定义在百科全书中进一步划分为五个方面:①保护土地资源,维护土地生产力;②充分利用降水资源,提高抗旱能力;③改善区域生态环境,促进当地社会和经济发展;④减少江河湖库泥沙淤积,减轻下游洪涝灾害;⑤减少江河湖库非点源污染,保护与改善水质。

小流域坝系监测评价在上述定义、范围内开展。

二、小流域坝系监测评价的主要内容

黄土高原水土保持小流域坝系评价应根据上述水土保持范畴和小流域坝系监测的内容进行分析评价研究。

有关水土保持效益计算方面,中华人民共和国国家标准《水土保持综合治理效益计算方法》(BG/T 15774—1995)中提出了四个方面的内容。水土保持顾名思义其主旨就是保持

水土,因此其第一效益即基础效益为保水保土效益,也就是保持了多少水土,减少了多少水土流失;第二效益是水土保持生态效益,主要包括水、土、气、生(物)四个方面,水圈方面主要是减少洪水量、增加常水流量,土圈方面主要是改善土壤物理、化学性状,提高土壤肥力,气圈方面主要是改善近地层的温度、湿度、风力等小气候环境,生物圈方面主要是增加林草植被覆盖率,促进生物多样性;第三效益是水土保持经济效益,主要分析和计算水土保持措施产生的直接经济效益、间接经济效益;第四效益是水土保持社会效益,主要是减轻自然灾害、促进社会进步的效益。

水土保持四大效益中,保水保土效益是最重要、居第一的,因此开展开发建设水土保持损益分析也应将保水保土作为分析、评价的核心。

在黄土高原小流域坝系评价时,应通过调查、分析、计算回答以下几方面的问题:①坝系自身的建设情况是否满足了对水、土资源的节约、保护,利用是否科学,是否存在浪费资源、破坏资源的情况;②坝系自身的效益怎么样,对于国家层面上,上到生态安全的泥沙问题、水资源问题、淤积问题,下到百姓的生活问题如形成土地面积多少、能否保收、能否灌溉等;③坝系自身的安全问题是否受到洪水的危害、损坏程度如何、能够承受多大的暴雨等;④小流域的生态问题,水土保持治理如何、土地利用如何、水土流失情况如何、坡面治理及林草覆盖情况怎么样等;⑤小流域的社会问题,人口密度的大小、文化水平的高低、道路情况、劳动力情况等;⑥小流域经济问题,坝系收入占农业总收入多少、人均收入有多少、人均产粮是多少等。

第二节　小流域坝系评价指标体系构建

一、指标体系建立的原则

黄土高原水土保持小流域坝系评价的核心是建立评价指标体系,指标体系建立的是否科学、合理、系统,直接影响到评价的质量和效果。因此,筛选和建立指标体系时应尽可能全面、系统地考虑问题。本项研究中按以下几个原则确定指标体系。

(一)全面系统原则

对黄土高原淤地坝坝系工程的蓄水拦沙、生态、经济、社会等效益以及淤地坝的主要指标进行系统性监测和评价;对沟道的原始水土流失进行系统性监测和评价。做到微观监测与宏观分析评价结合,定点监测与调查相结合,常规手段与新技术应用相结合,前期监测、过程监测和后期监测与评价相结合。建立的指标体系不能有系统缺项,不能因为某些指标暂时难以定量分析、计算而忽略了它的影响,所以建立的指标体系是一个完整的、系统的、全面的评价体系,层次结构完整,整体评价能力强。

(二)科学合理原则

监测方法和评价系统研究要能够科学地反映坝系工程的可持续发展的内涵和目标的现实程度,并能反映流域坝系系统的演变和发展趋势。指标体系建立时就要客观、实事求是,分层次、分类,体系结构要体现科学性,设立的指标要有合理性,指标的概念要明确、定义要清晰,便于数据的采集和收集。指标能够反映项目的实际、内在本质和规律,在数据提取时要保证可靠性,进而使评价成果有较高的可信度。

（三）实用可行原则

在监测系统建设中，监测站点布设和监测方法选择要充分考虑可能性、可操作性和实用性。同时，充分考虑项目区现有的人力、设备、资料和其他各种技术资源。监测方法和评价体系一定要具有可测性和可比较性，同时评价体系每个指标的概念要明确，各指标之间含义不重复，所用数据资料易得到，计算方法容易掌握。

（四）定性定量结合原则

在建立评价指标时，首先做定性的宏观分析，重点是研究、确定是否需要设立该指标，以及应设立在哪个层次；在此基础上建立量化指标，有些需做量化处理，能够量化的指标要尽可能量化，减少因定性不准造成的偏差；定量计算、分析、评判过程中要通过数据标准化处理，避免因数据量级差异大、数据量纲不同等造成计算、评价结果的误差。

（五）独立与可比原则

尽管指标层之间、指标之间可能会存在一定的联系，但数据之间都要保持相对独立性，避免指标之间的重叠，一类数据、一组数据、一个数据应代表一个实质内容，减少数据间的联系对评价成果的影响。同时，指标体系中的数据应具有可比性，单组数据、综合数据都能进行比较，特别是不同行业类别项目、同一行业不同地域项目的比较，通过对比、分析提出科学结论。

（六）先进性原则

尽量采用自动测报、航测遥感、现代信息处理等新技术，及时获取监测数据，对数据进行快速的分析处理，充分反映淤地坝建设的实际效果与效益。

（七）层次性原则

根据流域坝系系统的复杂性分成不同层次，在此基础上将评价体系的指标分类，形成对应关系，向上综合，向下具体。

（八）稳定性与动态性相结合原则

监测方法不宜变动过多过频，在一定时期内，应该保持其相对稳定，但随着技术进步与变化，监测方法也应作相应调整，即指标体系也应体现动态性。

二、黄土高原小流域坝系评价指标体系的功能和作用

建立黄土高原小流域坝系评价指标体系，其使用功能主要有以下几个方面：一是小流域坝系的建设前期评价与决策支持，即在项目小流域坝系立项审查时，开展小流域坝系评价，为修订和完善工程建设可行性研究报告、初步设计提供依据；二是现状和过程的监测、评价，在工程建设过程中动态监测相关指标，监测监控过程中的实际影响，当建设过程中发生较严重影响时提出预警预报；三是项目竣工验收时，进行小流域坝系总体评价，通过后评估，总结经验，寻找差距和问题，改进今后工作。

三、小流域坝系评价指标体系的确定

（一）指标体系的初步选择

根据建立指标体系的原则、功能和作用，项目开展初期，通过课题组反复讨论，咨询黄河水土保持绥德治理监督局有关专家，本研究选择了与小流域坝系直接相关的48项评价指标，对指标逐一进行了分析、评价。然后邀请了黄河水土保持绥德治理监督局数位研究淤地坝方面的专家召开会议，经过大家讨论、分析、研究，对指标进行了删除、新增、调整，合并后

初步确定了 39 项评价指标体系(见表 7-1)。

表 7-1　初步选择的小流域坝系评价指标体系

子系统	指标	子系统	指标
坝系指标子系统	单位面积的骨干坝数量	社会、经济、生态子系统	人均纯收入
	单位面积的淤地坝数量		人均产粮
	中小型淤地坝与骨干坝配置比例		土地生产率
	坝系控制总面积(主要是骨干坝)		机动道路密度
	坝系已淤积总量		恩格尔系数
	坝系拦泥总库容		人口密度
	坝系总淤地面积		人口自然增长率
	坝系总蓄水量		文化水平
	可扩大的灌溉面积		通过坝系收入占农业总收入
	淤地坝保收		产业结构变化指数
	坝系防洪能力		减少侵蚀量
	所有骨干坝安全指标最低情况(水桶效益)		水质等级
	坝体渗透		水资源利用率
	沉陷		灾害减少率
	稳定	水土保持子系统	水土保持治理度
	新建坝的干容重		植被覆盖率
	含水量		土地利用率
	混凝土标号		坡面治理度
	土质量:(黏土、壤土、沙土)		梯田数量
	石头尺寸及质量		林地(乔木、灌木、经济林)数量
	沙子质量		人工草地数量
	水泥质量		坡地及荒地数量
	安全比(中小型坝垮坝数占总数量)		退耕还林面积
	吞没比(下游坝吞食上游坝)		

(二)选定专家组

在项目研究课题组和黄河水土保持绥德治理监督局研究的基础上,为了全面、科学、合理地研究和确定指标体系,本项研究采用专家咨询法,对指标体系进行了专家调查,选择了 100 多位分别在中国水利水电科学研究院、西北农林科技大学、西安理工大学、中国科学院水保所、山西大学、黄委水保局、黄河上中游管理局、黄河水利科学研究院、黄土高原各省水保局(处)、山西省水土保持研究所、黄委绥德站以及部分县市水利部门工作的多年从事淤地坝研究、管理、设计、施工等方面的专家学者和工程技术人员作为专家组的专家,开展小流域坝系评价指标体系的咨询工作。

专家的专业类别包括水土保持、水工建筑、农田水利、地质、地理、生态、农学、林学、草原、经济、管理等与水土保持相关的 10 多个专业,并且这些专家长期从事水土保持工作,特别是从事淤地坝的研究、设计、施工、管理等工作。

专家分布在陕西省、山西省、内蒙古自治区、甘肃省、青海省、北京市、河南省等 7 省(市、区)的研究所、大学、水利水保部门中。

2004 年 2 月向国内 100 多名专家发出了指标体系调查表,收回的有北京林业大学的王礼先教授等38位专家学者的意见表(见表7-2),给我们的指标评价体系选择确定提供了科学的依据,经过修改、完善形成了最终的指标体系,形成了坝系建设子系统、坝系效益子系统、坝系安全子系统、生态子系统、社会子系统、经济子系统等6个子系统,单位面积的骨干坝数量、单位面积的淤地坝数量、中小型淤地坝与骨干坝配置比例、坝系控制总面积(主要是骨干坝)、单位面积小型蓄水工程个数、坝系总库容、坝系拦泥库容、坝系已淤库容、坝系设计可淤地面积、坝系已淤地面积、坝系利用面积、坝系保收面积、坝系可蓄水量、坝系可灌溉面积、实际灌溉面积、坝系总防洪库容、坝系防洪能力、坝系病险坝座数、降雨量、安全比(中小型坝垮坝数占总数量)、洪水量、水土保持治理度、土地利用率、土壤侵蚀模数、坡面治理度、梯田占总面积比例、林草覆盖度、劳力占总人口数、人口密度、人口自然增长率、文化水平、机动道路密度、通电率、通过坝系收入占农业总收入、人均纯收入、恩格尔系数、人均产粮、土地生产率、产业结构变化指数等39个指标的指标体系(见表7-3)。

表7-2　专家基本情况

职称	教授	研究员	教授级高级工程师	高级工程师		合计
专家人数	8	7	5	18		38
省区	陕西省	山西省	内蒙古	青海	其他	合计
专家人数	9	8	10	2	9	38
专业	水土保持	水工、水文	地质、地理	生态、林学等	其他	合计
专家人数	7	5	7	5	14	38

表7-3　黄土高原小流域淤地坝坝系监测评价指标

子系统	指标层	子系统	指标层
坝系建设子系统	1. 单位面积的骨干坝数量 2. 单位面积的淤地坝数量 3. 中小型淤地坝与骨干坝配置比例 4. 坝系控制总面积(主要是骨干坝) 5. 单位面积小型蓄水工程个数	生态子系统	1. 水土保持治理度 2. 土地利用率 3. 土壤侵蚀模数 4. 坡面治理度 5. 梯田占总面积比例 6. 林草覆盖度
坝系效益子系统	1. 坝系总库容 2. 坝系拦泥库容 3. 坝系已淤库容 4. 坝系设计可淤地面积 5. 坝系已淤地面积 6. 坝系利用面积 7. 坝系保收面积 8. 坝系可蓄水量 9. 坝系可灌溉面积 10. 实际灌溉面积	社会子系统	1. 劳力占总人口数 2. 人口密度 3. 人口自然增长率 4. 文化水平 5. 机动道路密度 6. 通电率
坝系安全子系统	1. 坝系总防洪库容 2. 坝系防洪能力 3. 坝系病险坝座数 4. 降雨量 5. 安全比(中小型坝垮坝数占总数量) 6. 洪水量	经济子系统	1. 通过坝系收入占农业总收入 2. 人均纯收入 3. 恩格尔系数 4. 人均产粮 5. 土地生产率 6. 产业结构变化指数

第三节　小流域坝系指标体系结构

根据可持续发展理论、和谐理论和层次分析法的理论、原则与方法，建立小流域坝系评价的指标体系。

一、指标体系构架

按照上述建立指标体系的目的、原则，将指标体系分为目标层、准则层、子准则层、指标层四个层次。

目标层：即研究的目标层，从整体上综合反映黄土高原水土保持小流域坝系整个的和谐性状况，为全面、总体评价和评判小流域坝系及小流域坝系建设项目提供依据。

准则层：即小流域坝系评价包括的几类指标，根据水土保持的内涵，结合和谐理论和可持续发展的要求，将小流域坝系评价分解为 2 个相对独立、有机结合的子系统，即淤地坝系统，生态、社会、经济系统。各系统层反映了不同小流域坝系评价的影响状况。

子准则层：即各系统中主要影响因子、关键组成成分的状态，反映了各子系统在一定时段、地段的状况。本项研究共选取了 6 个子准则层。

指标层：即子准则层中各因子、要素的状态，反映了具体的、量化的状况、关系、趋势等。本项研究中共选取了 39 个指标。

二、指标体系及指标变量测度和标准化

按黄土高原水土保持小流域坝系评价指标体系设置的 2 个准则层分别说明。

（一）淤地坝系统

本系统共设置了坝系建设子系统、坝系效益子系统、坝系安全子系统 3 个子准则层。坝系建设子系统中包含了单位面积的骨干坝数量、单位面积的淤地坝数量、中小型淤地坝与骨干坝配置比例、坝系控制总面积（主要是骨干坝）、单位面积小型蓄水工程个数等 5 个指标。坝系效益子系统包含了坝系总库容、坝系拦泥库容、坝系已淤库容、坝系设计可淤地面积、坝系已淤地面积、坝系利用面积、坝系保收面积、坝系可蓄水量、坝系可灌溉面积、实际灌溉面积等 10 个指标。坝系安全子系统包含了坝系总防洪库容、坝系防洪能力、坝系病险坝座数、降雨量、安全比（中小型坝垮坝数占总数量）、洪水量等 6 个指标。下面对这 21 个指标分别进行说明。

1. 坝系建设子系统

1）单位面积的骨干坝数量

小流域内骨干坝的数量多少代表小流域的生态与经济矛盾体，为了既实现水土保持功能又具有经济效益，所以要科学地决定数量的多少。数量多则流域安全，但不够经济，也没有必要。数量少则流域水土保持效益不明显，虽然投资少，但没有意义了。单位面积的骨干坝数量为黄土高原小流域内小流域单位面积的骨干坝的数量。

根据定义确定的公式为：

$$P_1 = X/S \tag{7-1}$$

式中：P_1 为单位面积的骨干坝数量，座/km^2；X 为评价的小流域内骨干坝的座数，座；S 为评

价小流域的控制面积，km^2。

单位面积的骨干坝数量的标准值确定：

$$D_1 = P_1 / T_1 \tag{7-2}$$

式中：D_1 为单位面积骨干坝数量的标准值，当计算值大于 1 时，取其值为 1；T_1 为单位面积骨干坝数量的参照值，根据表 7-4 确定；P_1 指标同上。

表 7-4　不同侵蚀强度区的骨干坝控制面积

侵蚀强度类型区	平均年侵蚀模数（万 t/km^2）	单个骨干坝控制面积（km^2）	单位面积骨干坝数量参照值（座/km^2）
剧烈侵蚀	2	3	0. 333
极强度侵蚀	1. 2	3. 5	0. 286
强度侵蚀	0. 7	5	0. 2
中轻度侵蚀	0. 4	8	0. 125

2）单位面积的淤地坝数量

单位面积的淤地坝数量为小流域内所有淤地坝数量与流域控制面积之比。这里的淤地坝包括骨干坝，它是一个小流域内坝地的拦泥、生产、滞洪等功能体现指标。

根据定义确定的公式为：

$$P_2 = Y/S \tag{7-3}$$

式中：P_2 为单位面积的淤地坝数量，座/km^2；Y 为评价的小流域内淤地坝的座数，座；S 为评价小流域的控制面积，km^2。

单位面积骨干坝数量的标准值确定：

$$D_2 = P_2/T_2 \tag{7-4}$$

式中：D_2 为单位面积的淤地坝数量的标准值，当计算值大于 1 时，取其值为 1；T_2 为单位面积的淤地坝数量的参照值，根据当地小流域实际情况调查得到，或在附近找到相对稳定的小流域坝系，计算其单位面积上淤地坝的数量得到；P_2 指标同上。

3）中小型淤地坝与骨干坝配置比例

这个指标主要是指流域内中小型淤地坝的数量与骨干坝数量的比值，反映流域的建坝资源的多少和水土流失强度的大小。

根据定义确定的公式为：

$$P_3 = Z/X \tag{7-5}$$

式中：P_3 为中小型淤地坝与骨干坝配置比例；Z 为评价的小流域内中小型淤地坝的座数，座；X 为评价的小流域内骨干坝的座数，座。

中小型淤地坝与骨干坝配置比例的标准值确定：

$$D_3 = P_3/T_3 \tag{7-6}$$

式中：D_3 为中小型淤地坝与骨干坝配置比例的标准值，当计算值大于 1 时，取其值为 1；T_3 为中小型淤地坝与骨干坝配置比例的参照值，根据表 7-5 确定；P_3 指标同上。

表 7-5　不同侵蚀强度区的骨干坝控制面积

侵蚀强度类型区	平均年侵蚀模数(万 t/km²)	中小型淤地坝与骨干坝配置比例值
剧烈侵蚀	2	7
极强度侵蚀	1.2	4.6
强度侵蚀	0.7	3.7
中轻度侵蚀	0.4	3.3

4)坝系控制总面积(主要是骨干坝)

坝系控制总面积,是指坝系骨干坝坝址以上控制的面积,这个指标反映控制坝系可以控制小流域面积的大小。坝系控制总面积 P_4,单位为 km^2。

坝系控制总面积(主要指骨干坝)的标准值确定:

$$D_4 = P_4/T_4 \tag{7-7}$$

式中:D_4 为坝系控制总面积(主要是骨干坝)的标准值;T_4 为坝系控制总面积(主要是骨干坝)的参照值,一般应用的参照值为小流域的总面积,km^2;P_4 指标同上。

5)单位面积小型蓄水工程个数

单位面积小型蓄水工程个数是小流域内的所有小型蓄水工程与小流域总面积之比。由于黄土高原地区是众所周知的缺水区域,本指标是表示流域内可利用雨水资源的一个重要指标,这些水资源直接可用于农业生活生产中。

根据定义确定的公式为:

$$P_5 = A/S \tag{7-8}$$

式中:P_5 为单位面积小型蓄水工程个数,个/km^2;A 为小流域内所有小型蓄水工程的个数,个;S 为评价小流域的控制面积,km^2。

单位面积小型蓄水工程个数的标准值确定:

$$D_5 = P_5/T_5 \tag{7-9}$$

式中:D_5 为单位面积小型蓄水工程个数的标准值,当计算值大于 1 时,取其值为 1;T_5 为单位面积小型蓄水工程个数的参照值,一般根据当地实际调查平均值得到参考值,个/km^2;P_5 指标同上。

2. 坝系效益子系统

1)坝系总库容

坝系总库容是拦泥与滞洪库容的总和,它反映了小流域坝系整个能够蓄水拦沙的数量。小流域内坝系的总库容 P_6,其单位为万 m^3。

坝系总库容的标准值确定:

$$D_6 = P_6/T_6 \tag{7-10}$$

式中:D_6 为坝系总库容的标准值;T_6 为坝系总库容的参照值,根据小流域实际情况调查得到小流域内潜在的坝系总库容值,万 m^3;P_6 指标同上。

2)坝系拦泥库容

坝系拦泥库容是指所有淤地坝的拦泥库容之和。计算公式如下:

$$P_7 = \sum_{1}^{i} \frac{MF_i N}{\gamma} \tag{7-11}$$

式中:P_7 为坝系拦泥库容,万 m^3;i 为坝系内所有的坝数量;M 为多年平均侵蚀模数,万 $t/(km^2 \cdot a)$;γ 为淤积泥沙干容重,一般取 1.35 t/m^3;F_i 为坝控流域面积,km^2;N 为设计淤积年限,a。

坝系拦泥库容的标准值确定:

$$D_7 = P_7/T_7 \tag{7-12}$$

式中:D_7 为坝系拦泥库容的标准值;T_7 为坝系拦泥库容的参照值,一般用坝系总库容作为这个参照值,万 m^3;P_7 指标同上。

3)坝系已淤库容

坝系已淤库容是指坝系中已淤所有库容的和。它可以表征坝系淤积情况,尤其是它接近拦泥库容时,将显示坝系接近了坝系的运行终期。小流域内坝系已淤库容 P_8,其单位为万 m^3。

坝系已淤库容的标准值确定:

$$D_8 = P_8/T_8 \tag{7-13}$$

式中:D_8 为坝系已淤库容的标准值;T_8 为坝系已淤库容的参照值,一般用坝系拦泥库容作为这个参照值,万 m^3;P_8 指标同上。

4)坝系设计可淤地面积

本指标是坝系目前可能达到的最大淤地面积,是设计给定的。它反映了目前小流域坝系基本农田的最高水平,因此直接为流域的生产提供了可能的依据。坝系设计可淤地面积 P_9,其单位为 hm^2。

坝系设计可淤地面积的标准值确定:

$$D_9 = P_9/T_9 \tag{7-14}$$

式中:D_9 为坝系设计可淤地面积的标准值,当计算值大于 1 时,取其值为 1;T_9 为坝系设计可淤地面积的参照值,根据小流域实际情况调查得到小流域内潜在的坝系可淤地面积,hm^2;P_9 指标同上。

5)坝系已淤地面积

本指标代表了有可能实现耕作的基本农田数值,对于小流域来说此面积是生产面积的潜力。因此,这一指标也是相当重要的指标。坝系已淤地面积 P_{10},其单位为 hm^2。

坝系已淤地面积的标准值确定:

$$D_{10} = P_{10}/T_{10} \tag{7-15}$$

式中:D_{10}为坝系已淤地面积的标准值;T_{10}为坝系已淤地面积的参照值,一般用坝系设计可淤地面积作为这个参照值,hm^2;P_{10}指标同上。

6)坝系利用面积

本指标代表了现在能够耕作的基本农田面积数值。这一指标也是小流域内实现和谐发展的关键因子。坝系利用面积 P_{11},其单位为 hm^2。

坝系利用面积的标准值确定:

$$D_{11} = P_{11}/T_{11} \tag{7-16}$$

式中:D_{11}为坝系利用面积的标准值;T_{11}为坝系利用面积的参照值,一般用坝系已淤地面积作为这个参照值,hm^2;P_{11}指标同上。

7)坝系保收面积

本指标代表了现在坝系保证收成耕作的基本农田面积数值。这一指标直接反映了小流域内生产情况,也是小流域内实现和谐、可持续发展的关键因子。坝系保收面积P_{12},其单位为hm^2。

坝系保收面积的标准值确定:

$$D_{12} = P_{12}/T_{12} \tag{7-17}$$

式中:D_{12}为坝系保收面积的标准值;T_{12}为坝系保收面积的参照值,一般用坝系利用面积作为这个参照值,hm^2;P_{12}指标同上。

8)坝系可蓄水量

坝系可蓄水量是本流域内坝系水资源的数量,既是衡量水资源的一个重要指标,又是间接地评价整个流域内自然资源的一个重要指标。由于黄土高原水资源极度贫乏,所以水资源情况代表了流域内经济社会发展的重要条件。坝系可蓄水量P_{13},其单位为m^3。

坝系可蓄水量的标准值确定:

$$D_{13} = P_{13}/T_{13} \tag{7-18}$$

式中:D_{13}为坝系可蓄水量的标准值,当计算值大于1时,选其值为1;T_{13}为坝系可蓄水量的参照值,根据小流域实际情况调查得到区域内小流域坝系可蓄水量的参考值,m^3;P_{13}指标同上。

9)坝系可灌溉面积

坝系可灌溉面积是指小流域坝系可能灌溉的面积。该指标反映了流域内可能达到的最大灌溉面积,这是我们预测小流域坝系能够实现的最大水地面积,为稳产、高产实现粮食、蔬菜的生产提供了可能。坝系可灌溉面积P_{14},其单位为hm^2。

坝系可灌溉面积的标准值确定:

$$D_{14} = P_{14}/T_{14} \tag{7-19}$$

式中:D_{14}为坝系可灌溉面积的标准值,当计算值大于1时,取其值为1;T_{14}为坝系可灌溉面积的参照值,根据小流域实际情况调查得到区域内小流域坝系可灌溉面积的参考值,hm^2;P_{14}指标同上。

10)实际灌溉面积

本指标反映了小流域坝系现实生活中的水地面积,是保障农民粮食、蔬菜生产的同时,实现稳产、高产的重要指标,对小流域的和谐发展、可持续发展提供了保障。实际灌溉面积P_{15},其单位为hm^2。

实际灌溉面积的标准值确定:

$$D_{15} = P_{15}/T_{15} \tag{7-20}$$

式中:D_{15}为实际灌溉面积的标准值;T_{15}为实际灌溉面积的参照值,一般我们采用坝系可灌溉面积作为参考值,hm^2;P_{15}指标同上。

3. 坝系安全子系统

1)坝系总防洪库容

坝系总防洪库容代表了流域内总的防洪能力,它表征了流域内可以承受的洪水总量。它是流域内要实现生产发展、生活富裕、生态良好的保障性指标。因此,它是比较重要的指标。坝系总防洪库容 P_{16}，其单位为万 m^3。

坝系总防洪库容的标准值确定：

$$D_{16} = P_{16}/T_{16} \tag{7-21}$$

式中：D_{16}为坝系总防洪库容的标准值；T_{16}为坝系总防洪库容的参照值，根据小流域实际情况调查得到小流域坝系总防洪库容的参考值，万 m^3；P_{16}指标同上。

2）坝系防洪能力

坝系防洪能力，用骨干坝最低抵御洪水重现期来表示，计算每座骨干坝能抵御洪水能力的洪水重现期，在其中选择最小值。此指标表征了小流域内坝系抵御洪水的能力。坝系防洪能力 P_{17}，其单位为 a。

坝系防洪能力的标准值确定：

$$D_{17} = P_{17}/T_{17} \tag{7-22}$$

式中：D_{17}为坝系防洪能力的标准值；T_{17}为坝系防洪能力的参照值，根据小流域实际防洪能力，将骨干坝的防洪能力设计值 30 a 作为参考值；P_{17}指标同上。

3）坝系病险坝座数

坝系病险坝座数，反映小流域坝系危险程度的指标。坝系病险坝座数 P_{18}，其单位为座。

坝系病险坝座数的标准值确定：

$$D_{18} = (\text{总坝数量} - P_{18})/(\text{总坝数量} - T_{18}) \tag{7-23}$$

式中：D_{18}为坝系病险坝座数的标准值；T_{18}为坝系病险坝座数的参照值，参照值就是没有病险坝，即 T_{18}为零；P_{18}指标同上。

4）降雨量

采用当年的汛期降雨量来反映这年降雨量对淤地坝坝系淤地和拦泥的影响。降雨量 P_{19}，其单位为 mm。

降雨量的标准值确定：

$$D_{19} = 1 - P_{19}/T_{19} \tag{7-24}$$

式中：D_{19}为降雨量的标准值，当计算值小于 0 时，取值为 0；T_{19}为降雨量的参照值，采用流域多年平均汛期雨量值作为参考值，mm；P_{19}指标同上。

5）安全比（中小型坝垮坝数占总数量）

安全比为中小型坝垮坝数与中小型淤地坝的总数量之比。该指标主要反映了小流域坝系中中小型坝的安全性能。安全比（中小型坝垮坝数占总数量）为 P_{20}。

安全比（中小型坝垮坝数占总数量）的标准值确定：

$$D_{20} = 1 - P_{20} - T_{20} \tag{7-25}$$

式中：D_{20}为安全比（中小型坝垮坝数占总数量）的标准值；T_{20}为安全比（中小型坝垮坝数占总数量）的参照值，参照值就是安全比（中小型坝垮坝数占总数量）为 0，即 T_{20}为 0；P_{20}指标同上。

6）洪水量

采用当年的洪水量来反映这年洪水对淤地坝坝系的影响。洪水量 P_{21}，其单位为 m^3。

洪水量的标准值确定：

$$D_{21} = 1 - P_{21}/T_{21} \tag{7-26}$$

式中：D_{21}为洪水量的标准值，当计算值小于 0 时，取其值为 0；T_{21}为洪水量的参照值，参照值采用流域多年平均洪水量作为参考值，m^3；P_{21}指标同上。

（二）生态、社会、经济系统

1. 生态子系统

1）水土保持治理度

水土保持治理度为区域水土保持治理面积与区域水土流失面积的百分比。水土保持治理度 P_{22}，以%计。

水土保持治理度的标准值确定：

$$D_{22} = P_{22}/T_{22} \tag{7-27}$$

式中：D_{22}为水土保持治理度的标准值，当计算值大于 1 时，取其值为 1；T_{22}为水土保持治理度的参照值，根据黄土高原水土保持治理度要求，当治理度达到 70% 以上就达到小流域治理一级水平，因此参照值选为 70%；P_{22}指标同上。

2）土地利用率

计算公式为：土地利用率 = 100% －（未利用土地面积/土地总面积）×100%。用此指标反映土地开发利用的程度，直接反映土地资源的可利用性。土地利用率 P_{23}，以%计。

土地利用率的标准值确定：

$$D_{23} = P_{23}/T_{23} \tag{7-28}$$

式中：D_{23}为土地利用率的标准值，当计算值大于 1 时，取其值为 1；T_{23}为土地利用率的参照值，根据黄土高原土地利用率要求，当治理结束后土地利用率达到 80% 以上，就达到小流域治理的一级水平，因此参照值选为 80%；P_{23}指标同上。

3）土壤侵蚀模数

土壤侵蚀模数表示单位面积和单位时段内的土壤侵蚀量，它是表征土壤侵蚀强度的一个指标，是地壳表层土壤在自然营力（水力、风力、重力及冻融等）和人类活动综合作用下，单位面积和单位时段内剥蚀并发生位移的土壤侵蚀量。土壤侵蚀模数 P_{24}，其单位为 $t/(km^2 \cdot a)$。

土壤侵蚀模数的标准值确定：

$$D_{24} = T_{24}/P_{24} \tag{7-29}$$

式中：D_{24}为土壤侵蚀模数的标准值；T_{24}为土壤侵蚀模数的参照值，根据《土壤侵蚀分类分级标准》（SL 190—96）把土壤允许流失量 $T_{24} = 1\ 000\ t/(km^2 \cdot a)$作为衡量标准；$P_{24}$指标同上。

4）坡面治理度

坡面治理度是衡量小流域坡面治理程度的指标，其值为坡面累计治理面积与坡面水土流失面积的比值。计算公式为：坡面治理度 = 坡面治理后的面积（梯田、造林、种草、封禁及其他坡面措施）/坡面的总面积。这一指标表征着坡面治理的程度，是影响小流域坝系水土流失的指标。坡面治理度 P_{25}，以%计。

坡面治理度的标准值确定：

$$D_{25} = P_{25}/T_{25} \tag{7-30}$$

式中：D_{25}为坡面治理度的标准值，当计算值大于 1 时，取其值为 1；T_{25}为坡面治理度的参照值，参照值选择坡面最大可治理面，即除去无法治理的陡崖面积的治理度作为衡量标准，一般还是以小流域验收标准治理度 70% 作为参照值；P_{25}指标同上。

5)梯田占总面积比例

梯田占总面积的比例为小流域梯田面积与小流域总面积之比。该指标反映了小流域中梯田这一基本农田的多少,也是反映小流域治理的一个指标。梯田占总面积比例 P_{26},以%计。

梯田占总面积比例的标准值确定:

$$D_{26} = P_{26}/T_{26} \tag{7-31}$$

式中:D_{26}为梯田占总面积比例的标准值;T_{26}为梯田占总面积比例的参照值,参照值是今后最大可能发展梯田面积与小流域总面积的比,即(现有坡地面积+现有梯田面积)/流域面积(%);P_{26}指标同上。

6)林草覆盖度

林草覆盖度为流域内林草面积(纳入计算的林草面积,其林地的郁闭度或草地的盖度都应大于30%)与整个流域面积比值。这是评价生态环境绿化程度的一个重要指标,也可以作为本区的林草资源的一个衡量标准。其计算公式为:

$$P_{27} = f/S \tag{7-32}$$

式中:P_{27}为林草覆盖度(%);S为小流域总面积,km^2;f为林草地的面积,km^2。

林草覆盖度的标准值确定:

$$D_{27} = P_{27}/T_{27} \tag{7-33}$$

式中:D_{27}为林草覆盖度的标准值;T_{27}为林草覆盖度比例的参照值,参照值为本区域内林草覆盖率经过治理所要求达到的值(%);P_{27}指标同上。

2. 社会子系统

1)劳力占总人口数

劳力占总人口数为小流域内劳力数与小流域内总人口数之比。这一指标反映了小流域内的劳力在本流域内的占有数,可以为坝系建设、管理和维护提供人力资源数量指标。劳力占总人口数 P_{28},以%计。

劳力占总人口数的标准值确定:

$$D_{28} = P_{28}/T_{28} \tag{7-34}$$

式中:D_{28}为劳力占总人口数的标准值;T_{28}为劳力占总人口数的参照值,从计划生育的角度考虑,以每户3口人2个劳力计,即以66.7%作为参照值;P_{28}指标同上。

2)人口密度

人口密度为区域人口总数与小流域土地总面积之比。人口密度可直接反映一个地区的拥挤程度,它的指数值大小直接影响人均资源占有量,并间接地影响社会各方面的发展。这是一个测定小流域坝系可持续发展程度的重要指标。人口密度 P_{29},其单位为人/km^2。

人口密度的标准值确定:

$$D_{29} = P_{29}/T_{29} \tag{7-35}$$

式中:D_{29}为人口密度的标准值;T_{29}为人口密度的参照值,以本地区人口普查平均值作为参考值,人/km^2;P_{29}指标同上。

3)人口自然增长率

人口自然增长率是反映一个区域人口增长的指标。在现实生活条件下,王茂沟村迁移量小,故此值的变化直接反映了人口的动态关系,是我们的主要指标。计算此指标值的公式为:人口自然增长率=[(本年出生人口数-本年死亡人口数)/年平均总人口数]×1 000‰=人口出生率-人口死亡率。人口自然增长率P_{30},以‰计。

人口自然增长率的标准值确定:

$$D_{30} = 1 - T_{30} - P_{30} \tag{7-36}$$

式中:D_{30}为人口自然增长率的标准值;T_{30}为人口自然增长率的参照值,我们国家的现实国情是人口众多,因此要求严格控制人口增长。尤其是黄土高原地区环境恶劣,人口相对比较拥挤,所以我们选择参照值为$T_{30}=0$;P_{30}指标同上。

4)文化水平

我们可以用评价受教育的年限数来度量文化水平,这一指标反映人们的精神、文化需求的满足程度。平均受教育年数计算公式为:

$$P_{31} = \sum_{i=1}^{k} a_i n_i \tag{7-37}$$

式中:P_{31}为文化程度;k为受教育文化层次次数;a_i为12岁以上(含12岁)不同文化层次人数占12岁以上总人口的比率;n_i为第i文化层次受教育的年数。

文化水平的标准值确定:

$$D_{31} = P_{31}/T_{31} \tag{7-38}$$

式中:D_{31}为文化水平的标准值,当计算值大于1时,取其值为1;T_{31}为文化水平的参照值,文化程度是很重要的指标,在现实情况下,我们民族的人口整体素质并不强,我们取地方普及义务教育的年数9 a作为参考值,即$T_{31}=9$ a;P_{31}指标同上。

5)机动道路密度

机动道路密度为机动道路(拖拉机能够到达的长度)与整个小流域的面积之比。本指标反映农业生产机械化程度的高低,是小流域坝系监测中反映社会进步的指标。机动道路密度P_{32},其单位为km/km^2。

机动道路密度的标准值确定:

$$D_{32} = P_{32}/T_{32} \tag{7-39}$$

式中:D_{32}为机动道路密度的标准值,当计算值大于1时,取其值为1;T_{32}为机动道路密度的参照值,在黄土高原地区由于交通比较落后,该参照值选择为$T_{32}=0.8\ km/km^2$;P_{32}指标同上。

6)通电率

通电率为通电户数与总户数之比,电力是制约当地群众经济发展的瓶颈指标,如果没有通电,农村很难发展。所以,这一指标是代表流域文明进步的指标。虽然近年来通电率在全国达到了98%,但仍然有不少地方没有通电。通电率P_{33},以%计。

通电率的标准值确定:

$$D_{33} = P_{33}/T_{33} \tag{7-40}$$

式中:D_{33}为通电率的标准值;T_{33}为通电率的参照值,参照值目前情况下为全部通电,即$T_{33}=100\%$;P_{33}指标同上。

3. 经济子系统

1)通过坝系收入占农业总收入

通过坝系收入占农业总收入为坝系的总收入与农业总收入(农林牧副渔业的收入)之

比。该指标反映了坝系在小流域经济生活中的地位,是小流域坝系监测中非常重要的经济指标。通过坝系收入占农业总收入 P_{34},以%计。

通过坝系收入占农业总收入的标准值确定:

$$D_{34} = P_{34}/T_{34} \tag{7-41}$$

式中:D_{34}为通过坝系收入占农业总收入的标准值,当计算值大于1时,取值为1;T_{34}为通过坝系收入占农业总收入的参照值,可以选择本流域内粮食收入的50%作为坝系总收入的参照值(%);P_{34}指标同上。

2)人均纯收入

根据统计法规定,人均纯收入=(农村经济总收入-总费用-国家税金-上交有关部门的利润-企业各项基金-村提留-乡统筹)/汇总人口。该指标反映当地群众生活富裕的情况。人均纯收入 P_{35},其单位为元。

人均纯收入的标准值确定:

$$D_{35} = P_{35}/T_{35} \tag{7-42}$$

式中:D_{35}为人均纯收入的标准值,当计算值大于1时,取值为1;T_{35}为人均纯收入的参照值,参照值以小康标准按人均纯收入1 200元计算,即 T_{35}=1 200元;P_{35}指标同上。

3)恩格尔系数

计算公式为:恩格尔系数=(食物消费支出金额/总消费支出金额)×100%。在总消费金额中包括食物消费、衣着、住房、燃料、日用品及其他消费品支出金额。食物消费支出金额比例的大小,能够反映区域的消费水平。在保持健康状况的前提下,其值越低,可以认为该地区消费水平越高。当前西方国家的恩格尔系数已经降低在20%左右的水平。恩格尔系数 P_{36},以%计。

恩格尔系数的标准值确定:

$$D_{36} = T_{36}/P_{36} \tag{7-43}$$

式中:D_{36}为恩格尔系数的标准值;T_{36}为恩格尔系数的参照值,选小康社会的测定标准50%为参照值;P_{36}指标同上。

4)人均产粮

计算公式为:人均产粮=区域内粮食产量/区域人口数。人均产粮是反映小流域内粮食是否能够自给的重要指标。这个指标既不能太低,在水土流失区内也不能太高,因为太高说明农业用地过大。人均产粮 P_{37},其单位为kg/人。

人均产粮的标准值确定:

$$D_{37} = P_{37}/T_{37} \tag{7-44}$$

式中:D_{37}为人均产粮的标准值,当计算值大于1时,取值为1;T_{37}为人均产粮的参照值,根据小流域治理验收标准人均达到500 kg就可以达到粮食自给有余了,因此把500 kg作为参照值;P_{37}指标同上。

5)土地生产率

土地生产率通常用小流域内由农业体现的产值与其面积的比值来表示,通过分析土地生产率这个指标,可以看出土地生产率现有水平及其差距,寻求提高土地生产率的途径。土地生产率 P_{38},其单位为元/hm^2。

土地生产率的标准值确定:

$$D_{38} = P_{38}/T_{38} \tag{7-45}$$

式中:D_{38}为土地生产率的标准值,当计算值大于1时,取值为1;T_{38}为土地生产率的参照值,根据小流域验收要求小流域经济初具规模,土地产出增长50%,可以确定的参考值为T_{38} = 865元/hm^2;P_{38}指标同上。

6)产业结构变化指数

我们这里说的产业结构变化指数,主要是指农林牧用地的比例。为了便于统计分析比较,将通常的农林牧用地三项比例式,改为农业产业用地与林牧业用地的两项比例式。产业结构变化指数P_{39},以%计。

产业结构变化指数的标准值确定:

$$D_{39} = P_{39}/T_{39} \tag{7-46}$$

式中:D_{39}为产业结构变化指数的标准值,当计算值大于1时,取值为1;T_{39}为产业结构变化指数的参照值,而参考值可以定为T_{39} =100%,或可能达到的最大的林牧业比例(%);P_{39}指标同上。

三、小流域坝系指标体系

由于坝系是以小流域为单元的淤地坝系统,坝系监测的评价离不开整个小流域的评价,因此我们把坝系监测评价扩展为小流域坝系评价。依据西安交通大学席酉民教授提出的和谐理论和层次分析法,我们把黄土高原小流域坝系评价指标设计为小流域淤地坝系统和小流域生态、社会、经济系统两大系统。小流域淤地坝系统包括坝系建设子系统、坝系效益子系统、坝系安全子系统,小流域生态、社会、经济系统包括小流域生态子系统、小流域社会子系统、小流域经济子系统。小流域坝系评价系统分为目标层、准则层、子准则层、指标层4个层次两大系统共计39个指标(见表7-6)。

表7-6 黄土高原小流域淤地坝坝系监测评价指标

<table>
<tr><th>目标层(A)</th><th>准则层(B)</th><th>子准则层(C)</th><th>指标层(D)</th></tr>
<tr><td rowspan="2">系统和谐性
(A)</td><td rowspan="2">淤地坝系统
(B_1)</td><td>坝系建设子系统C_1</td><td>1. 单位面积的骨干坝数量D_1
2. 单位面积的淤地坝数量D_2
3. 中小型淤地坝与骨干坝配置比例D_3
4. 坝系控制总面积(主要是骨干坝)D_4
5. 单位面积小型蓄水工程个数D_5</td></tr>
<tr><td>坝系效益子系统C_2</td><td>1. 坝系总库容D_6
2. 坝系拦泥库容D_7
3. 坝系已淤库容D_8
4. 坝系设计可淤地面积D_9
5. 坝系已淤地面积D_{10}
6. 坝系利用面积D_{11}
7. 坝系保收面积D_{12}
8. 坝系可蓄水量D_{13}
9. 坝系可灌溉面积D_{14}
10. 实际灌溉面积D_{15}</td></tr>
</table>

续表 7-6

目标层(A)	准则层(B)	子准则层(C)	指标层(D)
系统和谐性(A)	淤地坝系统(B_1)	坝系安全子系统 C_3	1. 坝系总防洪库容 D_{16} 2. 坝系防洪能力 D_{17} 3. 坝系病险坝座数 D_{18} 4. 降雨量 D_{19} 5. 安全比(中小型坝垮坝数占总数量)D_{20} 6. 洪水量 D_{21}
	生态、社会、经济系统(B_2)	生态子系统 C_4	1. 水土保持治理度 D_{22} 2. 土地利用率 D_{23} 3. 土壤侵蚀模数 D_{24} 4. 坡面治理度 D_{25} 5. 梯田占总面积比例 D_{26} 6. 林草覆盖度 D_{27}
		社会子系统 C_5	1. 劳力占总人口数 D_{28} 2. 人口密度 D_{29} 3. 人口自然增长率 D_{30} 4. 文化水平 D_{31} 5. 机动道路密度 D_{32} 6. 通电率 D_{33}
		经济子系统 C_6	1. 通过坝系收入占农业总收入 D_{34} 2. 人均纯收入 D_{35} 3. 恩格尔系数 D_{36} 4. 人均产粮 D_{37} 5. 土地生产率 D_{38} 6. 产业结构变化指数 D_{39}

第四节　小流域坝系和谐度构建

一、系统和谐度的理论分析

根据和谐理论的数理分析,我们得到了小流域坝系评价的系统和谐性理念为:坝系工程系统和谐性是描述坝系工程是否形成了充分发挥系统成员和子系统能动性、创造性的条件及环境,以及系统成员和子系统活动的总体协调性。这两方面的具体表现是坝系系统(含建设子系统、坝系效益子系统、坝系安全子系统),生态、社会、经济系统(含生态子系统、社会子系统、经济子系统)等方面内部和其间关系匹配程度以及系统内外部的适应程度。若用标量函数 h 来度量,其值越大,系统各种关系的匹配程度和内外部的适应程度越高。具体体现小流域坝系评价系统的和谐性数学表示为:

$$H = h(h_1(d),h_2(p),h_3(a),h_4(s),h_5(c),h_6(e)) \tag{7-47}$$

(一)$h_1(d)$——坝系建设系统和谐性分析

坝系建设系统是小流域坝系工程的关键性系统,没有建设系统就没有坝系工程,因此坝系建设系统的和谐是小流域坝系和谐的基础。坝系建设首先要考虑坝系规模的大小,即坝系控制面积、工程数量、安全标准等;其次考虑坝系的结构,即小流域坝系骨干坝、中小型淤地坝、小水库、塘坝等沟道工程的分层组合关系、数量配置比例和平面形状;再次要考虑坝系的布局,即以水沙淤积相对平衡为目标,最终实现流域内天然降水资源的充分、合理利用,具有整体性、层次性和关联性;最后要考虑建坝的时序和坝系的相对稳定等。坝系建设系统评价主要包括坝系控制面积、骨干坝的数量、中小型淤地坝与骨干坝的比例等。

(二)$h_2(p)$——坝系效益系统和谐性分析

淤地坝坝系效益是淤地坝坝系工程的必要条件,经过几十年的实践充分证明,淤地坝坝系建设在拦截泥沙、蓄洪滞洪、减蚀固沟、增产粮食、改善生态与环境等方面发挥了显著的效益,在黄土高原水土流失治理和生态环境建设中具有不可替代的作用。坝系效益系统评价主要包括拦泥、蓄水、淤地、灌溉等。

(三)$h_3(a)$——坝系安全系统和谐性分析

淤地坝坝系安全是淤地坝坝系工程的关键,没有安全的坝系工程就没有开展坝系工程建设的必要。坝系安全主要取决于坝系骨干工程的滞洪能力,其次与坝系病险坝、洪水等关系密切。因此,坝系安全系统评价主要包括坝系总防洪能力、治沟骨干工程防洪能力、洪水量、安全比等。

(四)$h_4(s)$——社会系统和谐性分析

社会系统主要是对小流域坝系在社会经济和发展方面产生的有形和无形的效益及结果的一种分析,评价坝系对当地群众的土地配置、水资源的配置、交通等的影响。黄土高原坝系工程对社会的影响主要反映在土地的多少、水地、水资源情况、交通道路等方面。社会系统指标一般包括人口指标、文化水平指标、政治环境指标以及基础设施等指标。

(五)$h_5(c)$——经济系统和谐性分析

经济是社会发展的核心内容,黄土高原小流域坝系工程区域的发展首先是经济的发展,只有经济发展了才能解决贫困问题,才能为社会稳定、环境保护提供保障。经济发展评价主要分析评价坝系工程对当地群众自身的生产生活方面及经济结构的影响。坝系工程经济系统指标主要包括经济指标、粮食生产指标、土地及产业结构指标等。

生活水平:在坝系工程实施后的情况如何,是否比实施前有所提高,经济收入是否增长,重要的体现就在于其生活条件是否改善了。生活水平评价主要包括恩格尔系数、人均粮食产量、平均家庭年收入、人均居住面积等。

生产条件:在原来以坡地生产为主的黄土高原小流域中,经过实施坝系工程,使生产条件由原来的坡地生产转变为坝地和坡地生产,甚至是水地生产,同时由于小塘坝使流域内水资源能在时间和空间上得到较为充分的利用,因此坝系工程建设不仅使单位面积农业产出提高,而且是黄土高原小流域水资源重新配置的重要途径。生产条件评价主要包括产业结构变化情况、土地生产情况、小流域内农民收入情况等。

(六)$h_6(e)$——生态系统和谐性分析

坝系工程所进行的骨干工程、中型淤地坝、小型淤地坝、谷坊以及小型水库等修筑引起小流域生态与环境的变化,从而改善当地群众的生产和生活条件,减少对下游泥沙的输送。

同时，这样大规模的扰动、修筑、开挖、回填、拦挡等往往也在当地造成过度或不适当地开发自然资源，导致一些负面的污染和生态环境的影响。生态评价主要包括小流域水土流失治理情况、自然资源利用与保护、区域生态平衡和环境等方面。

二、小流域坝系评价系统中权重的确定

由于小流域淤地坝系统是一个复杂的系统，因此正确地确定权重就成为指标综合的关键问题。指标体系中，各类指标的权重反映了评价者对各类指标在小流域坝系评价与衡量中的重视程度。为了避免权重的片面性，在各类指标的确定过程中，听取了对黄河流域小流域坝系研究多年的专家教授、科技人员和施工技术人员的意见，并利用层次分析法对不同的评价结果进行处理，以得到一个合理的综合结果。本次经过研究采用层次分析与赋值相结合的方法，对小流域坝系监测评价系统指标体系中的各类指标权重进行了确定，见表 7-7，其中判断矩阵采用专家赋值的办法，系统指数权重采用层次分析法。

表 7-7　小流域坝系监测评价体系各指标权重

目标层（A）	准则层（B）	权重（q）	子准则层（C）	权重（S）	指标层（D）	权重（W）
系统和谐性（A）	淤地坝系统（B_1）	0.679 348 5	坝系建设子系统 C_1	0.612 301 2	1. 单位面积的骨干坝数量 D_1	0.465 748
					2. 单位面积的淤地坝数量 D_2	0.189 996
					3. 中小型淤地坝与骨干坝配置比例 D_3	0.146 673
					4. 坝系控制总面积（主要是骨干坝）D_4	0.148 526
					5. 单位面积小型蓄水工程个数 D_5	0.049 057
			坝系效益子系统 C_2	0.196 515 8	1. 坝系总库容 D_6	0.174 772
					2. 坝系拦泥库容 D_7	0.149 444
					3. 坝系已淤库容 D_8	0.092 659
					4. 坝系设计可淤地面积 D_9	0.194 059
					5. 坝系已淤地面积 D_{10}	0.069 405
					6. 坝系利用面积 D_{11}	0.049 284
					7. 坝系保收面积 D_{12}	0.038 271
					8. 坝系可蓄水量 D_{13}	0.173 958
					9. 坝系可灌溉面积 D_{14}	0.025 069
					10. 实际灌溉面积 D_{15}	0.033 079
			坝系安全子系统 C_3	0.191 183	1. 坝系总防洪库容 D_{16}	0.365 876
					2. 坝系防洪能力 D_{17}	0.276 903
					3. 坝系病险坝座数 D_{18}	0.145 797
					4. 降雨量 D_{19}	0.093 673
					5. 安全比（中小型坝垮坝数占总数量）D_{20}	0.076 089
					6. 洪水量 D_{21}	0.041 662

续表 7-7

目标层（A）	准则层（B）	权重（q）	子准则层（C）	权重（S）	指标层（D）	权重（W）
系统和谐性（A）	生态、社会、经济系统（B_2）	0.320 651 5	生态子系统 C_4	0.615 779 4	1. 水土保持治理度 D_{22}	0.360 236
					2. 土地利用率 D_{23}	0.198 196
					3. 土壤侵蚀模数 D_{24}	0.175 696
					4. 坡面治理度 D_{25}	0.124 526
					5. 梯田占总面积比例 D_{26}	0.076 723
					6. 林草覆盖度 D_{27}	0.064 623
			社会子系统 C_5	0.243 986 6	1. 劳力占总人口数 D_{28}	0.285 525
					2. 人口密度 D_{29}	0.247 201
					3. 人口自然增长率 D_{30}	0.172 934
					4. 文化水平 D_{31}	0.158 012
					5. 机动道路密度 D_{32}	0.076 69
					6. 通电率 D_{33}	0.059 638
			经济子系统 C_6	0.140 234	1. 通过坝系收入占农业总收入 D_{34}	0.292 942
					2. 人均纯收入 D_{35}	0.261 549
					3. 恩格尔系数 D_{36}	0.175 842
					4. 人均产粮 D_{37}	0.126 953
					5. 土地生产率 D_{38}	0.080 58
					6. 产业结构变化指数 D_{39}	0.062 134

三、和谐度的计算方法

根据西安交通大学席酉民教授提出的和谐理论和层次分析法，我们对黄土高原小流域坝系和谐度进行评价，在确定指标体系以及相应的权数之后，便可以运用综合指数法对基础数据进行分析处理。首先对数据做标准化处理，将原本不同计量单位和不同计算比例的数值无量纲化；而后将所获得的标准化结构正值化，逆向指标的数值一般为负，乘以 -1 之后，使得绝大部分的指标表现为正值；最后根据评价指标所处的子系统来确定其权数并加总求和或求积，计算出单项权数之后，进而综合计算小流域坝系评价和谐度。

（一）淤地坝系统和谐度

1. 坝系建设子系统和谐度（C_1）

坝系建设子系统和谐度的计算公式如下：

$$C_1 = \sum_{i=1}^{5} D_i W_i \tag{7-48}$$

式中：C_1 为坝系建设子系统和谐度；D_1 为单位面积的骨干坝数量的标准值，W_1 为它的权重；D_2 为单位面积的淤地坝数量的标准值，W_2 为它的权重；D_3 为中小型淤地坝与骨干坝配置比例的标准值，W_3 为它的权重；D_4 为坝系控制总面积（主要是骨干坝）的标准值，W_4 为它的权重；D_5 为单位面积小型蓄水工程个数的标准值，W_5 为它的权重。

2. 坝系效益子系统和谐度（C_2）

坝系效益子系统和谐度的计算公式如下：

$$C_2 = \sum_{i=6}^{15} D_i W_i \tag{7-49}$$

式中:C_2 为坝系效益子系统和谐度;D_6 为坝系总库容的标准值,W_6 为它的权重;D_7 为坝系拦泥库容的标准值,W_7 为它的权重;D_8 为坝系已淤库容的标准值,W_8 为它的权重;D_9 为坝系设计可淤地面积的标准值,W_9 为它的权重;D_{10}为坝系已淤地面积的标准值,W_{10}为它的权重;D_{11}为坝系利用面积的标准值,W_{11}为它的权重;D_{12}为坝系保收面积的标准值,W_{12}为它的权重;D_{13}为坝系可蓄水量的标准值,W_{13}为它的权重;D_{14}为坝系可灌溉面积的标准值,W_{14}为它的权重;D_{15}为实际灌溉面积的标准值,W_{15}为它的权重。

3. 坝系安全子系统和谐度(C_3)

坝系安全子系统和谐度的计算公式如下:

$$C_3 = \sum_{i=16}^{21} D_i W_i \tag{7-50}$$

式中:C_3 为坝系安全子系统和谐度;D_{16}为坝系总防洪库容的标准值,W_{16}为它的权重;D_{17}为坝系防洪能力的标准值,W_{17}为它的权重;D_{18}为坝系病险坝座数的标准值,W_{18}为它的权重;D_{19}为降雨量的标准值,W_{19}为它的权重;D_{20}为安全比(中小型坝垮坝数占总数量)的标准值,W_{20}为它的权重;D_{21}为洪水量的标准值,W_{21}为它的权重。

4. 淤地坝坝系系统和谐度(B_1)

为了使小流域坝系监测评价系统评价指标能够全面地反映坝系建设、效益和安全情况,我们认为采用加权乘方法计算和谐度较为适宜,即淤地坝坝系系统和谐度的计算公式如下:

$$B_1 = C_1^{S_1} C_2^{S_2} C_3^{S_3} \tag{7-51}$$

式中:B_1 为淤地坝坝系系统和谐度;C_1 为坝系建设子系统和谐度,S_1 为它的权重;C_2 为坝系效益子系统和谐度,S_2 为它的权重;C_3 为坝系安全子系统和谐度,S_3 为它的权重。

(二)生态、社会、经济系统和谐度

1. 生态子系统和谐度(C_4)

生态子系统和谐度的计算公式如下:

$$C_4 = \sum_{i=22}^{27} D_i W_i \tag{7-52}$$

式中:C_4 为生态子系统和谐度;D_{22}为水土保持治理度的标准值,W_{22}为它的权重;D_{23}为土地利用率的标准值,W_{23}为它的权重;D_{24}为土壤侵蚀模数的标准值,W_{24}为它的权重;D_{25}为坡面治理度的标准值,W_{25}为它的权重;D_{26}为梯田占总面积比例的标准值,W_{26}为它的权重;D_{27}为林草覆盖度的标准值,W_{27}为它的权重。

2. 社会子系统和谐度(C_5)

社会子系统和谐度的计算公式如下:

$$C_5 = \sum_{i=28}^{33} D_i W_i \tag{7-53}$$

式中:C_5 为社会子系统和谐度;D_{28}为劳力占总人口数的标准值,W_{28}为它的权重;D_{29}为人口密度的标准值,W_{29}为它的权重;D_{30}为人口自然增长率的标准值,W_{30}为它的权重;D_{31}为文化水平的标准值,W_{31}为它的权重;D_{32}为机动道路密度的标准值,W_{32}为它的权重;D_{33}为通电率的标准值,W_{33}为它的权重。

3. 经济子系统和谐度(C_6)

经济子系统和谐度的计算公式如下:

$$C_6 = \sum_{i=34}^{39} D_i W_i \tag{7-54}$$

式中：C_6 为经济子系统和谐度；D_{34} 为通过坝系收入占农业总收入的标准值，W_{34} 为它的权重；D_{35} 为人均纯收入的标准值，W_{35} 为它的权重；D_{36} 为恩格尔系数的标准值，W_{36} 为它的权重；D_{37} 为人均产粮的标准值，W_{37} 为它的权重；D_{38} 为土地生产率的标准值，W_{38} 为它的权重；D_{39} 为产业结构变化指数的标准值，W_{39} 为它的权重。

4. 生态、社会、经济系统和谐度(B_2)的计算

为了使小流域坝系监测评价系统评价指标能够全面地反映小流域社会经济发展状况、资源环境支持能力与容量，我们认为采用加权乘方法计算和谐度较为适宜，即生态、社会、经济系统和谐度计算公式如下：

$$B_2 = C_4^{S_4} C_5^{S_5} C_6^{S_6} \tag{7-55}$$

式中：B_2 为生态、社会、经济系统和谐度；C_4 为生态子系统和谐度，S_4 为它的权重；C_5 为社会子系统和谐度，S_5 为它的权重；C_6 为经济子系统和谐度，S_6 为它的权重。

(三)坝系系统和谐度的计算

为了使小流域坝系监测评价系统评价体系能够全面、系统地反映流域内的生产情况、生活情况、生态情况，尤其是坝系的相对稳定情况，我们认为采用加权乘方法计算系统和谐度较为适宜，即小流域坝系系统和谐度计算公式如下：

$$A = B_1^{q_1} B_2^{q_2} \tag{7-56}$$

式中：A 为坝系系统和谐度；B_1 为淤地坝坝系系统和谐度，q_1 为它的权重；B_2 为生态、社会、经济系统和谐度，q_2 为它的权重。

这样综合而成的系统和谐度 A，能比较客观地体现对系统和谐性的综合。即无论两个指数中某一项如何大，只要有一项偏小，指数均能灵敏地体现出来。这就要求小流域的和谐发展必然建立在坝系相对稳定、生产发展、生活富裕、生态良好的基础上，在小流域社会经济发展的过程中，不仅要求坝系安全、经济，同时要有目的地通过增加社会投入，使资源与环境再生产和人口与经济再生产有机地结合起来，不断增强资源的承载力，扩大环境容量。

可见，综合指数法通过分类、加权，对指标进行无量纲化处理，其结果应该能科学地反映客观情况，具有很强的可比性。若将计算所得的和谐度进行历史对比，可以反映小流域坝系的发展动态，若进行不同坝系对比，则可以反映不同坝系的和谐水平。综合指数法将多个指标通过权数进行整合，所以也就具备了平均数的基本特征，能够把个别差异抽象化，而显示出地区可持续发展的一般水平。因此，运用综合指数法所获得的评价系统的基本标准，必将更好地发挥其在小流域坝系评价系统中的重要作用。

四、和谐性评价

小流域坝系系统的最终目标是实现系统的和谐，即坝系稳定、生产发展、生活富裕、生态良好的现代化。这个过程需要分阶段完成，现阶段的核心目标是坝系相对稳定、消除贫困、实现小康、改善生态、保护环境，最终不断扩大环境容量，使小流域坝系系统实现可持续和谐发展，人与自然和谐相处。因此，我们在制定评估标准时，坝系指标是以相对稳定的要求作为参照值；社会、经济指标是以富裕型小康社会可持续的基本要求为主，结合具体情况进行确定；生态指标是以小流域综合治理验收标准为主，参照了流域内的生态与环境状况，来制

定相应的参考值。根据小流域坝系要求特制定以下评价标准:

(1)和谐度如果为 $H=1$,则系统处于完全和谐的状态。只有各项指标均达到或超过了参照值,其系统的和谐度才达到1,说明该流域坝系的资源环境具备了生态支持能力,社会经济发展步入了可持续发展的轨道,这也是小流域坝系的理想状态,即小流域坝系实现坝系稳定、生产发展、生活富裕、生态良好的局面。

(2)和谐度 $H\in[0.8,1]$,我们认为小流域坝系处于基本和谐状态,坝系处于基本稳定、生产可以发展、生活基本富裕、生态较良好的状态。

(3)和谐度 $H\in[0.6,0.8]$,我们认为小流域坝系处于近和谐状态,小流域坝系中可能有某一些因素使系统不能够完全达到和谐,需要我们找出相关的因素来加以调整或进行必要的投入使系统达到和谐。

(4)和谐度 $H\in[0,0.6]$,我们认为小流域坝系处于不和谐状态,小流域坝系中大部分因素不具备和谐状态,需要从整个系统出发来进行坝系规划、生产规划、生态规划,对于不适宜于生活的区域甚至可以进行生态移民。

小流域坝系工程是一个多层次的综合系统,包含众多子系统及子子系统,范围极广,不同层次的子系统有其各自不同的评价标准,不同的经济社会现象也有不同的评价指标,根据分析目的和对象的不同而有所不同。因此,本节着重于基本标准建立的研究,所以分析评价标准是针对小流域坝系工程的评价标准,是整体评价中最基本的标准。

通过上述综合指标的建立以及综合指数法应用的详细说明,对于评价系统基本标准的建立有了较完整的研究。需要指出的是,虽然在项目研究过程中,不仅对综合指标的建立做技术上的讨论,而且着重于理论上的分析,在分析综合指数法时,所提出的这套指标体系,不仅在分析方法上应用,而且要对评价系统的基本标准做出任何明确的数量界定,但是由于研究仅仅局限在一条流域,而且因为在短短的两年时间里,无论应用综合指标法还是综合指数法建立评价系统的基本标准,都要真正反映小流域坝系工程可持续发展的和谐状态,构建出完善的指标或指标体系,仍然需要研究者从理论到实践上做出孜孜不倦的努力,而不是一朝一夕就可以完成的工作。要得到理论界的认可和接受,并获得广泛的应用,还需要专家学者进行大量的讨论,这也不是一个短期的工作。另外,随着经济发展,可持续发展概念、坝系理论、和谐理论的不断完善,以及各种新情况的出现,综合指标和指标体系的建立也必须随之做出调整,以适应新时代发展的新要求。这说明评价系统作为大核算的重要功能系统,其基本标准的建立是一个动态的过程,是一个不断完善的过程,需要大量的工作和长期的研究。因此,本书着重对基本标准的构建原理进行阐述分析,以待抛砖引玉。

第八章 小流域坝系评价实例分析

第一节 王茂沟小流域坝系监测研究区概况

一、研究区位置及概况

项目研究区位于陕西省绥德县城北约5 km,是无定河中游左岸的韭园沟流域一级沟道王茂沟流域,流域总面积5.97 km^2,地理位置介于东径110°20′26″~110°22′46″,北纬37°34′13″~37°34′03″,主沟长3.75 km,沟道平均比降2.7%,沟壑密度4.31 km/km^2,流域海拔在940~1 188 m。

二、自然概况

(一)地形地貌

流域地处水土流失严重的陕北黄土高原,属黄土丘陵沟壑区第一副区。地面组成物质分为两部分,即基岩和土状堆积物,前者主要是三叠纪砂页岩,干沟和较大支沟都切入岩层,干沟尾部极少数支沟两侧有岩壁出露,大部分沟道由于淤地坝泥沙淤积基岩被压埋。岩层以上土状堆积物为第四纪紫红色黏土,在少数沟坡下零星分布。黄土分布最广,是本区农业生产的主要土类,也是被侵蚀主体,垂直节理发育,颗粒均匀,黏粒含量低,土粒间胶结力很弱,有机质含量低,一般只有0.17%~0.33%,氮素缺乏,一般只含0.015%~0.027%,土性疏松,抗蚀性低,黄土直接覆盖于基岩或红色黏土上,是构成本流域地貌的骨架。

流域内丘陵起伏,沟壑纵横,土壤侵蚀极为剧烈,土地类型复杂,由分水岭至沟底可分为梁峁坡、沟谷坡和沟谷底三部分。梁峁坡位于峁边线以上,坡面较完整,顶部较平坦;沟谷坡位于峁边线以下,是冲沟、崩塌及多种重力作用活跃的地方;沟谷底沟蚀严重,表现为沟底下切、沟岸扩张和沟头前进。通过1:1万 DEM 数据高程图形量算,按照有关规范分级,流域地面坡度分类见表8-1。

表8-1 王茂沟流域地面坡度分类

坡度	0°~15°	16°~25°	26°~35°	>35°
所占比例(%)	8.6	20.1	40.9	30.4

(二)自然资源

1. 土地资源

流域总面积597 hm^2,耕地面积252.8 hm^2,其中农坡地面积114.1 hm^2,占耕地面积的45.1%,农坡地贫瘠,产量很低;“三田”面积138.7 hm^2,占耕地的54.9%,是流域主要的粮食生产基地。

2. 动物资源

截至2005年底,大家畜50头,羊220只,猪10头;另有各户分散的家禽如鸡、兔等;野生动物分布较少,有野兔、松鼠、岩鸽、灰斑等。

3. 光热资源

流域内多年平均太阳辐射时数为2 615 h,辐射总量为132.49 kcal/cm^2,其中生理辐射量为66.25 kcal/cm^2,占总量的50%,春夏二季的辐射量占全年的63%,此间正值作物生长期,有利于作物光合作用。目前光合利用率颇低,只有提高了光合利用率才能提高光合生产力,而光合利用率的提高速度主要取决于作物品种。

(三)气象水文

该流域属温带半干旱大陆性季风气候,春季干旱多风,夏季炎热,秋季凉爽,冬季严寒,四季分明,温差较大,日照充足。据多年观测统计,年均气温10 ℃左右,最高39 ℃,最低-27 ℃,日温差28.7 ℃左右,日均气温≥10 ℃的活动积温为3 499.2 ℃;多年平均无霜期150~190 d;水面蒸发量年均1 519 mm,最大1 600 mm。风向除汛期多为东南风外,其余月份都为西北风,七级以上大风年均出现47次,最大风速40 m/s。干旱、冰雹等自然灾害频繁。

1. 降水

据黄河水土保持绥德治理监督局多年实测资料统计,平均降水量475.1 mm,年际变化大,多雨的1964年达735.3 mm,少雨的1956年仅232 mm,相差3倍多。年内分配极不平衡,7~9月三个月占全年降水的64.4%,且多为暴雨出现,历时短、强度大、灾害严重。

2. 径流

据王茂沟沟口站1954~1990年的实测资料分析,多年平均径流量为275万m^3,径流深为39.2 mm。径流随降水而变化,丰水的1977年径流总量为1 476万m^3,枯水的1995年只有108万m^3,相差13倍之多。径流主要来源于降雨及所产生的洪水,7~9月三个月径流总量占全年总量的60%以上,流域多年平均流量0.114 m^3/s,多年平均常流水量为20~60 L/s。

3. 泥沙

王茂沟多年平均输沙量为59.1万t,最大年输沙量959万t(1977年),最小年输沙为0(2001年)。泥沙来源于洪水,洪水集中在汛期,年输沙又主要来源于1~2次洪水。

(四)土壤侵蚀特征

流域内以水蚀、风蚀、重力侵蚀为主,侵蚀形态一般在分水岭、梁峁顶部5°以下平缓地段,以面蚀为主;梁峁坡上部及峁顶地以下的延伸地带坡度较缓,以细沟侵蚀为主,伴随有浅沟发生;梁峁坡中下部地形较为复杂,坡度在20°~25°,细沟侵蚀进一步发育,以浅沟侵蚀为主,伴随有坡面切沟与陷穴发生;在较陡的谷坡或接近沟头陡崖部分,疏松的黄土层受外界因素影响,内部抗剪强度减少,土体失去稳定平衡,发生滑坡、崩塌、泻溜三种侵蚀形态,分布范围虽小,侵蚀速度快。根据我站多年淤地坝淤积测量结果分析,流域多年平均侵蚀模数为1.8万t/(km^2·a)。

三、社会经济情况

(一)行政区划

王茂沟流域位于绥德县韭园乡,为一个行政村,距绥德县城11 km。

（二）人口和劳力

据调查，截至 2005 年底，流域共有人口 863 人，在总人口中，农业人口 861 人，人口密度为 145 人/km^2，总劳力 322 人。

（三）土地与耕地

流域总土地面积 597 hm^2，耕地 252.8 hm^2，人均耕地 0.29 hm^2，人均"三田"0.16 hm^2。从近几年的统计数字分析，流域农业人均粮食 375.4 kg。

（四）经济水平

流域经济水平低下，主要经济收入以农业生产为主，据统计，2005 年流域农业总产值 29.7 万元，人均收入 760 元。

四、水土流失情况

（一）土壤侵蚀方式

流域内土壤侵蚀按营力作用可分为水蚀、重力侵蚀和洞穴侵蚀三种方式。

1. 水蚀

（1）雨滴溅蚀：在梁峁坡顶，由于坡面平缓、地表径流少，雨滴溅蚀是主要的，侵蚀作用使表土结构破坏，形成雨滴斑痕和薄层泥浆，产生结皮现象，这是导致细沟侵蚀的主要原因。雨滴溅蚀的侵蚀部位以梁峁坡顶为主。

（2）细沟侵蚀：由于薄层地表径流的产生，地表面有大量的纹沟出现，随着汇水面积的增加，纹沟中的薄层水流经过袭击兼并汇聚成股流，形成细沟侵蚀。细沟侵蚀形态有浅沟、切沟、悬沟侵蚀，均呈线状切入坡面。侵蚀结果是坡面支离破碎、坎坷不平。侵蚀部位以梁峁坡面为主。

（3）沟蚀：沟蚀包括冲沟和切沟侵蚀，它是细沟侵蚀的发展结果。其特点是有较大的形体和明显的谷形，发生部位介于梁峁之间，侵蚀作用表现为沟底下切、侧蚀、溯源等形式，由于沟谷汇集的坡面流水切入了黄土层中，侵蚀机理活跃，泥沙流失严重。沟蚀主要发生在流域内的沟道和沟头地段。

（4）洞穴侵蚀：洞穴侵蚀主要表现形式为陷穴、盲沟和串洞，它是径流渗入地下产生的一种侵蚀形态，多发生在地表松散、地表径流充足且有足够表流渗入的谷头、源头附近。峁坡下扩大后形成暗洞、陷穴、盲沟和串洞等，这是沟头前进和沟岸扩张的前奏。

2. 重力侵蚀

重力侵蚀多发生在沟谷边坡，侵蚀形态主要有滑坡、崩塌、泻溜等，侵蚀作用主要是沟谷扩展，沟间缩小、地面破碎和下切侧蚀。侵蚀部位多在沟谷、沟缘断面。

3. 风蚀

由地形地貌因素和气候条件决定其侵蚀形态，主要表现为吹扬、沉积和循环过程，主要特点是移动性大、侵蚀发展较快。

（二）土壤侵蚀形态分析

土壤侵蚀方式随着地形地貌形态的变化，在水平和垂直方向有着明显的变化，这对治理措施的配置有重要的指导意义。

1. 梁峁坡

梁峁坡顶端坡度多在 5°以下，坡长 10 ~ 20 m，侵蚀以溅蚀和面蚀为主。梁峁坡上部，坡度在20°以下，坡长20～30 m，侵蚀形态以细沟侵蚀为主，伴随有浅沟侵蚀发生。梁峁坡中下部地形比较复杂，坡度在20°～30°，坡长15～20 m，细沟侵蚀进一步发育，以浅沟侵蚀为主，间有坡面切沟和陷穴侵蚀发生。该区侵蚀模数据多年试验为7 800 t/(km^2·a)。

2. 沟谷坡

沟谷坡是沟缘线以下至坡脚线以上部分，这部分地形极为复杂，各种侵蚀形态兼备，但以切沟侵蚀、重力侵蚀及洞穴侵蚀为主，是剧烈侵蚀区，侵蚀模数据多年试验为13 170 t/(km^2·a)。谷坡侵蚀受梁峁坡来水影响很大，若控制坡面来水，谷坡侵蚀量将大大减少。因此，治理好沟间地是治理好谷坡地的前提和基础。

3. 沟谷底

坡脚线以下至流水线地段，包括沟条地和沟床地两部分，侵蚀以沟岸扩张、沟底下切及溯源侵蚀为主，各种侵蚀形态兼备，为剧烈侵蚀，侵蚀模数据多年试验为23 640 t/(km^2·a)。

（三）土壤侵蚀特点

本区由于受水力侵蚀和重力侵蚀交替作用，梁峁地带由面（片）蚀向细沟和浅沟侵蚀演化，并进一步发展成切沟，最后形成冲沟。冲沟形成后，地面切割进一步加剧，地面坡度变陡，重力侵蚀加剧。

从侵蚀部位来看，地貌类型按基本地貌单元可划分为沟间地和沟谷地两类。沟间地的梁峁顶部，坡度平缓；下部坡度逐渐增大，变化于5°～15°；由梁峁再向沟谷方向延伸进入梁峁斜坡段，坡度为15°～25°，呈现细沟、浅沟等侵蚀形态；在峁边附近坡度变缓，在潜蚀作用下，陷穴等洞穴侵蚀发育。沟谷地中的谷坡较梁峁坡陡，多在20°～70°，谷坡重力侵蚀严重，40°以下坡面常有泻溜；40°以上多崩塌、滑坡，是重力侵蚀带。土壤侵蚀强度沟谷地大于沟间地，侵蚀方式以沟蚀和重力侵蚀为主，这是该流域土壤侵蚀的重要特点。

（四）土壤侵蚀强度划分

土壤侵蚀强度划分，可根据利用形态和成因相结合的原则。按照侵蚀形态分布规律、现有治理措施的分布、侵蚀地貌的差异，依据流域地貌，从峁顶到谷底有明显的三条界限，即峁顶分水线、沟缘线及谷坡与坝地（沟底）交接的坡角线，把地貌分成两个区域，再根据治理措施和侵蚀模数作为侵蚀程度的示意指标进行划分。

（1）微度侵蚀区（Ⅰ）：分布在主沟及支沟的坝地、堰窝地、小片水地、沟条地等，覆盖度大于90%的林草地和石质沟床。面积0.42 km^2，占总面积的7.4%。该区为泥沙堆积区，年侵蚀模数小于1 000 t/km^2。

（2）轻度侵蚀区（Ⅱ）：分布在沟间地内的水平、隔坡梯田以及树龄在5年以上覆盖度大于70%的林草地和坡度小于10°的坡地。面积1.49 km^2，占总面积的26.3%。侵蚀形态主要有溅蚀、面蚀及细沟侵蚀，年侵蚀模数在1 000～2 500 t/km^2。

（3）中度侵蚀区（Ⅲ）：分布在有治理措施的谷坡地、坡度大于10°的未治理坡地、覆盖度小于50%的林草地。年侵蚀模数为2 500～5 000 t/km^2。这部分面积为0.66 km^2，占总面积的11.6%。

（4）强度侵蚀区（Ⅳ）：分布在有治理措施的坡度大于15°的荒坡陡崖和经过生物工程措施治理后的切沟、悬沟、滑塌、陷穴等。由于沟间地治理尚未达到标准，侵蚀依然严重，年侵蚀模数为5 000～8 000 t/km^2。面积为1.93 km^2，占总面积的34.0%。

(5)极强度侵蚀(Ⅴ):分布在沟间地没有治理的坡地下部。该区坡面较完整,地面坡度大于25°,年侵蚀模数为8 000 ~ 15 000 t/km^2。面积约1.10 km^2,占总面积的19.4%。

(6)剧烈侵蚀区(Ⅵ):包括没有治理的谷坡和各级沟道上游及源头,重力侵蚀活跃,水流沟蚀严重,年侵蚀模数为15 000 ~ 37 000 t/km^2。面积为0.09 km^2,占总面积的1.6%。

(五)水土流失成因分析

1. 自然因素

该流域地质构造复杂、土壤质地疏松、地形起伏、地面破碎、降雨集中且多暴雨、植被稀疏等都给土壤侵蚀提供了有利的条件。

(1)地质地貌因素。流域地处鄂尔多斯台地倾斜的南部区域,以上升为主的新构造运动,相对降低了侵蚀基点,从而加剧了水流侵蚀与切割,其结果又强化了地面的起伏强度,构成了侵蚀发展的地貌基础,加之覆盖物是疏松的黄绵土,又为侵蚀提供了丰富的物质条件。

(2)土壤因素。土壤质地组成直接影响着侵蚀的发生和发展,流域土壤类型主要是绵沙土、风沙土和黄绵土,土层厚,新黄土质地疏松,内含可溶性盐类,垂直节理发育,在暴雨条件下,易引起面蚀和潜蚀,下部老黄土黏性大、质硬,有垂直节理,易发生沟蚀、溶蚀和重力侵蚀。

(3)气候因素。地处温带寒冷半干旱地域,区内盛行暴雨是导致水土流失的主要外营力,降雨集中、暴雨多、强度大,常常引起剧烈的水土流失。

2. 人为活动因素

自然地理特征构成了水土流失的潜在条件因素,而人类不合理的社会经济活动,又加剧了水土流失的进程。

1)历史时期人类活动的影响

黄土高原曾广布草原与森林,但人类的生产活动和战争,使天然草原、森林泯失,接踵而来的就是严重的水土流失,造成当今举世瞩目的严重流失区。新中国成立后,虽经治理,但仍未达到理想效果。

2)近年来人类活动的破坏影响

该流域自20世纪50年代以后就是全国的治理典型和沟道坝系样板流域,国家在80年代以前曾投入了较多的资金,布设了各类水土保持措施,流域内的自然环境得到了很大改善,土地利用结构日趋合理,水土流失有效控制,基本上达到了洪水不出沟。近20年来由于农村机制的改变,国家投资锐减,治理措施大面积破坏,梯田年久失修,失去了水土保持作用和效益;坡面林草全部退化和破坏,仅留下部分经济林,水保效益较低。流域内淤地坝多数淤满,失去防洪能力;农地上山,广种薄收的经营方式得以恢复。同时,随着人口的增长和基本建设,新的水土流失日趋严重。

五、水土保持治理及坝系建设现状

(一)沟道坝系工程建设现状

王茂沟流域坝系建设经过初建、改建、调整三个阶段,从20世纪50年代初起,沟道坝系工程作为流域水土保持综合治理的主要措施之一,开始试验示范,首先在主沟和较大支沟修建第一座坝,淤满后在其上游建第二座拦洪坝,如此上蓄下种依次由下而上以一定时序建设淤地坝42座,1961年洪水漫顶坝数22座,1963年又冲毁10座,坝系遭到严重破坏。1964 ~ 1979年在北方农业会议精神的鼓舞下,随着水坠筑坝技术的推广应用,大规模修库建坝的群众运动全面展开，沟道坝系工程在此期间得到空前的发展，该流域淤地坝进行了全面的改建。其建设特点为“小多成群、小型为主、蓄种并行”，支毛沟多数为全拦全蓄的“死葫芦”坝，干沟大坝多设溢洪道，但设计标准低、泄洪能力差、工程安全性差，其中生产坝用10年一遇暴雨洪水设计，拦洪坝采用20年一遇暴雨洪水设计，改建后1977年暴雨洪水又损坏29座，占总坝数的64.4%，其中垮坝9座，占总坝数的20%，从而暴露出了坝系的防洪标准低、布局不合理、工程不配套。1979年以后，根据坝系安全防洪生产的要求，对沟道坝系进行调整，生产坝按20年一遇设计洪水标准，骨干坝按50年一遇设计洪水标准加高加固，采用小坝并大坝，大小结合，骨干控制，以库容制胜，有效地拦蓄了洪水泥沙，进一步扩大了坝地面积，将坝库调整为45座，其中淤地坝40座，骨干坝5座，坝高大于20 m的有5座，15~20 m的有6座，10~15 m的有17座，5~10 m的有12座，小于5 m的有5座，形成了比较完整的坝系，总库容320.82万m^3，已淤库容176.18万m^3，可淤地40 hm^2，已淤地30.3 hm^2，人工填平造地3.0 hm^2。坝系经过调整加固后，在布局上得到调整改进，拦蓄能力有较大提高。90年代以后，在沟道坝系工程调整的基础上，进一步充实提高其防洪拦泥和生产能力，采取蓄种相间，分期加高加固配套，按20~30年一遇洪水标准设计，200~300年一遇洪水校核，增加防洪库容，提高坝系防洪保收能力，进一步充实完善沟道坝系。经过50多年的沟道坝系建设，截至2005年底，王茂沟流域有各类淤地坝工程22座，其中骨干坝2座，中型坝5座，小型坝15座，总库容259.6万m^3，可淤面积32.6 hm^2，已淤25.3 hm^2，现利用22.8 hm^2，利用率90.1%，相对稳定系数1/23，基本形成小多成群、骨干控制的格局。调查中发现，大多数坝库再次淤满，急须加高、加固和配套。

（二）水土保持综合治理现状

1. 基本农田

对流域水保措施进行了实地调绘，分三级控制量算，结果显示，截至2005年底，“三田”面积保存138.71 hm^2，其中水地0.71 hm^2，占“三田”面积的0.5%；坝地25.5 hm^2，占“三田”面积的18.4%；梯田是该流域基本农田建设中面积最多的，共有112.5 hm^2（包括5.2 hm^2台地），占“三田”面积的81.1%。

2. 林草措施

据调查，至2005年底流域内共造林253.9 hm^2，其中乔木林11.4 hm^2，占林地面积的4.5%；灌木林199.5 hm^2，占林地面积的78.6%；混交林7.3 hm^2，占林地面积的2.9%；经济林（包括果园等）35.7 hm^2，占林地面积的14.1%。

灌木林种主要有柠条、紫穗槐和桑树等；用材林树种有柳树、榆树、刺槐、杨树等；经济林木主要有：苹果、枣树、梨、山杏等。草本植物资源，据勘测统计，流域目前仅保存草地面积22.60 hm^2，大都为2003年国家退耕还林还草开展后新上的草地，品种主要为紫花苜蓿等。

（三）流域主要治理经验

1953年，提出“由上而下的防冲治理和自下而上的沟壑控制拦泥蓄水发展灌溉”方略，即25°以下的坡地为农区及水果区，26°~35°坡地为人工草地和干果区，30°以上及峁顶为林区，畜牧发展以饲牧为主。现在看来，这些技术路线虽不完全正确，但毕竟为当时治理工作的开展指出了方向，迈出了第一步。

经过试验、示范实践，到1957年，又提出了该区发展农业生产应是“全面规划，农林牧综合发展”，并提出解决粮食问题的关键是蓄水保土发展水利，种草发展畜牧解决肥料，配合草、树、蚕桑合理利用土地，并提出必须自上而下从峁顶到坡面和自下而上的沟壑治理配合。措施配置上，突破性地改变地埂为水平梯田，草木樨、刺槐、苹果大面积推广，开始推行水保耕作法。

从20世纪60年代开始，水土保持治理技术路线渐趋成熟，较完整地提出了“从单一农业经济过渡到农林牧副综合发展和治理措施上的综合治理、连续治理、沟坡兼治、以农为主，建牧促农，以林促牧，大力兴建基本农田，提高单位面积产量”。同时，在措施的布局上提出“梁峁坡面兴修田间工程，造林种草，沟谷坡种草及沟谷兴修小淤地坝，沟谷底兴建大中型淤地坝的三道防线”。

20世纪70年代以来，三道防线内容更加完善，较明确地提出以小流域为单元，进行综合治理，实行工程措施与生物措施、水土保持耕作措施相结合，治坡与治沟相结合等一系列水土保持技术体系。

通过综合治理实践，水土流失基本得到控制，土地利用及产业结构趋于合理，经济收入显著提高，人民群众生活水平有所改善，人均纯收入、粮食年拥有量等主要指标均高于当地平均水平。

第二节　小流域坝系指标要素计算

一、王茂沟小流域坝系评价指标的计算

（一）淤地坝系统

1. 坝系建设子系统

（1）单位面积的骨干坝数量（D_1）。本流域内骨干坝共2座，其单位面积的骨干坝数量为：$P_1 = 2/5.97\ km^2 = 0.335$ 座/km^2。根据骨干坝的有关规定，其参考值为 $T_1 = 0.333$ 座/km^2，因此 $D_1 = 1$。

（2）单位面积的淤地坝数量（D_2）。王茂沟流域现在的单位面积淤地坝为 $P_2 = 22/5.97 = 3.69$（座/km^2）。根据本流域研究多年的情况，目前情况下流域处于相对稳定状态，即说明本指标已经达到了合理的要求。因此，其参考性指标为 $T_2 = 3.7$ 座/km^2，则 $D_2 = 3.69/3.7 = 0.997$。

（3）中小型淤地坝与骨干坝配置比例（D_3）。王茂沟流域内的中小型淤地坝与骨干坝配置比例为 $P_3 = 22$ 座/2 座 $= 11$。其参考值为 $T_3 > 7$，所以 $D_3 = 1$。

（4）坝系控制总面积（主要是骨干坝）（D_4）。王茂沟流域现在的坝系控制总面积为 $P_4 = 5.88\ km^2$，而我们试图让它能控制所有的面积，也就是说我们的参考指标是 $T_4 = 5.97\ km^2$，所以该坝系控制总面积的指标为 $D_4 = 5.88/5.97 = 0.98$。

（5）单位面积小型蓄水工程个数（D_5）。王茂沟小流域的单位面积小型蓄水工程个数 $P_5 = 0$。要使小流域系统经济、社会、生态能够和谐发展，又使目标能够实现，我们把该指标定为80%，即 $D_5 = P_5/T_5 = 0$。

2. 坝系效益子系统

（1）坝系总库容（D_6）。王茂沟流域目前的总库容为 $P_6 = 260.9$ 万 m^3。在目前的评价

中参考值只能是不变值,但由于小流域坝系建设是动态变化的过程,该指标是可能变化的,因此本次评价中 $D_6=1$。

(2)坝系拦泥库容(D_7)。王茂沟流域坝系拦泥库容为 $P_7=216.1$ 万 m^3,其参考值 $T_7=P_6$,因此 $D_7=P_7/T_7=0.83$。

(3)坝系已淤库容(D_8)。王茂沟流域坝系已淤库容 $P_8=163.8$ 万 m^3,其参考值可以选择拦泥库容 $T_8=P_7$,其 $D_8=P_8/T_8=0.76$。

(4)坝系设计可淤地面积(D_9)。本指标王茂沟流域的数值 $P_9=32.99\ hm^2$,因为此指标值为可能的数值,在目前的评价中参考值只能是不变的值,但由于小流域坝系建设是动态变化的过程,该指标是可能变化的,因此本次评价中 $D_9=1$。

(5)坝系已淤地面积(D_{10})。王茂沟流域的已淤地面积 $P_{10}=25.53\ hm^2$,其参考值我们选择坝系设计可淤地面积值即 $T_{10}=P_9$,故 $D_{10}=P_{10}/T_{10}=0.77$。

(6)坝系利用面积(D_{11})。王茂沟流域的坝系利用面积 $P_{11}=23.07\ hm^2$,其参考值我们选择坝系已淤地面积即 $T_{11}=P_{10}$,故 $D_{11}=P_{11}/T_{11}=0.90$。

(7)坝系保收面积(D_{12})。王茂沟流域的坝系保收面积 $P_{12}=14.72\ hm^2$,其参考值我们选择坝系利用面积即 $T_{12}=P_{11}$,故 $D_{12}=P_{12}/T_{12}=0.64$。

(8)坝系可蓄水量(D_{13})。因为我们目前这一指标只有本底值,其 $P_{13}=0$,因此 $D_{13}=0$。

(9)坝系可灌溉面积(D_{14})。王茂沟小流域内的坝系可灌溉面积 $P_{14}=0$,因为此指标值为可能的数值,在目前的评价中参考值只能是不变的值,但由于小流域坝系建设是动态变化的过程,该指标是可能变化的,因此本次评价中 $D_{14}=0$。

(10)实际灌溉面积(D_{15})。王茂沟流域实际灌溉面积 $P_{15}=0$,参照值我们选了 $T_{15}=P_{14}$,则 $D_{15}=P_{15}/T_{15}=0$。

3. 坝系安全子系统

(1)坝系总防洪库容(D_{16})。我们目前仅有本底数据,由于王茂沟流域基本处于相对稳定状态,因此参照值我们也选择目前的本底数据。当前坝系总防洪库容 $P_{16}=97.1$ 万 m^3,则其 $D_{16}=1$。

(2)坝系防洪能力(D_{17})。王茂沟流域(经计算,王茂沟流域1号骨干坝可抵御100年一遇洪水,2号骨干坝可抵御500年一遇洪水)的坝系防洪能力 $P_{17}=100$ a。参照值为 $T_{17}=30$ a。则 $D_{17}=1$。

(3)坝系病险坝座数(D_{18})。王茂沟流域内的病险坝座数 $P_{18}=0$(目前王茂沟无病险坝),该指标的参照值就是 $T_{18}=0$,则 $D_{18}=(\text{总坝数}-P_{18})/(\text{总坝数}-T_{18})=1$。

(4)降雨量(D_{19})。王茂沟流域内2005年汛期降雨量为 $P_{19}=250.1$ mm,可参考值为王茂沟多年平均汛期降雨量 $T_{19}=317.8$ mm(35年的汛期降雨量平均值),则 $D_{19}=P_{19}/T_{19}=0.79$。

(5)安全比(中小型坝垮坝数占总数量)(D_{20})。王茂沟流域内的安全比 $P_{20}=0$。这一数量的参照值 $T_{20}=0$,则 $D_{20}=(1-T_{20})-P_{20}=1$。

(6)洪水量(D_{21})。王茂沟流域内2005年洪水量为 $P_{21}=0$(2005年无洪水),可参考值为王茂沟多年平均洪水量值 $T_{21}=45\ 700\ m^3$,则 $D_{21}=1$。

(二)生态、社会、经济系统

1. 生态子系统

(1)水土保持治理度(D_{22})。王茂沟流域属黄土丘陵沟壑区第一副区,是世界上水土流失最严重的地区之一，其通过多年的水土保持治理，水土保持治理度为 $P_{22}=73.2\%$。在黄土高原上要求水土保持治理达到70%以上，就达到小流域治理一级标准，参照值选为 $T_{22}=70\%$，即水土保持治理度 $D_{22}=1$。

(2)土地利用率(D_{23})。王茂沟流域土地利用情况比较合理，其土地利用率反映出土地资源的丰富度。王茂沟流域其土地利用率 $P_{23}=91.9\%$，根据小流域验收评价标准，土地利用率80%以上，该流域就达到验收的土地利用指标的一级标准。因此，我们选择参照值为 $T_{23}=80\%$，则 $D_{23}=1$。

(3)土壤侵蚀模数(D_{24})。根据2005年QuickBird卫星遥感影像解译结果，土壤侵蚀模数为6 206 t/(km^2·a)。根据《土壤侵蚀分类分级标准》(SL 190—96)，把土壤允许流失量 $T_{24}=1\ 000$ t/(km^2·a)作为我们的衡量标准。因此，$D_{24}=T_{24}/P_{24}=0.16$。

(4)坡面治理度(D_{25})。王茂沟小流域的坡面治理度 $P_{25}=72.2\%$(即(治理面积－坝地面积)/(流域面积－陡崖))。参照值选择坡面最大可治理面，即除了陡崖治理面积的治理度($T_{25}=70\%$，还是把参考流域验收的治理度70%作为参考值。因为陡崖在流域里只占到1%～3%，所占比例很小)，坡面治理度 $D_{25}=1$。

(5)梯田占总面积比例(D_{26})。王茂沟流域的这一指标 $P_{26}=18.0\%$，其参照值为王茂沟今后最大可能的梯田面积与小流域总面积的比 $T_{26}=42.6\%$(现有坡地面积114.1 hm^2，梯田107.3 hm^2。用现有坡地面积＋现有梯田面积后除以流域面积)。因此，$D_{26}=P_{26}/T_{26}=0.42$。

(6)林草覆盖度(D_{27})。王茂沟小流域经过多年的水土保持治理，天然植被以草地为主，人工林和人工草地较多，在一定程度上保持了林草植被覆盖度，其林草覆盖度为 $P_{27}=46.3\%$。把根据本地区水保要求的林草覆盖度作为参照值 $T_{27}=42.7\%$(榆林地区林草覆盖率为42.7%)，则 $D_{27}=1$。

2. 社会子系统

(1)劳力占总人口数(D_{28})。王茂沟小流域的 $P_{28}=37.3\%$，这一指标可以从计划生育的角度想，让该指标的参照值为 $T_{28}=66.7\%$(以每家3人2个劳力计)，因此 $D_{28}=P_{28}/T_{28}=0.56$。

(2)人口密度(D_{29})。王茂沟小流域人口密度为 $P_{29}=145$ 人/km^2，人口密度的参照值我们选择1990年第四次人口普查资料，得到 $T_{29}=165$ 人/km^2(绥德县1990年人口普查165人/km^2，按绥德人口普查数计)，则 $D_{29}=1$。

(3)人口自然增长率(D_{30})。王茂沟小流域人口自然增长率为 $P_{30}=1‰$。我们国家的现实国情是人口众多，因此要求严格控制人口增长。尤其是黄土高原地区环境恶劣，人口相对比较拥挤，所以我们选择参照值为 $T_{30}=0$，则 $D_{30}=(1-T_{30})-P_{30}=0.999$。

(4)文化水平(D_{31})。王茂沟小流域人口按文化程度分为如下结构(括号内数字为该层次平均受教育年数)：高中42人(12年)；初中560人(9年)；小学150人(6年)；不识字或识字很少43人(0年)。据此数据算出王茂沟小流域受教育年限数为 $P_{31}=8$ a。文化程度是很重要的指标，在现实情况下，我们民族的人口整体素质并不强，我们取普及义务教育的年数9 a作为参考值，即 $T_{31}=9$ a，则 $D_{31}=P_{31}/T_{31}=0.89$。

(5)机动道路密度(D_{32})。王茂沟小流域的机动道路密度 $P_{32}=0.93$ km/km^2。在黄土高原地区由于交通比较落后，该参照值选择为 $T_{32}=0.8\ km/km^2$，因此 $D_{32}=1$。

(6)通电率(D_{33})。王茂沟小流域的通电率为 $P_{33}=100\%$，参照值也是 $T_{33}=100\%$。因此，$D_{33}=1$。

3. 经济子系统

(1)通过坝系收入占农业总收入(D_{34})。通过坝系收入占农业总收入＝坝系的总收入/农业总收入(农林牧副渔业的收入)。该指标反映了坝系在小流域经济生活中的地位，是小流域坝系监测中非常重要的经济指标。王茂沟流域这一指标 $P_{34}=51.3\%$，其参照值可以选择本流域内粮食收入的50%计算作为坝系总收入 $T_{34}=37\%$（2005年，王茂沟种植收入217 000元，乘以50%为108 500元。如果除以王茂沟流域农业产值为37%），则 $D_{34}=1$。

(2)人均纯收入(D_{35})。王茂沟流域人均纯收入为 $P_{35}=965$ 元(根据2003、2004、2005年典型农户监测数据，965元是三年的平均值，绥德县1996年人均纯收入891.5元)。以小康标准按人均纯收入1 200元计算，即 $T_{35}=1\ 200$ 元，$D_{35}=P_{35}/T_{35}=0.80$。

(3)恩格尔系数(D_{36})。据统计资料，2004年王茂沟小流域农村家庭平均恩格尔系数为 $P_{36}=0.72$。我们整个国家消费水平都不高，但我国已经基本解决温饱问题，所以选小康社会的测定标准0.5为参照值。由于这个指标为负指数，因此其指标值为 $D_{36}=T_{36}/P_{36}=0.5/P_{36}=0.69$。

(4)人均产粮(D_{37})。王茂沟流域人均粮食产量 $P_{37}=414$ kg/人，根据小流域治理验收标准人均达到500 kg就可以达到粮食自给有余了。所以，参照值为 $T_{37}=500$ kg/人，因此指标值可以为 $D_{37}=P_{37}/T_{37}=0.83$。

(5)土地生产率(D_{38})。王茂沟流域内其土地生产率为 $P_{38}=576.8$ 元/hm^2。根据小流域验收要求小流域经济初具规模，土地产出增长50%，可以确定的参考值为 $T_{38}=865$ 元/hm^2，则 $D_{38}=P_{38}/T_{38}=0.66$。

(6)产业结构变化指数(D_{39})。王茂沟流域农业产业用地与林牧业用地的比值 $P_{39}=91.5\%$，而参考值可以定为 $T_{39}=100\%$（或可能达到的最大的林牧业比例），则 $D_{39}=P_{39}/T_{39}=0.92$。

二、王茂沟流域坝系评价指标汇总

根据以上计算得到王茂沟小流域坝系评价指标体系中各指标的实际值、参照值以及水平值见表8-2。

表8-2　王茂沟小流域坝系评价指标汇总

指标变量层(D)	单位	实际值(P)	参照值(T)	水平值(D)
1. 单位面积的骨干坝数量 D_1	座/km^2	0.335	0.333	1
2. 单位面积的淤地坝数量 D_2	座/km^2	3.69	3.7	0.997
3. 中小型淤地坝与骨干坝配置比例 D_3		11	>7	1
4. 坝系控制总面积(主要是骨干坝) D_4	km^2	5.88	5.97	0.98
5. 单位面积小型蓄水工程个数 D_5	个/km^2	0		0

续表 8-2

指标变量层(*D*)	单位	实际值(*P*)	参照值(*T*)	水平值(*D*)
1. 坝系总库容 D_6	万 m^3	260.9	260.9	1
2. 坝系拦泥库容 D_7	万 m^3	216.1	260.9	0.83
3. 坝系已淤库容 D_8	万 m^3	163.8	216.1	0.76
4. 坝系设计可淤地面积 D_9	hm^2	32.99	32.99	1
5. 坝系已淤地面积 D_{10}	hm^2	25.53	32.99	0.77
6. 坝系利用面积 D_{11}	hm^2	23.07	25.53	0.90
7. 坝系保收面积 D_{12}	hm^2	14.72	23.07	0.64
8. 坝系可蓄水量 D_{13}	m^3	0		0
9. 坝系可灌溉面积 D_{14}	hm^2	0		0
10. 实际灌溉面积 D_{15}	hm^2	0		0
1. 坝系总防洪库容 D_{16}	万 m^3	97.1	>44.8	1
2. 坝系防洪能力 D_{17}	a	100	30	1
3. 坝系病险坝座数 D_{18}	座	0	0	1
4. 降雨量 D_{19}	mm	250.1	317.8	0.79
5. 安全比(中小型坝垮坝数占总数量)D_{20}		0	0	1
6. 洪水量 D_{21}	m^3	0	45 700	1
1. 水土保持治理度 D_{22}	%	73.2	70	1
2. 土地利用率 D_{23}	%	91.9	80	1
3. 土壤侵蚀模数 D_{24}	$t/(km^2 \cdot a)$	6 206	1 000	0.16
4. 坡面治理度 D_{25}	%	72.2	70	1
5. 梯田占总面积比例 D_{26}	%	18.0	42.6	0.42
6. 林草覆盖度 D_{27}	%	46.3	42.7	1
1. 劳力占总人口数 D_{28}	%	37.3	66.7	0.56
2. 人口密度 D_{29}	人/km^2	145	165	1
3. 人口自然增长率 D_{30}	‰	1	0	0.999
4. 文化水平 D_{31}	a	8	9	0.89
5. 机动道路密度 D_{32}	km/km^2	0.93	0.8	1
6. 通电率 D_{33}	%	100	100	1
1. 通过坝系收入占农业总收入 D_{34}	%	51.3	37	1
2. 人均纯收入 D_{35}	元	965	1 200	0.8
3. 恩格尔系数 D_{36}		0.72	0.5	0.69
4. 人均产粮 D_{37}	kg/人	414	500	0.83
5. 土地生产率 D_{38}	元/hm^2	576.8	865	0.66
6. 产业结构变化指数 D_{39}	%	91.5	100	0.92

第三节　小流域坝系的评价

一、和谐度计算

基于本研究所建立的小流域坝系监测评价体系，利用2005年王茂沟小流域坝系的监测资料分析与计算，根据表8-2中的标准值和表7-7中的权重值，利用第七章第四节和谐度计算公式组式(7-48)～式(7-56)计算得出该流域和谐性的定量评估结果，见表8-3。

表8-3　王茂沟小流域坝系系统和谐度评价结果

系统和谐度(A)	0.884	淤地坝系统和谐度(B_1)	0.895	坝系建设子系统和谐度(C_1)	0.947
				坝系效益子系统和谐度(C_2)	0.686
				坝系安全子系统和谐度(C_3)	0.98
		生态、社会、经济系统和谐度(B_2)	0.86	生态子系统和谐度(C_4)	0.866
				社会子系统和谐度(C_5)	0.857
				经济子系统和谐度(C_6)	0.839

上述评价结果反映了王茂沟小流域坝系的发展现状和社会、经济、资源环境系统的总体和谐和协调程度。

需要说明的是，由于我们目前只有两年的数据，无法从历史的观点客观、正确地来评价小流域坝系监测的结果，因此我们选择了横向评价其结果，利用评估结果与所定的评价标准直接相关。小流域坝系系统在实现和谐发展的过程中，由于存在坝系发展、经济、社会、生态与环境等差异性，有利与制约因素也各不相同，因此制定的评价标准应当能够客观、科学、正确地引导区域的发展过程，使其符合系统和谐发展的要求，反映小流域坝系系统的整体能力和达到的水平。小流域坝系系统的最终目标是实现系统的和谐，即坝系稳定、生产发展、生活富裕、生态良好的现代化，这个过程需要分阶段完成，现阶段的核心目标是坝系相对稳定，消除贫困，实现小康，改善生态，保护环境，最终不断扩大环境容量，使小流域坝系系统实现可持续和谐发展，人与自然和谐相处。因此，我们在制定评估标准时，坝系指标是以相对稳定的要求作为参照值；社会、经济指标是以富裕型小康社会的基本要求为主，结合了王茂沟流域的具体情况进行修正后作为参照值；生态指标是以小流域综合治理验收标准为主，参照了流域内的生态与环境状况，制定了相应的参照值。

二、和谐性评价

从王茂沟小流域坝系和谐性分析可知，坝系建设系统和谐度(C_1)为0.947，处于基本和谐状态。可以看出王茂沟坝系的骨干坝、淤地坝搭配比较合理，坝系控制面积也较适中，但缺乏小型蓄水工程。王茂沟小流域坝系效益系统和谐度(C_2)为0.686，处于近和谐状态。可以看出坝系总库容、可淤地面积、拦泥库容、利用面积比较合理，已淤库容、已淤地面积、保收面积接近合理，蓄水量、可灌溉面积、实际灌溉面积都不合理。坝系安全系统和谐度(C_3)为0.98，处于基本和谐状态。可以看出防洪总库容、防洪能力、坝系病险坝座数、安全比、洪水量都处于合理状态,降雨量处于近合理。

从王茂沟小流域坝系生态、经济、社会系统和谐性分析可知,生态系统和谐度(C_4)为0. 866,处于基本和谐状态。水土保持治理度、土地利用率、坡面治理度、林草覆盖度均合理,但土壤侵蚀模数、梯田占总面积的比例不够合理。社会系统和谐度(C_5)为0. 857,处于基本和谐状态。人口密度、人口自然增长率、机动道路密度、通电率合理,文化水平基本合理,劳力占总人口数不够合理。经济系统和谐度(C_6)为0. 839,处于基本和谐状态。坝系收入占国民收入合理,产业结构变化指数、人均纯收入、人均产粮基本合理,恩格尔系数、土地生产率均不合理。

从王茂沟小流域坝系评价过程结果看,$A = 0.884$。说明现阶段,王茂沟小流域坝系处于基本和谐状态,离完全和谐态还有一定距离。同时,从局部而言一些系统处于近和谐状态,经过分析有以下原因:

(1)在本坝系中没有必要的坝系蓄水、水地和小型蓄水工程,从这就可以看出王茂沟流域在目前情况下要达到系统和谐发展,必须修筑必要的蓄水池、旱井、涝池等工程,为其旱坝地变水浇地提供必要的支持,从而使生产得到发展。

(2)小流域坝系中保收面积较低,使流域内粮食产量得不到必要的保障,因此需要进行坝地的整治,尽量使坝系利用面积实现保收。

(3)经过计算,虽然坡面治理度达到了小流域治理的标准,但是梯田可发展的空间较大,因此应该在流域内适当发展一些梯田。

(4)区域内恩格尔系数偏高、土地生产率偏低、粮食产量较低等都影响着流域的和谐发展。这些都需要在发展农业生产的同时,发展其他各业,使流域实现和谐的发展。

从王茂沟小流域坝系评价过程中,我们感觉到这一评价指标体系基本上可以反映黄土高原小流域坝系系统现阶段和谐发展的基本要求,是可以应用到黄土高原小流域坝系监测评价中的。

第九章 研究结论

第一节 小流域坝系监测方法

本书重点对小流域坝系监测方法的新技术应用做了详细的探讨,现将各种新方法做一简要概述。

一、GPS 监测方法

(一)控制测量

首先用 GPS 将国家大地坐标控制点建立控制网,利用静态控制将坐标点引入坝系监测小流域,作为坝系控制监测的控制坐标点,然后对每座监测淤地坝进行几何尺寸定位控制测量。我们通过在韭园沟控制测量,建立了王茂沟的控制网,可以得到其精度为 WGS 84 - 坐标系下三维自由网平差,基线解算最差边相对误差 1:745 851,精度达 1.3×10^{-6};国家54 北京坐标系,采用网配合法进行转换,基线解算最差边相对误差 1:369 511,精度达 2.7×10^{-6},基线解算完全符合 GPS 测量基本技术要求。高程精度通过已知点正常高与大地高拟合,内附合精度中误差为 ±206.972 mm,拟合精度为 ±146.351 mm,因此能够满足坝系监测的需求,同时是目前最为准确、快捷的监测方法。

(二)碎部测量

利用引入小流域的大地坐标点,对监测坝淤积面积和淤积量进行差分动态监测。本项目的创新点在于将 GPS 应用于小流域坝系高程网点控制测量和淤地坝面积及淤地坝淤积监测。根据我们对王茂沟坝系监测,GPS 差分动态相对定位模式定位精度(相对基准点)可达 1 cm。根据我们对 100 m^2 的地块进行实际量算与 GPS 差分动态相对定位模式多次测量结果,GPS 差分动态测量面积误差在 ±0.45%,完全可以满足淤地坝的面积测量。在实际测量过程中,其几何精度因子 PDOP 一般都在 2~6,定位精度较高。但在部分沟道测量中,其定位精度有的超过分米级,特别是后差分动态测量时,在沟道狭窄的地方,几何精度因子 PDOP 有的超过了 7,甚至达到 10,定位精度较差,当然这还不能满足水土流失动态监测对精度方面的要求。造成这种精度差异除仪器本身的原因外,还有一个重要的原因,即与黄土丘陵沟壑区地面开阔度对 GPS 接收机接收卫星信号的强弱有关。但可通过用其他测量仪器(全站仪、经纬仪、水准仪)进行修测和补测。

二、GIS 监测方法

在制作监测流域数字高程模型(DEM)的基础上,利用 GIS(ArcGIS 和 ArcView),将监测流域空间数据按点、线、面地理特性分层管理,进一步提取监测流域等高线、水系、坡度、坡长、坡向和淤地坝控制和区间面积等空间信息,并基于 GIS 进行淤地坝淤地面积和淤积体积量算,形成以 GIS 为核心的“3S”集成系统。其创新点在于利用 DEM 进行空间数据的分析,应用 GIS 进行小流域坝系空间数据的提取、分析、计算、管理、三维虚拟景观的创建及“3S”技术集成。

三、RS 监测方法

本项目利用 0.61 m 分辨率的 QuickBird 影像，并叠加小流域数字高程模型（DEM），在建立解译标志的基础上，根据 RS 影像纹理色彩，首先提取监测流域的土地利用、植被覆盖度，用 DEM 数据提取坡度信息，根据以上三种信息综合判定监测流域的土壤侵蚀等级，建立监测流域水土保持现状数据库；其次判读出淤地坝的数量、位置、坝地利用情况、小流域水资源情况等。创新点在于采用现代最高分辨率的 RS 影像对监测小流域进行了水土保持信息的梯田、淤地坝、乔木林、灌木林、经济林、人工草地等的提取。

四、常规监测方法

本项目将现有小流域淤地坝常规监测方法中的蓄水拦沙、淤地坝安全稳定、水文泥沙监测以及所涉及的生态（气象）监测、经济社会效益监测等方法归纳、总结，建立了小流域坝系监测方法的技术体系。其创新点在于一方面分析总结了常规监测各类监测方法的技术要点、分类监测指标等，并对监测数据进行了系统的分析；另一方面首次归纳分类和建立了小流域坝系监测方法的技术体系。

第二节　小流域坝系评价系统

本书提出小流域坝系监测评价系统，以和谐理论为前提，应用层次分析评价法将小流域坝系庞大的各类监测数据，经近百位水土保持专家信息协商确定为 39 个评价指标，系统地分解为 4 个层次、2 大系统、6 个子系统，各个系统以和谐度进行分析评价，最终确定小流域坝系和谐度，进而得出定量的小流域坝系的评价结果。其创新点在于把各类监测方法监测的数据成果选取出 39 个评价指标，基于和谐理论、层次分析法对小流域坝系进行分析评价，为对小流域坝系建设进行系统监测和评价提供了系统可操作和先进实用性的技术方法与评价理论体系。

由于目前许多小流域坝系没有这么完整的指标体系，因此我们又进行必要的指标筛选，为各地小流域坝系的监测系统选择了 9 个指标来进行小流域坝系的监测，其中 9 个指标是：坝系建设子系统中的单位面积的骨干坝数量、中小型淤地坝与骨干坝配置比例、单位面积小型蓄水工程个数，坝系效益子系统中的坝系总库容、坝系拦泥库容、实际灌溉面积，坝系安全子系统中的坝系防洪能力、降雨量、安全比（中小型坝垮坝数占总数量）。

利用这 9 项指标我们又对王茂沟小流域坝系监测进行了评价。精简后的小流域坝系监测评价体系各指标权重值及其和谐度值见表 9-1。

可以看出，这里计算出的小流域坝系的坝系建设子系统的和谐度 0.925 837，坝系效益子系统的和谐度 0.679 165，坝系安全子系统的和谐度 0.955 96，与前面计算的和谐度值接近（用 39 个指标计算的坝系建设子系统的和谐度 0.946 648，坝系效益子系统的和谐度 0.685 582，坝系安全子系统的和谐度 0.980 329），同时小流域坝系系统的和谐度0.876 496，也与前面计算的结果基本吻合（39 个指标计算的小流域坝系系统的和谐度为0.894 881），因此可以应用此方案进行小流域坝系监测评价。

表 9-1 精简后的小流域坝系监测评价体系各指标权重值及其和谐度值

目标层(A)	准则层(B)	权重(S)	指标层(C)	权重(W)	和谐度值	
淤地坝系统(A)	坝系建设子系统 B_1	0.612 301	1. 单位面积的骨干坝数量 C_1	0.704 102	0.925 837	0.876 496
			2. 中小型淤地坝与骨干坝配置比例 C_2	0.221 735		
			3. 单位面积小型蓄水工程个数 C_3	0.074 163		
	坝系效益子系统 B_2	0.196 516	1. 坝系总库容 C_4	0.365 205	0.679 165	
			2. 坝系拦泥库容 C_5	0.378 265		
			3. 实际灌溉面积 C_6	0.256 53		
	坝系安全子系统 B_3	0.191 183	1. 坝系防洪能力 C_7	0.619 935	0.955 96	
			2. 降雨量 C_8	0.209 716		
			3. 安全比(中小型坝垮坝数占总数量) C_9	0.170 349		

同样可以进行王茂沟小流域坝系和谐性分析。坝系建设子系统和谐度为0.926,处于基本和谐状态。可以看出王茂沟坝系的骨干坝、淤地坝搭配比较合理,坝系控制面积也较适中,但缺乏小型蓄水工程。王茂沟小流域坝系效益子系统为0.679,处于近和谐状态。可以看出坝系总库容、可淤地面积、拦泥库容、利用面积比较合理,已淤库容、已淤地面积、保收面积接近合理,蓄水量、可灌溉面积、实际灌溉面积都不合理。坝系安全子系统和谐度为0.96,处于基本和谐状态。从王茂沟小流域坝系评价结果看,$A=0.876$。说明现阶段,王茂沟小流域坝系处于基本和谐状态,离完全和谐态还有一定距离。同时,从局部而言一些系统处于近和谐状态,经过分析有以下原因:

(1)在本坝系中没有必要的坝系蓄水、水地和小型蓄水工程,可以看出王茂沟流域在目前情况下要使系统和谐发展,必须修筑必要的蓄水池、旱井、涝池等工程,为其旱坝地变水浇地提供必要的支持,从而使生产得到发展。

(2)小流域坝系中保收面积较低,使流域内粮食产量得不到必要的保障,因此需要进行坝地的整治,尽量使坝系利用面积实现保收。

(3)经过计算,坡面治理度达到了小流域治理的标准,但是梯田可发展的空间较大,因此应该适当在流域内发展一些梯田。

从王茂沟小流域坝系评价过程中,我们感觉到这一评价指标体系基本上可以反映黄土高原小流域坝系现阶段和谐发展的基本要求,是可以应用到黄土高原小流域坝系监测评价中的。

参考文献

[1] 刘震. 水土保持监测技术[M]. 北京:中国大地出版社,2004.

[2] 李智广. 水土流失测验与调查[M]. 北京:中国水利水电出版社,2005.

[3] 水利部水土保持司,水土保持监测中心. 水土保持监测技术规程[M]. 北京:中国水利水电出版社,2002.

[4] 黄河水利委员会. 黄河流域水土保持小流域坝系监测导则[R]. 2004.

[5] 何兴照,喻权刚. 黄土高原小流域坝系水土保持监测技术探讨[J]. 中国水土保持,2006 (10):11 - 13.

[6] 王英顺,马红. 坝系相对稳定系数的研究与应用[J]. 中国水利,2003(9A).

[7] 李靖. 淤地坝监测技术初探[J]. 水土保持通报,2003,23(5):50 - 52.

[8] 史明昌, 姜德文. 3S 技术在水土保持中的应用[J]. 中国水土保持, 2002(5).

[9] 赵永军,巫明强,张瑞珍,等. GPS 应用于水土保持监测的精度测试[J]. 中国水土保持, 2001(3).

[10] 喻权刚, 赵帮元, 董戈英. GPS 在水土保持生态建设中的应用研究[J]. 中国水土保持, 2000(11).

[11] 邱荣祖, 周新年, 龚玉启. "3S"技术及其在森林工程上的应用与展望[J]. 林业资源管理, 2001(1).

[12] 金鑫, 牟斌, 韩鹏飞. GPS 技术在公路测量中的应用前景探讨[J]. 辽宁交通科技, 2004(5).

[13] 蔺明华,等. 小流域坝系优化规划模型及其应用[C]//张长印,梁小卫. 陕西淤地坝建设理论与实践. 西安:西安地图出版社,2000:134 - 141.

[14] 秦向阳,等. 小流域治沟骨干坝系优化规划模型研究[C]//张长印,梁小卫. 陕西淤地坝建设理论与实践. 西安:西安地图出版社,2000:127 - 134.

[15] 党维勤. "3S"技术在淤地坝建设工作中的应用[J]. 水土保持学报,2003,17(6):178 - 186.

[16] 汤国安,刘学军,闾国年,等. 地理信息系统教程[M]. 北京:高等教育出版社,2007.

[17] 汤国安,刘学军,闾国年,等. 数字高程模型及地学分析的原理与方法 [M]. 北京:科学出版社,2005.

[18] 邬伦,刘瑜,张晶,等. 地理信息系统——原理、方法和应用[M]. 北京:科学出版社,2002.

[19] 张超,陈丙咸,邬伦. 地理信息系统[M]. 北京:高等教育出版社,1995.

[20] 张超. 地理信息系统实习教程[M]. 北京:高等教育出版社,2001.

[21] 陈述彭,鲁学军,周成虎. 地理信息系统导论[M]. 北京:科学出版社,1999.

[22] 边馥苓. 地理信息系统原理和方法[M]. 北京:测绘出版社,1996.

[23] 陈俊,宫鹏. 实用地理信息系统[M]. 北京:科学出版社,1998.

[24] 龚健雅,杜道生,李清泉,等. 当代地理信息技术[M]. 北京:科学出版社,2004.

[25] 陈军,邬伦. 数字中国地理空间基础框架[M]. 北京:科学出版社,2003.

[26] 李德仁,关泽群. 空间信息系统的集成与实现[M]. 武汉:武汉大学出版社,2002.

[27] 刘咏梅,汤国安. 黄土丘陵沟壑区不同数据结构 DEM 转换精度研究[J]. 水土保持通报,2003,23(2):40 - 42.

[28] 党维勤. 基于 GIS 黄土高原坝系优化应用研究[D]. 北京:北京林业大学,2005.

[29] 承继成,李琦,林珲,等. 数字城市——理论、方法与应用[M]. 北京:科学出版社,2000.

[30] 汤国安,赵牡丹. 地理信息系统[M]. 北京:科学出版社,2000.

[31] 陈楠,林宗坚,李成名,等. 1:10 000 及 1:50 000 比例尺 DEM 信息容量的比较——以陕北韭园沟流域为例[J]. 测绘科学,2004(3):5 - 9.

[32] 傅伯杰,汪西林. DEM 在研究区黄土丘陵沟壑区土壤侵蚀类型和过程中的应用[J]. 水土保持学报,1994,8(3):17 - 21.

[33] 王鸿斌,等. 黄土高原沟壑区典型小流域高精度 DEM 制作及其应用研究[J]. 水土保持通报. 2004

(3):34-36.
[34] 赵廷宁,等.生态环境建设与管理[M].北京:中国环境科学出版社,2004.
[35] 戴勤奋.地理信息系统的坐标系定义[J].海洋地质动态,2002(6):24-27.
[36] 赖昌意,牛卓立.关于建立区域坐标系的再讨论[J].测绘工程,2000(2):51-54.
[37] 施一民.建立区域坐标系问题的我见[J].测绘工程,2000(1):38-41.
[38] 颉耀文.地图投影在地理信息系统中的应用[J].东北测绘,2001(4):21-25.
[39] ESRI中国(北京)有限公司.ESRI公司ArcGIS系列产品在水利信息化中的应用[G].2004.
[40] 党荣安,等.ArcGIS 8 Desktop地理信息系统应用指南[M].北京:清华大学出版社,2003.
[41] ESRI中国(北京)有限公司.第六届ArcGIS暨ERDAS中国用户大会论文集(2004)(上、下)[C].北京:地震出版社,2004.
[42] 樊红,等.ARC/INFO应用与开发技术(修订本)[M].武汉:武汉大学出版社,2002.
[43] 李世华,等.黄土高原小流域景观虚拟现实技术研究与应用[J].水土保持通报,2003(5):46-49.
[44] 朱红春,汤国安,张友顺,等.基于DEM提取黄土丘陵区沟沿线[J].水土保持通报,2003,23(5):43-61.
[45] 李世华,李壁成,胡月明.黄土高原小流域景观虚拟现实技术研究与应用[J].水土保持通报,2003,23(5):46-49.
[46] 唐蜀川,朱蕾,黄敬峰.基于GIS的大比例尺生态退耕还林决策分析——以仙居县城关镇为例[J].水土保持通报,2003,23(5):19-21.
[47] 汪福学,史明昌,周心澄,等.退耕还林管理信息系统的建设[J].中国水土保持科学,2004,2(2):93-97.
[48] 高鹏,刘作新,丁福俊.大凌河流域水土保持信息系统的建立与应用[J].水土保持学报,2002,16(1):57-66.
[49] 刘高焕,蔡强国,朱会义,等.基于地块汇流网络的小流域水沙运移模拟方法研究[J].地理科学进展,2003,22(1):71-77.
[50] 胡宝清,黄秋燕,廖赤眉,等.基于GIS与RS的喀斯特石漠化与土壤类型的空间相关性分析[J].水土保持通报,2004,24(5):67-70.
[51] 左其亭,周可法.基于"3S"技术的生态环境调查及生态用水量计算[J].水资源与水工学报,2004,15(2):1-4.
[52] 张怀清,王韵晟,鞠洪波,等.基于空间信息技术的生态环境建设应用系统软件开发平台[J].中国水土保持科学,2004,2(3):27-31.
[53] 臧忠淑,蒋树一.ArcView GIS中图件比例系数及坐标位置的设置技巧[J].地质与勘探,2003,39(1):58-61.
[54] 张勇,汤国安.数字高程模型地形描述误差的量化模拟——以黄土丘陵沟壑区的实验为例[J].山地学报,2003,21(2):252-256.
[55] 刘海涛,秦其明.基于WebGIS的土壤侵蚀模型的研究及应用[J].水土保持学报,2001,15(3):52-55.
[56] 汤国安,杨玮莹,秦鸿儒,等.GIS技术在黄土高原退耕还林草工程中应用[J].水土保持通报,2002,22(5):46-50.
[57] 赵晓丽,张增祥,刘斌,等.基于遥感和GIS的全国土壤侵蚀动态监测方法研究[J].水土保持通报,2002,22(4):29-32.
[58] 彭文英,张科利,刘莉,等.基于GIS的黄土高原土地坡度构成及垦殖率地域分异研究[J].水土保持学报,2001,15(4):33-36.
[59] 汤国安,杨昕.ArcGIS地理信息系统空间分析实验教程[M].北京:科学出版社,2006.

[60] 汤国安,陈正江,赵牡丹,等. ArcView 地理信息系统空间分析方法[M]. 北京:科学出版社,2002.
[61] 王桥,杨一朋,黄家柱,等. 环境遥感[M]. 北京:科学出版社,2005.
[62] 汤国安,张友顺,刘咏梅,等. 遥感数字图像处理[M]. 北京:科学出版社,2004.
[63] 张永生. 遥感图像信息系统[M]. 北京:科学出版社,2000.
[64] 刘敏,汤国安,王春,等. DEM 提取坡度信息的不确定性分析[J]. 地球信息科学,2007,9(2):65-69.
[65] 张超. 地理信息系统实习教程[M]. 北京:高等教育出版社,2001.
[66] 马蔼乃. 遥感概论[M]. 北京:科学出版社,1984.
[67] 孙家柄. 遥感原理与应用[M]. 武汉:武汉大学出版社,2003.
[68] 赵英时. 遥感应用分析原理与方法[M]. 北京:科学出版社,2003.
[69] 遥感研究会. 遥感精讲[M]. 北京:测绘出版社,1993.
[70] 李德仁. 摄影测量与遥感概论[M]. 北京:测绘出版社,2001.
[71] 党安荣,王晓栋,陈晓峰,等. ERDAS IMAGINE 遥感图像处理方法[M]. 北京:清华大学出版社,2003.
[72] 张光超,邱少鹏,高会军,等. 遥感技术在小流域水土流失快速调查中的应用——以老高川地区为例[J]. 国土资源遥感,2001,48(2):9-12.
[73] 朱翔,吴学灿,张星梓. 遥感判读的野外植被调查方法[J]. 云南大学学报(自然科学版),2001(23):88-92.
[74] 蔺明华,张金慧,党维勤. 黄河流域陕西片土壤侵蚀预报模型研究[J]. 中国水土保持,2003(4):19-21.
[75] 李晓兵,陈云浩,张云霞,等. 多空间分辨率遥感数据监测土地覆盖特征的比较研究[J]. 第四纪研究,2001,21(6):87.
[76] 罗万勤. 黄河流域水土保持生态环境遥感普查和监测[J]. 人民黄河,2001,23(9):38-39.
[77] 朱长青,王倩,杨晓梅. 基于多进制小波的 SPOT 全色影像和多光谱遥感影像融合[J]. 测绘学报,2000,29(2):132-136.
[78] 程昌秀,严泰来,朱德海,等. GIS 与 RS 集成的高分辨率遥感影像分类技术在地类识别中的应用[J]. 中国农业大学学报,2001,6(3):50-54.
[79] 杨清华,齐建伟,孙永军. 高分辨率卫星遥感数据在土地利用动态监测中的应用研究[J]. 国土资源遥感,2001(4):20-28.
[80] 景娟娟,潘瑜春,王纪华,等. 土地利用变更的遥感应用分析[J]. 地球信息科学,2003(2):95-98.
[81] 王卫安,竺幼定. 高分辨率卫星遥感图像及其应用[J]. 测绘通报,2000(6):20-21.
[82] 杨吉龙,李家存,杨德明. 高光谱分辨率遥感在植被监测中的应用综述[J]. 世界地质,2001,20(2):307-312.
[83] 烟台师范学院网络课程. 遥感概论[EB/OL]. http://www.jwc.ytnc.edu.cn/jpk/kc/yaoganyuanli/RSweb/,2008-06-24.
[84] 刘慧平,秦其明,彭望录,等. 遥感实习教程[M]. 北京:高等教育出版社,2002.
[85] 徐美,黄诗峰,李纪人. RS 与 GIS 技术支持下的 2003 年淮河流域洪涝灾害快速监测与评价[J]. 水利水电技术,2004,35(5):83-86.
[86] 范建容,柴宗新,刘淑珍. 基于 RS 和 GIS 的四川省李子溪流域土壤侵蚀动态变化[J]. 水土保持学报,2001,15(4):25-28.
[87] 张成才,陈秀万,郭恒亮. 基于 GIS 的洪灾淹没计算方法[J]. 武汉大学学报(工学版),2004,37(1):55-85.
[88] 杨天胜,朱启疆,李智广. 智能化土壤侵蚀遥感解译系统[J]. 水土保持学报,2002,16(1):54-57.
[89] 高素华,郭建平,刘玲,等. 中国北方地区植被覆盖度的遥感解译及水土保持作用系数推算研究[J]. 水土保持学报,2001,15(3):65-88.

[90] 李忠锋,王彦丽,王一谋,等.黄河流域内蒙古片水土流失遥感监测研究[J].干旱区地理,2003,26(2):180-184.
[91] 贺秀斌,张信宝,文安帮.川中丘陵区侵蚀产沙的尺度单元及其研究方法[J].水土保持通报,2004,24(3):18-20.
[92] 崔建国,汪福学,史明昌,等.基于遥感技术建立正镶白旗生态建设工程数据库[J].中国水土保持科学,2004,2(2):103-110.
[93] 王建华,王建,王丽红,等.江河源区生态环境类型TM影像解译标志的建立[J].水土保持通报,2002,22(4):40-43.
[94] 何欣年.俄罗斯高分辨卫星影像及应用[J].遥感技术与应用,2002,17(1):37-40.
[95] 胡玉峰.自动气象站原理与方法[M].北京:气象出版社,2006.
[96] 付明胜.韭园沟示范区水土保持效益监测探讨[J].中国水土保持,2005(9).
[97] 艾绍周,郝凤毕,马三保.GPS在淤地坝淤积监测中的应用[J].中国水利,2005(12).
[98] 周建郑.GPS定位原理与技术[M].郑州:黄河水利出版社,2005.
[99] 李波,张俊飚,李海鹏.湖北省循环农业发展状况评价与政策建议[J].农业现代化研究,2008,29(1):69-72.
[100] 姚成胜,朱鹤健.区域农业可持续发展的生态安全评价——以福建省为例[J].自然资源学报,2007,22(3):380-388.
[101] 李新举,刘宁,田素锋,等.黄河三角洲垦利县可持续土地利用评价及对策研究[J].安全与环境学报,2005(6):91-96.
[102] 姜德文.开发建设项目水土保持研究损益分析研究[M].北京:中国水利水电出版社,2008.
[103] 唐克丽.中国水土保持[M].北京:科学出版社,2004.
[104] 张光超,丘少鹏,卢中正.陕西秦岭国家级生态功能保护区土壤侵蚀的遥感分析[J].地球信息科学,2003(2):109-111.
[105] 唐川,朱大奎.基于GIS技术的泥石流风险评价研究[J].地理科学,2002,22(3):300-303.
[106] 张丽.水资源承载能力与生态需水量理论及应用[M].郑州:黄河水利出版社,2005.
[107] 吴祈宗.普通高等学校研究生教材——运筹学与最优化方法[M].北京:机械工业出版社,2003.
[108] 国家科委科技政策局.软科学的崛起——软科学研究方法[M].北京:地震出版社,1988.
[109] 水利部水土保持监测中心.水土保持监测技术指标体系[M].北京:中国水利水电出版社,2006.
[110] 黄河上中游管理局.淤地坝监测[M].北京:中国计划出版社,2005.
[111] 刘多森,曾志远.土壤和环境研究中的数学方法与建模[M].北京:农业出版社,1987.
[112] 谢季坚,邓小炎.现代数学方法选讲[M].北京:高等教育出版社,2003.
[113] 韩伯棠.管理运筹学[M].北京:高等教育出版社,2003.
[114] 王冬梅,孙保平.黄土高原土地生产潜力研究[M].北京:中国林业出版社,2002.
[115] 水利部水利水电规划设计总院.中国水利现代化专题研究报告[R].2003.
[116] 中国环境与发展国际合作委员会.中国自然资源定价研究[M].北京:中国环境科学出版社,1997.
[117] 贾宁凤,李旭霖,段建南.荒漠化防治条件下土地系统多维灰色动态评估——以山西省河曲县为例[J].水土保持通报,2004,24(3):24-28.
[118] 苏强平,汪西林,关文彬.基于GIS下的岷江干旱河谷地区泥石流发生域危险性评价[J].中国水土保持科学,2004,2(2):98-101.
[119] 蒋定生,郭胜利.水力治沙造田与沙区农业可持续发展[M].北京:中国水利水电出版社,1998.
[120] 杨建洲.森林资源可持续性宏观调控研究[M].北京:气象出版社,2002.
[121] 张建云.水文现代化评价指标体系研究[J].中国水利,2004(1):59-61.
[122] 倪九派,傅涛,何丙辉,等.基于GIS的丰都三合水土保持生态园区土壤侵蚀危险性评价[J].水土保

持学报,2002,16(1):62－66.
[123] 李爱农,周万村,江晓波,等. 土地利用与土地覆被时空变化分析——以岷江上游地区为例[J]. 地球信息科学,2003(2):100－103.
[124] 徐中民. 生态经济学理论方法与应用[M]. 郑州:黄河水利出版社,2003.
[125] 杨爱民,庞有祝,等. 水土流失经济损失计量研究评述[J]. 中国水土保持科学,2003(1):108－110.
[126] 马其芳,黄贤金,张丽君. 区域农业循环经济发展评价及其障碍度诊断——以江苏省 13 个市为例[J]. 南京农业大学学报,2006,29(2):108－114.
[127] 陈浮. 区域农业增长方式转变监测与评估研究[J]. 资源科学,2002,24(5):13－18.